U0077637

博碩文化

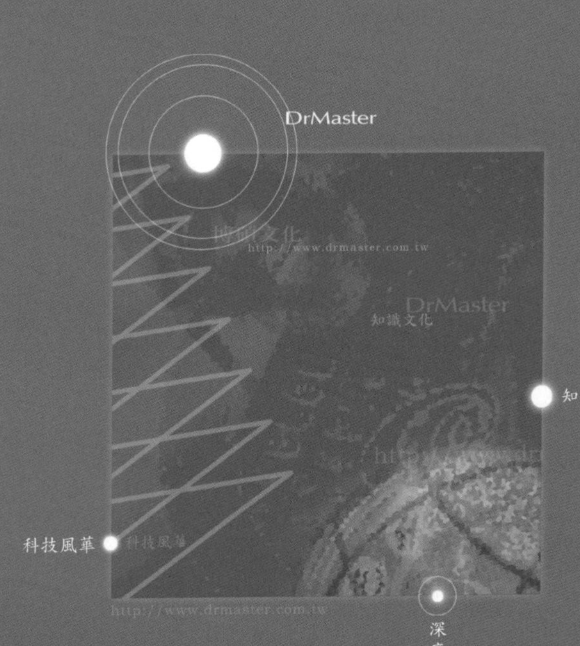
DrMaster
博碩文化
http://www.drmaster.com.tw
DrMaster
知識文化
知識文化
科技風華
科技風華
http://www.drmaster.com.tw
深度學習資訊新領域

DrMaster

深度學習資訊新領域

THE RECURSIVE BOOK OF RECURSION
ACE THE CODING INTERVIEW WITH PYTHON AND JAVASCRIPT

# 遞迴演算法大師
## 親授面試心法
### Python 與 JavaScript 解題全攻略

Al Sweigart 著 · 江玠峰 譯 · 博碩文化 審校

*本書如有破損或裝訂錯誤，請寄回本公司更換*

作　　者：Al Sweigart
譯　　者：江玠峰
責任編輯：何芃穎

董 事 長：曾梓翔
總 編 輯：陳錦輝

出　　版：博碩文化股份有限公司
地　　址：221 新北市汐止區新台五路一段 112 號 10 樓 A 棟
　　　　　電話 (02) 2696-2869　傳真 (02) 2696-2867

發　　行：博碩文化股份有限公司
郵撥帳號：17484299　戶名：博碩文化股份有限公司
博碩網站：http://www.drmaster.com.tw
讀者服務信箱：dr26962869@gmail.com
訂購服務專線：(02) 2696-2869 分機 238、519
（週一至週五 09:30 ～ 12:00；13:30 ～ 17:00）

版　　次：2024 年 7 月初版一刷

建議零售價：新台幣 680 元
I S B N：978-626-333-895-1
律師顧問：鳴權法律事務所 陳曉鳴律師

國家圖書館出版品預行編目資料

遞迴演算法大師親授面試心法 : Python 與 JavaScript 解題全攻略 / Al Sweigart 著 ; 江玠峰譯 . -- 初版 . -- 新北市 : 博碩文化股份有限公司 , 2024.07
面 ; 公分
譯自 : The recursive book of recursion : ace the coding interview with Python and JavaScript

ISBN 978-626-333-895-1( 平裝 )

1.CST: Python( 電腦程式語言 ) 2.CST: Java Script( 電腦程式語言 ) 3.CST: 演算法

312.32P97　　113008962

Printed in Taiwan

博碩粉絲團



**商標聲明**



**有限擔保責任聲明**



**著作權聲明**

獻給 Jack，他是我人生中的一面明鏡。

# 關於作者

Al Sweigart 是軟體開發人員、Python 軟體基金會院士，也是 No Starch Press 出版多本程式設計書籍的作者，其中包括全球暢銷書《*Automate the Boring Stuff with Python*》。他所授權的作品《*Creative Commons*》可在 https://www.inventwithpython.com 上找到。

# 關於技術審校者

Sarah Kuchinsky，擁有理學碩士學位，且是一位企業培訓師和顧問。她將 Python 用於各種應用程式，包括醫療系統建模、遊戲開發和事務自動化。Sarah 是 North Bay Python 會議的聯合創始人、PyCon US 教學主席以及 PyLadies Silicon Valley 的主要組織者。她還擁有管理科學、工程學和數學學位。

# 摘要目錄

# Contents



## 第一部分：認識遞迴

## 第二部分：專案

# 推薦序

當作者聯繫我為這本書寫序時，我對這件事感到非常興奮。一本關於遞迴的書耶！這不是你每天都能看到的東西啊。許多人認為遞迴是程式設計中比較神祕的主題之一，因此經常不鼓勵使用遞迴，但弔詭的是，遞迴卻廣泛被應用在一些不尋常的工作面試問題中。

然而，學習遞迴有各種實際的原因。遞迴思維很大程度上是一種解決問題的思考方式；從本質上來說，較大的問題會被分解為較小的問題，有時候，在此過程中，困難問題會被重新描述為等效但更容易解決的簡單問題。當應用於軟體設計時，即使不使用遞迴，這種思維也會是一項有用的工具。因此，對於所有技能等級的程式設計師來說，這都是一個值得研究的議題。

在我興致高昂地想再繼續談論遞迴之際，起初先以一些短篇故事的形式撰寫這篇序言，其中涉及到以不同方式應用遞迴思維但取得了相似結果的朋友。首先是 Ben 的故事，他了解遞迴，卻走得太遠，在將以下 Python 程式碼投入生產後，不知何故在神祕的情況下從地球表面消失了：

```
result = [(lambda r: lambda n: 1 if n < 2 else r(r)(n-1) + r(r)(n-2))(
          (lambda r: lambda n: 1 if n < 2 else r(r)(n-1) + r(r)(n-2)))(n)
          for n in range(37)]
```

然後是 Chelsea 的故事，她在解決實務問題上變得非常有效率，結果竟然很快就被開除了！哦，你不會相信 No Starch 的所有優秀編輯（祝福他們）有多麼討厭這些故事。「你不能把講述這樣的故事來當作一本書的開頭，這樣只會把大家嚇跑！」平心而論，他們講得有道理。事實上，他們甚至把一段看起來比較安全的遞迴內容段落，從前言的後面往前移到了第二段，這樣你就不會因為先讀到 Ben 和 Chelsea 的故事，然後驚恐地跑去讀設計模式的書了。

顯然，為一本書寫序言是一件嚴肅的事，所以很遺憾，我另外再找時間跟大家分享 Ben 和 Chelsea 的真實故事。不過，回到本書，遞迴確實不是一種可以應用於日常程式設計中絕大多數問題的技術，因此它常常自帶神奇的光環。本書正是希望能消除大部分這種想法，這是一件好事。

最後，當你開始踏上遞迴這條旅途時，請準備好讓你的大腦轉個彎。不用擔心──這是正常的！然而，我要強調，照理說遞迴是有點好玩的東西，這點也同樣很重要，嗯，至少有一點。所以，享受你的旅程吧！

—David Beazley
《Python Cookbook and Python Distilled》作者
aspiring problem solvers 講師
https://www.dabeaz.com

# 致謝

封面上不應該只放上我的名字。我要感謝我的出版商 Bill Pollock、我的編輯 Frances Saux、我的技術審校者 Sarah Kuchinsky、我的製作編輯 Miles Bond、製作經理 Rachel Monaghan，以及其他 No Starch Press 出版社的員工，感謝他們提供的寶貴協助。

最後，我要感謝我的家人、朋友和讀者的所有建議和支持。

# 簡介

遞迴程式設計技術可以產生優雅的程式解決方案，然而更常見的是，它讓程式設計師感到困惑。這並不代表程式設計師可以（或應該）忽略遞迴；儘管遞迴以具有挑戰性而聞名，但它是一個重要的電腦科學主題，並且可以對程式設計本身產生敏銳的洞察力。至少，了解遞迴可以幫助你順利通過程式設計工作面試。

如果你是對電腦科學感興趣的學生，遞迴是你理解許多流行演算法所必須克服的必要障礙。如果你是程式設計訓練營的畢業生或自學而成的程式設計師，並且順利跳過了更具理論性的電腦科學主題，但在「白板程式設計面試」中肯定還是會遇到遞迴問題。如果你是一位經驗豐富的軟體工程師，以前從未接觸過遞迴演算法，你可能會發現遞迴是你知識中一塊尷尬的缺口。

不用擔心！遞迴並不像傳統教學上那樣難以理解。正如我將在第 1 章中解釋的那樣，我將對遞迴的廣泛誤解歸因於教學不善，而不是它本身的困難度。由於遞迴函數在日常程式設計中並不常用，因此許多人在沒有它們的情況下也能過得很好。

但是遞迴演算法背後存在某種「概念上的美感」，即使你不常應用它們，也可以幫助你理解程式設計。不僅如此，遞迴也具有視覺上的美感，而這種美感正是偉大的「碎形」（fractal）數學藝術（圖 1 所示的自相似形狀）背後的技術。

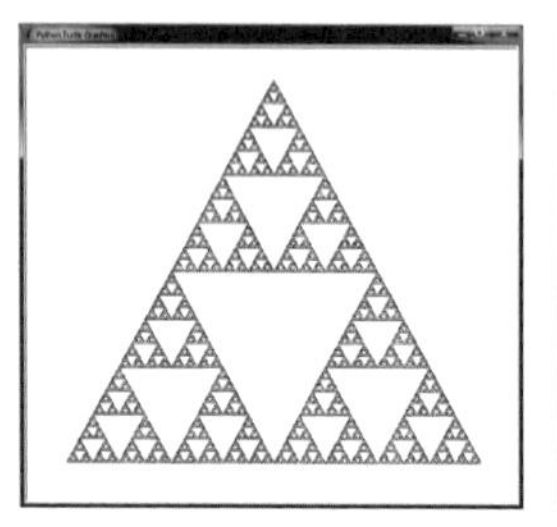
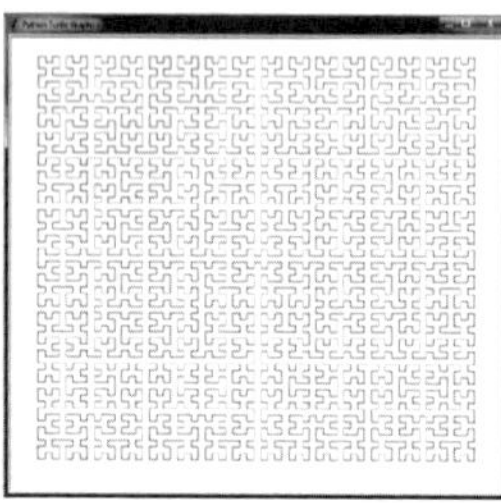
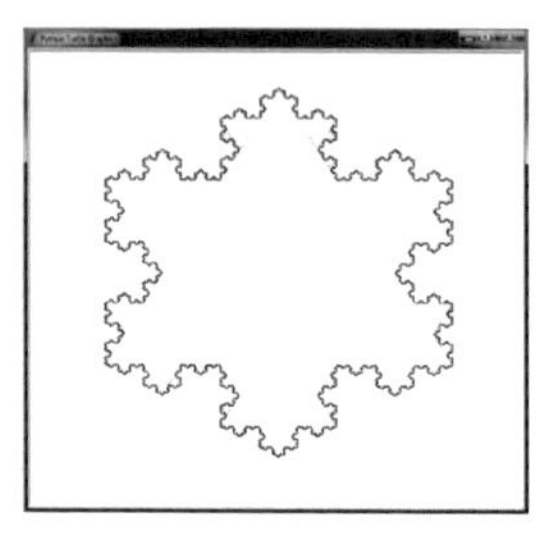

**圖 1**：這些碎形範例包括 Sierpiński 三角形（左）、Hilbert 曲線（中）和 Koch 雪花（右）。

然而，本書並不完全讚揚遞迴。我對這種技術提出了一些尖銳的批評：在有更簡單解決方案存在的情況下，遞迴被過度使用了。遞迴演算法可能難以理解，效能也較差，並且容易出現導致當機的堆疊溢位錯誤。某一種類型的程式設計師可能會使用遞迴，並不是因為它是解決給定問題的正確技術，而只是因為他們編寫出了其他程式設計師難以理解的程式碼，覺得自己高人一等。電腦科學家 John Wilander 博士曾經說過：「當你完成電腦科學博士學位時，有人會告訴你一個『特殊的潛規則』，就是現實生活中絕對不能使用遞迴，因為遞迴存在的唯一目的，是考驗研究所學生的能力而刻意把程式設計變得很困難。」

因此，無論你想在程式設計面試中獲得優勢、想創造美麗的數學藝術，還是你頑固地尋求非得理解這個概念的有趣特性，這本書都將成為你深入遞迴這個兔子洞的指南（兔子洞裡還有兔子洞）。遞迴是區分專業人士和初學者的電腦科學主題之一，透過閱讀本書，你將掌握一項偉大的技能並了解隱藏其中的祕密：遞迴並不像人們想像的那麼複雜。

# 本書目標讀者

本書適合那些對遞迴演算法感到恐懼或感興趣的人。對於新手程式設計師或電腦科學系的大一新生來說，遞迴主題就像難以理解的黑魔法一樣。大多數遞迴課程都很難理解，使得這個主題不但讓人覺得挫敗，甚至令人心生恐懼。對於這些讀者來說，我希望這本書的直接解釋和充足的例子能幫助他們最終理解這個主題。

閱讀本書的唯一先決條件是具備 Python 或 JavaScript 程式語言的基本程式設計經驗，因為各章的程式碼範例使用了這兩種語言。本書的程式已被精簡到核心的基本結構；如果你知道如何呼叫和建立函數，並且理解全域變數和局部變數之間的區別，那麼你就足以應付這些程式設計範例了。

# 關於本書

本書共有 14 章：

**第一部分：認識遞迴**

**第 1 章：遞迴是什麼？** 解釋遞迴以及它如何成為程式語言實作函數和函數呼叫方式的自然結果。本章也認為，遞迴並不像許多人所聲稱的那樣優雅、神祕。

**第 2 章：遞迴與迭代** 深入探討遞迴和迭代技術之間的差異（以及許多相似之處）。

**第 3 章：經典遞迴演算法** 涵蓋著名的遞迴程式，例如河內塔、flood fill 演算法等。

**第 4 章：回溯與樹走訪演算法** 討論特別適用遞迴的問題：樹走訪資料結構，例如解決迷宮和導航資料夾時。

**第 5 章：各個擊破演算法** 討論遞迴如何將大問題分解為較小的子問題，並涵蓋幾種常見的各個擊破演算法。

**第 6 章：排列組合** 涵蓋涉及排序和配對的遞迴演算法，以及應用這些技術的常見程式設計問題。

**第 7 章：記憶化與動態規劃** 解釋了在實務中應用遞迴時提高程式碼效率的一些簡單技巧。

**第 8 章：尾部呼叫優化** 介紹尾部呼叫優化及其工作原理，這是一種用於提高遞迴演算法效能的常用技術。

**第 9 章：繪製碎形** 介紹可以透過遞迴演算法以程式方式產生的有趣藝術。本章使用烏龜圖形來產生其圖像。

**第二部分：專案**

**第 10 章：檔案搜尋器** 介紹一個專案，根據你提供的自訂搜尋參數來搜尋電腦上的檔案。

**第 11 章：迷宮生成器** 介紹一個使用遞迴回溯演算法自動產生任意大小迷宮的專案。

**第 12 章：滑塊解題器** 介紹一個解決滑塊拼圖（也稱為 15 拼圖）的專案。

**第 13 章：Fractal Art Maker** 探索一個專案，可以根據你自己的設計製作客製化碎形藝術。

**第 14 章：畫中畫創作家** 探索一個使用 Pillow 影像處理模組產生遞迴畫中畫影像的專案。

# 體驗實作電腦科學

光是閱讀有關遞迴的內容不會讓你有辦法實作出來，而本書提供了許多 Python 和 JavaScript 程式語言的遞迴程式碼範例可讓你進行實驗。如果你是程式設計新手，關於程式設計和 Python 程式語言的簡介，你可以閱讀我的書《*Automate the Boring Stuff with Python*，第 2 版》（No Starch Press，2019 年），或是 Eric Matthes 所著的《*Python Crash Course*，第 2 版》（No Starch Press，2019 年）。

我建議使用除錯器（debugger）逐步測試這些程式。「除錯器」可讓你一次執行一行程式並檢查程式的狀態，使你能夠找出錯誤發生的位置。《*Automate the Boring Stuff with Python*》的第二版第 11 章有介紹如何使用

Python 除錯器，你可以在 https://automatetheboringstuff.com/2e/chapter11 上免費線上閱讀。

本書各章同時展示了 Python 和 JavaScript 程式碼範例。Python 程式碼保存在「.py」檔案中，JavaScript 程式碼保存在「.html」檔案（而不是「.js」檔案）中；例如，以下 hello.py 檔案：

```
print( ‘Hello, world!’ )
```

以及以下 hello.html 檔案：

```
<script type=” text/javascript” >
```

這兩段程式碼就像 Rosetta 石碑[1]一樣，描述了用兩種不同語言產生相同結果的程式。

NOTE

hello.html 中的 HTML 標籤 <br /> 是指「break return」，也稱為「換行符號」，它可以防止所有輸出出現在一行上。Python 的 print() 函數會自動在文字末端新增換行符號，而 JavaScript 的 document.write() 函數則不會。

我鼓勵你使用鍵盤手動複製這些程式，而不是直接將其原始程式碼複製貼上到新檔案中；這有助於你對程式產生「肌肉記憶」，並迫使你在鍵入時考慮每一行。

「.html」檔案在技術上是無效的，因為它們缺少幾個必要的 HTML 標記，例如 <html> 和 <body>，但你的瀏覽器仍然能夠顯示輸出。這些標籤是故意省略的。本書中的程式是為了簡單性和可讀性而編寫，而不是為了示範 Web 開發最佳實務。

1 編註：Rosetta stone 是古埃及與古希臘兩種語言的關鍵翻譯工具，在這裡作者用它來比喻可以幫助理解兩種不同事物之間關係的工具或概念。

## ➤ 安裝 Python

雖然每台電腦都有一個可以查看本書中「.html」檔案的網頁瀏覽器，但如果你希望執行本書的 Python 程式碼，則必須單獨安裝 Python。你可以從 https://python.org/downloads 免費下載 Microsoft Windows、Apple macOS 和 Ubuntu Linux 的 Python。請務必下載 Python 3 的版本（例如 3.10），而不是 Python 2。Python 3 對語言進行了一些「向後不相容」（backward-incompatible）的更改，本書中的程式可能無法在 Python 2 上正確運行（如果有的話）。

## ➤ 執行 IDLE 和 Python 程式碼範例

你可以使用 Python 自帶的 IDLE 編輯器來編寫 Python 程式碼，也可以安裝免費的編輯器，例如：https://codewith.mu 的 Mu Editor、https://www.jetbrains.com/pycharm 的 PyCharm Community Edition / download 或 https://code.visualstudio.com/Download 的 Microsoft Visual Studio Code。

若要在 Windows 上開啟 IDLE，請開啟螢幕左下角的「開始」功能表，在搜尋方塊中輸入 `IDLE`，然後選擇 **IDLE（Python 3.10 64 位元）**。

在 macOS 上，打開 Finder 視窗並點擊 **Applications→Python 3.10**，然後點擊「**IDLE**」圖示。

在 Ubuntu 上，選擇 **Applications→Accessories→Terminal**，然後輸入 `IDLE 3`。你也可以點擊螢幕上方的「**Applications**」，選擇「**Programming**」，然後點擊「**IDLE 3**」。

IDLE 有兩種類型的視窗。互動式 shell 視窗具有 >>> 提示符號，用於一次執行一個 Python 指令。當你想要嘗試一些 Python 程式碼時，這非常有用。你可以在檔案編輯器視窗中輸入完整的 Python 程式，並將其另存為「.py」檔案；這就是輸入本書中 Python 程式原始碼的方式。若要開啟新的檔案編輯器視窗，請按一下 **File→New File**。你可以透過點選 **Run→Run Module** 或按「**F5**」來執行程式。

### ➤ 在瀏覽器中執行 JavaScript 程式碼範例

你電腦的網頁瀏覽器可以執行 JavaScript 程式並顯示其輸出，但要編寫 JavaScript 程式碼，你需要一個文字編輯器；像 Notepad 或 TextMate 這樣的簡單程式就可以，但你也可以安裝專門用於編寫程式碼的文字編輯器，例如 https://www.sublimetext.com 的 IDLE 或 Sublime Text。

鍵入 JavaScript 程式的程式碼後，將檔案另存為「.html」檔案而不是「.js」檔案。在網頁瀏覽器中打開它們，以查看結果，任何現代網頁瀏覽器都可以用於此目的。

PART

# 1

# 認識遞迴

THE RECURSIVE BOOK OF RECURSION
ACE THE CODING INTERVIEW WITH PYTHON AND JAVASCRIPT

# 1

# 遞迴是什麼？

遞迴有著令人生畏的名聲。一般普遍對它的印象都是難以理解，但本質上它只取決於兩件事：「函數呼叫」和「堆疊資料結構」。

大多數新手程式設計師藉由「觀察執行狀況」來追蹤程式的作用。有一種閱讀程式碼的簡單方法：你只需將手指放在程式最上面的那行程式碼上，然後逐行向下移動。有時候你的手指會因為迴圈而回到前面；其他時候，你會跳轉到一個函數、稍後再回來。這種閱讀法使得「視覺化一段程式在做什麼以及按照什麼順序進行」變得容易。

但為了要理解遞迴，你需要熟悉一種不太明顯的資料結構，稱為「呼叫堆疊」（call stack），它控制著程式的執行流程。大多數程式設計初學者都不知道堆疊，因為程式設計課程在討論函數呼叫時通常不會提及它們，此外，自動管理函數呼叫的「呼叫堆疊」並不會出現在原始碼中的任何地方。

當你看不到它而且不知道它的存在時，你是很難理解它的！在本章中，我們將拉開帷幕，讓你明白遞迴並不像人們所想像的那麼困難，你將能夠欣賞到隱藏在其中的優雅。

## 遞迴的定義

在開始之前，讓我們先看一個老掉牙的遞迴笑話：「要理解遞迴，你必須『先』理解遞迴。」

在我寫這本書的幾個月裡，我可以向你保證，這個笑話你聽越多次就越好笑。

另一個笑話是，如果你在 Google 上搜尋「遞迴」（recursion），結果頁面會詢問你是否指的是「遞迴」（recursion）。若點擊連結，如圖 1-1 所示，你會被帶到…「遞迴」的搜尋結果。

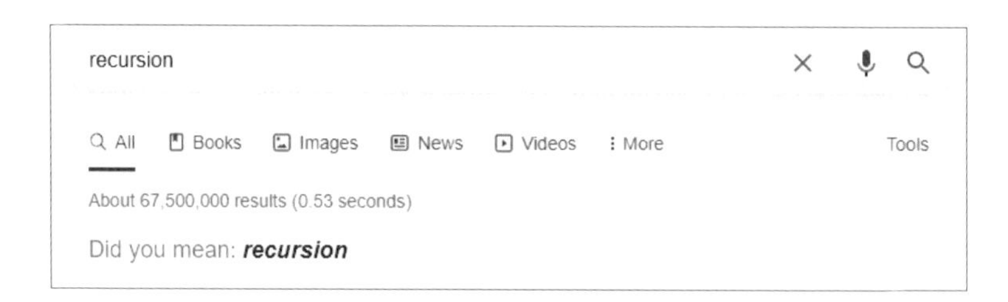


**圖 1-1**：「遞迴」（recursion）的 Google 搜尋結果連結到「遞迴」的 Google 搜尋結果。

圖 1-2 顯示了來自網路漫畫 xkcd 的遞迴笑話。

**圖 1-2**：I'm So Meta, Even This Acronym (I.S. M.E.T.A.)(xkcd.com/917，Randall Munroe)[1].

大多數關於 2010 年科幻動作片《全面啟動》（Inception）的笑話都是遞迴笑話；這部電影以描述主角的「夢中夢中夢」為其特色。

最後，有哪位電腦科學家會忘記希臘神話中的怪物——遞迴半人馬（recursive centaur）呢？正如你在圖 1-3 中看到的那樣，它一半是馬、一半是遞迴半人馬。

**圖 1-3**：遞迴半人馬（圖片來源：Joseph Parker）。

1 編註：這句話的意思是：「我這麼地 Meta，連這句縮寫（I.S. M.E.T.A.）也是耶！」意指，整句英文意思等同於該句中每個單字的首字母縮寫。

基於這些笑話，你可能會得出這樣的結論：遞迴是一種後設（meta）、自我參照、夢中夢、無限鏡像之類的東西。讓我們來建立一個具體的定義：「遞迴」指的是定義中包含自身的東西。也就是說，它有一個「自我參照」的定義[2]。

圖 1-4 中的 Sierpiński 三角形被定義為一個等邊三角形，中間有一個倒三角形，形成三個新的等邊三角形，每個三角形都包含一個 Sierpiński 三角形。Sierpiński 三角形的定義包含著多個 Sierpiński 三角形。

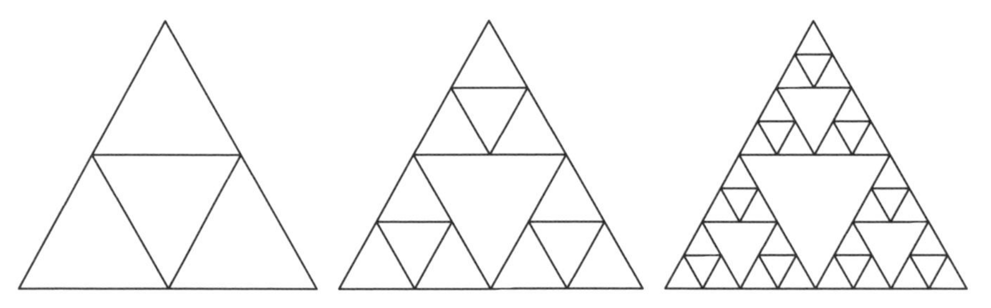

**圖 1-4**：Sierpiński 三角形是包含 Sierpiński 三角形的碎形（fractal，遞迴形狀）。

在程式設計上下文中，「遞迴函數」（recursive function）是指「呼叫自己的函數」。在我們探索遞迴函數之前，讓我們先退後一步，了解一般函數的運作原理。程式設計師都認為函數呼叫是理所當然的，但即使是經豐富驗的程式設計師，也會發現在下一節回顧函數是有幫助的。

# 什麼是函數？

「函數」可以描述為程式中的小程式。它們幾乎是所有程式語言的共通特性（feature）。如果你需要在一個程式的三個不同位置執行相同的指令，你可以一次將程式碼寫在一個函數中，然後呼叫該函數三次，而不是複製貼上該原始碼三次。這麼做的好處是會有一個更短和更易讀的程式，該程式也更容易修改：如果你需要修復 bug 或新增特性，你只需在一個地方修改你的程式，而不是三個地方。

2 編註：波蘭數學家 Wacław Franciszek Sierpiński 在 1915 年所提出的一種幾何圖形，具有自相似性的碎形結構，它被廣泛應用在數學和藝術上。

所有程式語言都在其函數中實作了四個特性：

1. 當函數被呼叫時，其內含的程式碼會被執行。
2. 當函數被呼叫時，會將「引數」（argument，也就是實際值）傳遞給函數。這是函數的輸入，函數可以有零個或多個參數。
3. 函數會回傳一個「回傳值」（return value）。這是函數的輸出，儘管某些程式語言允許函數不回傳任何內容或允許回傳空值，如 undefined 或 None。
4. 程式會記住哪一行程式碼呼叫了函數，並在函數執行完畢後回傳給它。

不同的程式語言可能有額外的特性，或者關於如何呼叫函數的不同選項，但它們都具有這四個通用元素。你可以直觀地觀察前三個元素，因為你已將它們寫在原始碼中了；但是當函數「回傳」時，程式如何追蹤該執行結果應該回傳到哪裡呢？

為了更理解這個問題，我們建立一個包含三個函數的 functionCalls.py 程式：a() 呼叫 b()，b() 呼叫 c()：

Python
```
def a():
    print('a() was called.')
    b()
    print('a() is returning.')

def b():
    print('b() was called.')
    c()
    print('b() is returning.')

def c():
    print('c() was called.')
    print('c() is returning.')

a()
```

此程式碼相當於以下的 functionCalls.html 程式：

JavaScript
```
<script type="text/javascript">
```

```
function a() {
    document.write("a() was called.<br />");
    b();
    document.write("a() is returning.<br />");
}

function b() {
    document.write("b() was called.<br />");
    c();
    document.write("b() is returning.<br />");
}

function c() {
    document.write("c() was called.<br />");
    document.write("c() is returning.<br />");
}

a();
</script>
```

執行此程式碼時，輸出如下所示：

```
a() was called.
b() was called.
c() was called.
c() is returning.
b() is returning.
a() is returning.
```

輸出顯示著函數 a()、b() 和 c() 的開始。然後，當函數回傳時，輸出會以相反的順序出現：c()、b() 然後是 a()。請注意文本輸出的模式：每次函數回傳時，它都會記住最初呼叫它的該行程式碼。當 c() 函數呼叫結束，程式會回傳到 b() 函數，顯示 b() is returning.。然後 b() 函數呼叫結束，程式會回傳到 a() 函數，並且顯示 a() is returning.。到整段程式的最後，程式會回傳到最初的 a() 函數呼叫。換句話說，函數呼叫不會「單一方向」執行著程式。

但是，程式要如何記住呼叫 c() 的是 a() 還是 b()？這個細節是由程式透過「呼叫堆疊」隱含地處理著。要了解呼叫堆疊如何記住函數呼叫結束時執行回傳的位置，我們首先需要了解堆疊是什麼。

# 什麼是堆疊？

稍早我提到了老掉牙的說法：「要理解遞迴，你必須『先』理解遞迴。」但這其實是錯誤的，正確來說應該是：「要真正理解遞迴，必須先理解『堆疊』」。

「堆疊」（stack）是電腦科學中最簡單的資料結構之一。它像串列（list）一樣儲存多個值——但與串列不同的是，它限制你只能在堆疊的「頂部」新增或刪除值。對於用串列或陣列實作的堆疊，「頂部」是串列或陣列的最後一項。新增值稱為「將資料值 push 加入堆疊」，而刪除值稱為「將資料值 pop 從堆疊中移出」。

想像一下，你正在與某人進行一場曲折的對話。你在談論你的朋友 Alice 時，想起了一個關於你同事 Bob 的故事，但為了讓這個故事有意義，你必須先解釋關於你表妹 Carol 的事情。當你說完了 Carol 的故事，回過頭來談論 Bob；說完了 Bob 的故事之後，再回來講 Alice 的事。然後，你在這個時候又想到你哥哥 David，所以你又說了關於他的一件事。最後，你終於回到最開始要講的 Alice 的故事上把它講完。

你的對話有著類似堆疊的結構，如圖 1-5 所示。對話是堆疊式的進行，因為目前的主題永遠位於堆疊的頂部。

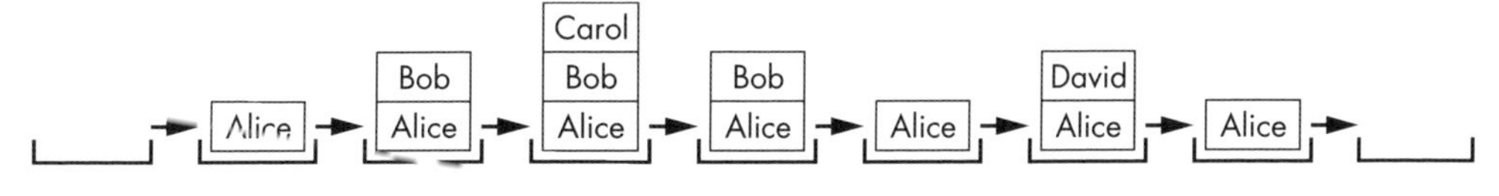


**圖 1-5：曲折的對話堆疊。**

在我們的對話堆疊中，新主題被新增到堆疊的頂部並在完成時被移除，而前面的主題被「記憶」在堆疊中目前主題的下方。

如果我們限制自己只能用 `append()` 和 `pop()` 方法來執行添加和移除項目的動作，就可以將 Python 的串列作為堆疊使用。JavaScript 的陣列也可以透過使用 `push()` 和 `pop()` 方法來作為堆疊。

> **NOTE**
>
> Python 使用的術語是「串列」（list）和「項目」（item），而 JavaScript 使用的術語是「陣列」（array）和「元素」（element），但它們對於我們的目的來說都是相同的。在本書中，我對兩種語言都使用「串列」和「項目」。

舉例來說，看看這個 cardStack.py 程式，它將撲克牌的字串值 push 和 pop 到名為 cardStack 的串列末尾：

Python

```
cardStack = ❶ []
❷ cardStack.append('5 of diamonds')
print(','.join(cardStack))
cardStack.append('3 of clubs')
print(','.join(cardStack))
cardStack.append('ace of hearts')
print(','.join(cardStack))
❸ cardStack.pop()
print(','.join(cardStack))
```

以下的 cardStack.html 程式包含著相同作用的 JavaScript 程式碼：

JavaScript

```
<script type="text/javascript">
let cardStack = ❶ [];
❷ cardStack.push("5 of diamonds");
document.write(cardStack + "<br />");
cardStack.push("3 of clubs");
document.write(cardStack + "<br />");
cardStack.push("ace of hearts");
document.write(cardStack + "<br />");
❸ cardStack.pop()
document.write(cardStack + "<br />");
</script>
```

執行此程式碼時，輸出如下所示：

```
5 of diamonds
5 of diamonds,3 of clubs
5 of diamonds,3 of clubs,ace of hearts
5 of diamonds,3 of clubs
```

堆疊從空（empty）❶開始。代表撲克牌的三個字串被加入堆疊❷，然後堆疊被移出❸，這會移除紅心 A 並再次將梅花三留在堆疊的頂部。`cardStack` 堆疊的狀態如圖 1-6 所示，從左到右。

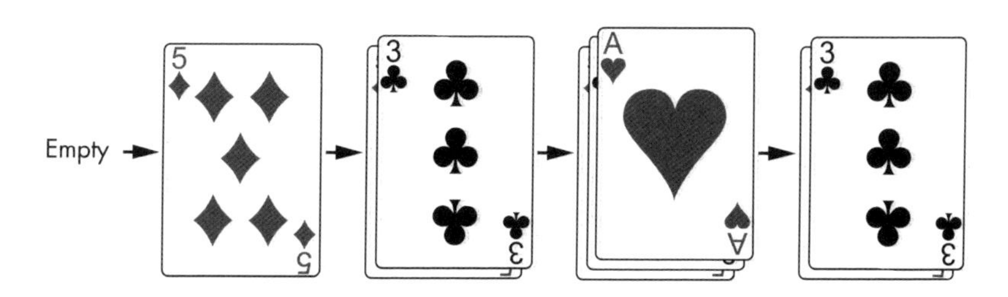


**圖 1-6：堆疊開始時為空，接著撲克牌被加入堆疊並移除。**

你只能看到撲克牌堆最上面的那張牌，或者說，只能看到我們的程式堆疊中最上面的值。在最簡單的堆疊實作中，你看不到堆疊中有多少張牌（或值），你只能看到堆疊是否為空。

堆疊是一種「LIFO」資料結構，代表著「後進先出」（last in, first out），因為最後一個被加入堆疊的值，會是第一個從堆疊中被移除的值。此行為類似於你的網路瀏覽器的「上一頁」按鈕。你的瀏覽器的標籤歷史紀錄功能就像一個堆疊，其中包含著你存取過所有頁面的順序；瀏覽器永遠顯示位於歷史「堆疊」「頂部」的那個網頁。點擊一個連結會將一個新網頁推送到歷史堆疊中，而點擊「上一頁」按鈕則會將最頂部的網頁移出，並顯示位於它「下面」的那個網頁。

## 什麼是呼叫堆疊？

程式也使用堆疊。程式的「呼叫堆疊」（call stack），也簡稱「堆疊」（the stack），是「框架物件」的堆疊。「框架物件」（frame object），也簡稱為「框架」（frame），包含有關單一函數呼叫的資訊，其中包括哪一行程式碼呼叫了該函數，因此當函數回傳時，程式執行可以移回那裡。

呼叫函數時，框架物件會被建立並加入堆疊中。當函數回傳時，該框架物件會從堆疊中移除。如果我們呼叫一個函數，而該函數呼叫了另一個函數，然後這個數又呼叫了另一個函數，那麼呼叫堆疊將會有三個框架物件在堆疊上。當所有這些函數都回傳後，呼叫堆疊將不再有（即零個）框架物件在堆疊上。

程式設計師不必編寫處理框架物件的程式碼，因為程式語言會自動處理它們。不同的程式語言對框架物件的實作方式不同，但大致上會包含以下內容：

- 回傳地址；或程式中函數回傳時，當下執行應移至的位置
- 傳遞給函數呼叫的引數
- 在函數呼叫期間建立的一組局部（local）變數

舉例來說，看看下面的 localVariables.py 程式，它具有三個函數，就像我們之前的 functionCalls.py 和 functionCalls.html 程式一樣：

*Python*
```
def a():
  ❶ spam = 'Ant'
  ❷ print('spam is ' + spam)
  ❸ b()
    print('spam is ' + spam)

def b():
  ❹ spam = 'Bobcat'
    print('spam is ' + spam)
  ❺ c()
    print('spam is ' + spam)

def c():
  ❻ spam = 'Coyote'
    print('spam is ' + spam)

❼ a()
```

這個 localVariables.html 包含著相同作用的 JavaScript 程式碼：

*JavaScript*
```
<script type="text/javascript">
function a() {
  ❶ let spam = "Ant";
  ❷ document.write("spam is " + spam + "<br />");
  ❸ b();
    document.write("spam is " + spam + "<br />");
}

function b() {
```

```
❹ let spam = "Bobcat";
    document.write("spam is " + spam + "<br />");
❺ c();
    document.write("spam is " + spam + "<br />");
}

function c() {
❻ let spam = "Coyote";
    document.write("spam is " + spam + "<br />");
}

❼ a();
</script>
```

執行此程式碼時，輸出如下所示：

```
spam is Ant
spam is Bobcat
spam is Coyote
spam is Bobcat
spam is Ant
```

當程式呼叫函數 a() ❼時，將建立一個框架物件並將其放在呼叫堆疊的頂部。該框架儲存傳遞給 a() 的任何引數（在本例中沒有引數），以及局部變數 spam ❶和 a() 函數回傳時執行的位置。

當 a() 被呼叫時，它會顯示其局部 spam 變數的內容，即 Ant ❷。當 a() 中的程式碼呼叫函數 b() ❸時，將建立一個新的框架物件，並將其放置在呼叫堆疊中函數 a() 的框架物件上方。b() 函數有自己的局部 spam 變數 ❹，並呼叫 c() ❺。接著會為 c() 呼叫建立一個新的框架物件並將其放置在呼叫堆疊中，它包含 c() 的局部 spam 變數 ❻。當這些函數回傳時，框架物件從呼叫堆疊中被移除。程式執行會知道該回傳到哪裡，因為回傳資訊儲存在框架物件中。當程式執行從所有函數呼叫回傳時，呼叫堆疊為空。

圖 1-7 顯示了每個函數被呼叫和回傳時的呼叫堆疊的狀態。請注意，所有局部變數都具有相同的名稱：spam。我這樣做是為了強調一個事實，即局部變數永遠是具有不同值的獨立變數，即使它們與其他函數中的局部變數同名。

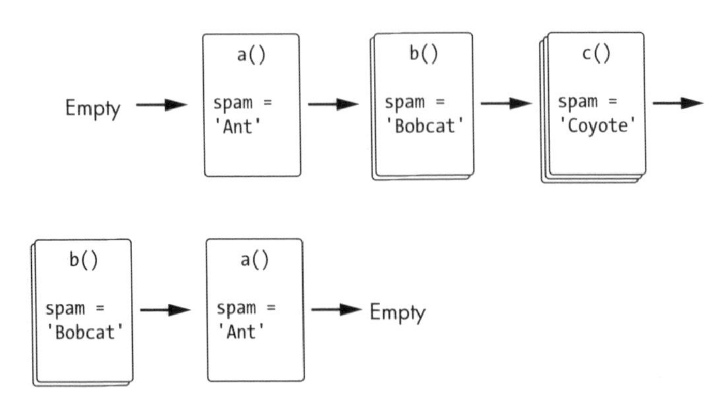


**圖 1-7**：localVariables 程式執行時，呼叫堆疊的狀態。

如你所見，程式語言可以具有同名的單獨局部變數（spam），因為它們儲存在單獨的框架物件中。當在原始碼中使用局部變數時，使用的是最頂層框架物件中具有該名稱的變數。

每個執行的程式都有一個呼叫堆疊，多執行緒（multithread）程式中的每個執行緒（thread）都有一個呼叫堆疊。但是當你查看一個程式的原始碼時，你是看不到程式碼中的呼叫堆疊的。呼叫堆疊不像其他資料結構那樣儲存在變數中；它會在後台自動處理。

原始碼中不存在呼叫堆疊的事實是遞迴讓初學者感到困惑的主要原因：遞迴依賴於程式設計師根本看不到的東西！揭示堆疊資料結構和呼叫堆疊的運作原理可以消除遞迴背後的許多謎團。函數和堆疊都是簡單的概念，我們可以結合使用它們來理解遞迴是如何運作的。

# 什麼是遞迴函數和堆疊溢出？

「遞迴函數」（recursive function）是一個呼叫自身的函數。以下 shortest.py 程式是遞迴函數的最短範例：

Python
```python
def shortest():
    shortest()

shortest()
```

前面的程式等同於這個 shortest.html 程式：

JavaScript
```
<script type=" text/javascript" >
function shortest() {
function shortest() {
    shortest();
}

shortest();
</script>
```

shortest() 函數只呼叫 shortest() 函數。當這種情況發生時，它會再次呼叫 sshortest() 函數，然後這個函數又再次呼叫 shortest()，依此類推，似乎永遠不會停止。類似於地球的地殼位於巨型太空烏龜背上的神話，這隻太空烏龜則位於另一隻烏龜的背上；而在那隻烏龜下面，又有著另一隻烏龜。依此類推，永無止盡。

但是這種「烏龜一路向下」的理論並無法清楚解釋天文學，也不能清楚描述遞迴函數。由於呼叫堆疊使用電腦的有限記憶體，因此該程式不能像無限迴圈那樣永遠繼續下去。該程式唯一做的就是當機（crash），並顯示一條錯誤訊息。

NOTE

要查看 JavaScript 錯誤，你必須打開「瀏覽器的開發者工具」。在大多數瀏覽器上，可以按「F12」然後選擇 Console 來開啟。

Python 的 shortest.py 輸出如下所示：

```
Traceback (most recent call last):
  File "shortest.py", line 4, in <module>
    shortest()
  File "shortest.py", line 2, in shortest
    shortest()
  File "shortest.py", line 2, in shortest
    shortest()
  File "shortest.py", line 2, in shortest
    shortest()
  [Previous line repeated 996 more times]
RecursionError: maximum recursion depth exceeded
```

JavaScript 版本的 shortest.html 輸出在 Google Chrome 瀏覽器中看起來像這樣（其他瀏覽器也會有類似的錯誤訊息）：

```
Uncaught RangeError: Maximum call stack size exceeded
    at shortest (shortest.html:2)
    at shortest (shortest.html:3)
    at shortest (shortest.html:3)
    at shortest (shortest.html:3)
    at shortest (shortest.html:3)
    at shortest (shortest.html:3)
    at shortest (shortest.html:3)
    at shortest (shortest.html:3)
    at shortest (shortest.html:3)
    at shortest (shortest.html:3)
```

這種錯誤稱為「堆疊溢出」（stack overflow）。（這就是流行網站 https://stackoverflow.com 的名稱由來。）沒有回傳值的常數函數呼叫會增加呼叫堆疊，直到用完指派給呼叫堆疊的所有電腦記憶體。為了防止這種情況發生，Python 和 JavaScript 解譯器（interpreter）會在函數呼叫達到一定限度且不回傳值後使程式當機。

此限制稱為「最大遞迴深度」（maximum recursion depth）或「最大呼叫堆疊大小」（maximum call stack size）。Python 設定為 1,000 次的函數呼叫，而 JavaScript 的最大呼叫堆疊大小取決於執行程式碼的瀏覽器，但通常至少為 10,000 左右。將堆疊溢出想像成「當呼叫堆疊『太高』的情況」（即消耗太多電腦記憶體），如圖 1-8 所示。

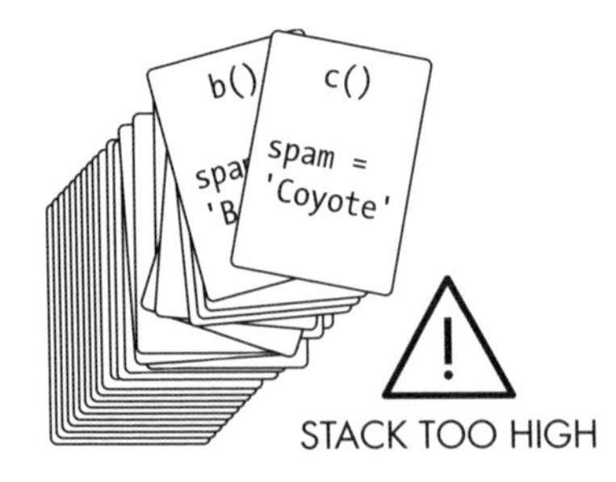


**圖 1-8**：當呼叫堆疊太高時，就會發生堆疊溢出，有太多的框架物件佔用了電腦的記憶體。

堆疊溢出不會損壞電腦，電腦只是檢測到已經達到無回傳值函數呼叫的限制並終止程式。在最壞的情況下，你將遺失該程式所有未儲存的工作。我們可以透過一個「基本情況」（base case）來防止堆疊溢出；接下來將對此進行解釋。

## 基本情況和遞迴情況

這個堆疊溢出範例中，有一個 shortest() 函數不斷呼叫自身但從不回傳。為了避免程式崩潰當機，需要有一種情況或一組情況，讓函數停止呼叫自身而直接回傳，這就稱為「基本情況」（base case）。相反的，函數不斷遞迴呼叫自身的情況則稱為「遞迴情況」（recursive case）。

所有遞迴函數都需要至少一種基本情況和至少一種遞迴情況。如果沒有基本情況，該函數將永遠不會停止進行遞迴呼叫，最終會導致堆疊溢出；如果沒有遞迴情況，該函數永遠不會呼叫自身，它只是一個普通函數而不是一個遞迴函數。當你開始編寫自己的遞迴函數時，第一步是弄清楚基本情況和遞迴情況應該是什麼。

看看這個 shortestWithBaseCase.py 程式，它定義了不會因堆疊溢出而當機的最短遞迴函數：

Python
```
def shortestWithBaseCase(makeRecursiveCall):
    print('shortestWithBaseCase(%s) called.' % makeRecursiveCall)
    if not makeRecursiveCall:
        # BASE CASE
        print('Returning from base case.')
      ❶ return
    else:
        # RECURSIVE CASE
      ❷ shortestWithBaseCase(False)
        print('Returning from recursive case.')
        return

print('Calling shortestWithBaseCase(False):')
❸ shortestWithBaseCase(False)
print()
print('Calling shortestWithBaseCase(True):')
❹ shortestWithBaseCase(True)
```

此程式碼等同於以下 shortestWithBaseCase.html 程式：

JavaScript
```
<script type="text/javascript">
function shortestWithBaseCase(makeRecursiveCall) {
    document.write("shortestWithBaseCase(" + makeRecursiveCall +
     ") called.<br />");
    if  (makeRecursiveCall === false) {
        // BASE CASE
        document.write("Returning from base case.<br />");
      ❶ return;
    } else {
        // RECURSIVE CASE
      ❷ shortestWithBaseCase(false);
        document.write("Returning from recursive case.<br />");
        return;
    }
}

document.write("Calling shortestWithBaseCase(false):<br />");
❸ shortestWithBaseCase(false);
document.write("<br />");
document.write("Calling shortestWithBaseCase(true):<br />");
❹ shortestWithBaseCase(true);
</script>
```

執行此程式碼時，輸出如下所示：

```
Calling shortestWithBaseCase(False):
shortestWithBaseCase(False) called.
Returning from base case.

Calling shortestWithBaseCase(True):
shortestWithBaseCase(True) called.
shortestWithBaseCase(False) called.
Returning from base case.
Returning from recursive case.
```

這個函數除了提供一個簡短的遞迴範例之外，沒有做任何有用的事情（而且可以透過刪除文本輸出來縮短它，但文本對我們的解釋很有用）。當呼叫 shortestWithBaseCase(False) ❸時，會執行基本情況，函數只會直接回傳❶；但是當呼叫 shortestWithBaseCase(True) ❹時，會執行遞迴情況，並且呼叫 shortestWithBaseCase(False) ❷。

需要注意的是，從❷開始遞迴呼叫 shortestWithBaseCase(False) 然後回傳時，程式執行並不會立即回到原來的函數呼叫的地方❹。遞迴呼叫之後，遞迴情況下的其餘程式碼仍然會執行，這就是為什麼 Returning from base case. 會出現在輸出中。而基本情況的回傳，並不會立即回傳所有之前發生的遞迴呼叫。這一點很重要，在下一節的 countDownAndUp() 範例中請務必牢記在心。

## 遞迴呼叫前後的程式碼

遞迴情況下的程式碼可以分為兩部分：遞迴呼叫之前的程式碼和遞迴呼叫之後的程式碼（如果在遞迴情況下有兩個遞迴呼叫，例如第 2 章中的費波那契數列（Fibonacci sequence）範例，就會有一個之前、一個之間和一個之後。但現在先讓我們保持簡單）。

要知道的一個重點是，到達基本情況不一定代表到達遞迴演算法的末尾，這僅表示基本情況不會繼續進行遞迴呼叫。

例如，看看這個 countDownAndUp.py 程式，它的遞迴函數從任意數字向下計數到零，然後回到該數字：

Python
```
def countDownAndUp(number):
  ❶ print(number)
    if number == 0:
        # BASE CASE
      ❷ print('Reached the base case.')
        return
    else:
        # RECURSIVE CASE
      ❸ countDownAndUp(number - 1)
      ❹ print(number, 'returning')
        return

❺ countDownAndUp(3)
```

這是相同效果的 countDownAndUp.html 程式：

JavaScript
```
<script type="text/javascript">
function countDownAndUp(number) {
  ❶ document.write(number + "<br />");
```

```
        if (number === 0) {
            // BASE CASE
          ❷ document.write("Reached the base case.<br />");
            return;
        } else {
            // RECURSIVE CASE
          ❸ countDownAndUp(number - 1);
          ❹ document.write(number + " returning<br />");
            return;
        }
    }

❺ countDownAndUp(3);
</script>
```

執行此程式碼時，輸出如下所示：

```
3
2
1
0
Reached the base case.
1 returning
2 returning
3 returning
```

請記住，每次呼叫函數時，都會建立一個新的框架並將其加入到呼叫堆疊中；該框架是儲存所有局部變數和參數（例如 number）的地方，因此，呼叫堆疊上的每個框架都有一個單獨的 number 變數。這是關於遞迴的另一個經常令人困惑的地方：儘管從原始碼來看，它看起來只有一個 number 變數，但請記住，因為它是一個局部變數，所以實際上每個函數呼叫都有一個不同的 number 變數。

當呼叫 countDownAndUp(3) ❺ 時，會建立一個框架，而該框架的局部 number 變數被設定為 3。該函數將 number 變數輸出到螢幕 ❶，只要 number 不為 0，countDownAndUp() 就會以 number - 1 作為參數遞迴地呼叫 ❸。當它呼叫 countDownAndUp(2) 時，一個新框架被加入堆疊，而且該框架的局部 number 變數設定為 2。再次達到遞迴情況，並呼叫 countDownAndUp(1)，接著又再次達到遞迴情況，並呼叫 countDownAndUp(0)。

這種進行連續遞迴函數呼叫、然後從遞迴函數呼叫回傳的模式，是導致出現數字倒數的原因。一旦呼叫 countDownAndUp(0)，達到了基本情況❷，就不會再進行遞迴呼叫。然而，這我們的程式並沒有結束！當達到基本情況時，局部 number 變數為 0；但是當基本情況回傳時，框架從呼叫堆疊中被移出，在它下面的框架有自己的局部 number 變數，它具有一直保持的相同值 1。隨著程式執行回傳到呼叫堆疊中先前的框架時，遞迴呼叫「之後」的程式碼會被執行❹。這就是導致出現數字計數的原因。圖 1-9 顯示了呼叫堆疊的狀態，因為 countDownAndUp(0) 被遞迴呼叫然後回傳。

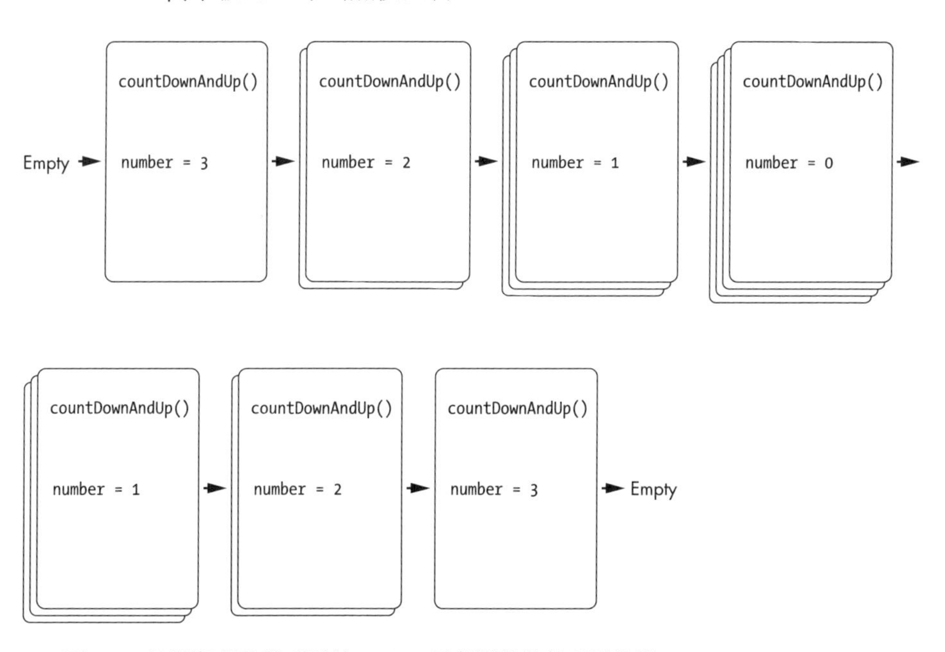


**圖 1-9：追蹤每個函數呼叫的 number 局部變數值的呼叫堆疊。**

當到達基本情況時，程式碼不會立即停止，這個事實對於下一章中的階乘（factorial）計算來說很重要。請記住，遞迴情況之後的任何程式碼仍然必須執行。

此時，你可能會認為遞迴 countDownAndUp() 函數設計過度，難以遵循。為什麼不使用迭代（iterative）解決方案來印出數字呢？「迭代」方法使用迴圈（loop）重複任務直到完成，通常被認為是遞迴的對立做法。

每當你發現自己在問：「使用迴圈不是更容易嗎？」答案幾乎肯定是「沒錯」，你應該避免使用遞迴解決方案。遞迴對於初學者和有經驗的程式設計師來說都是棘手的，而且遞迴程式碼不會自動地比迭代程式碼「更好」或「更優雅」。可讀、易於理解的程式碼比遞迴提供的所謂優雅來得重要多了。然而，在某些情況下，演算法可以清晰地映射到遞迴方法；涉及樹狀資料結構並需要回溯的演算法，特別適用於遞迴。這些想法將在第 2 章和第 4 章中進一步加以探討。

# 結論

遞迴常常讓新手程式設計師感到困惑，不過它是建立在「函數可以呼叫自身」的簡單思維之上。每次進行函數呼叫時，都會將一個新的框架物件新增到呼叫堆疊中，且包含了與呼叫相關的資訊（例如局部變數和函數回傳時程式執行移動到的回傳地址）。呼叫堆疊是一種堆疊資料結構，只能透過在其「頂部」新增或刪除資料來更改，我們將這個操作稱為「加入」（pushing to）堆疊或從堆疊中「移除」（popping from）。

呼叫堆疊由程式隱含地處理，因此沒有呼叫堆疊變數。呼叫一個函數會將一個框架物件加入呼叫堆疊中，而從一個函數回傳則會從呼叫堆疊中移除一個框架物件。

遞迴函數有遞迴情況（即進行遞迴呼叫）以及基本情況（即函數直接回傳）。如果沒有基本情況或出現 bug 阻止了基本情況的執行，則程式執行會導致堆疊溢出，進而使程式當機。

遞迴是一種有用的技術，但遞迴不會自動使程式碼變得「更好」或更「優雅」。下一章將更深入探討這個想法。

# 延伸閱讀

你可以在我的 2018 North BayPython 會議演講「Recursion for Beginners: A Beginner's Guide to Recursion」（初學者遞迴：遞迴初學者指南）中找到其他的遞迴介紹（網址：https://youtu.be/AfBqVVKg4GE）。YouTube 頻道

Computerphile 還在它的一支影片「What on Earth is Recursion?」（遞迴到底是什麼？）中介紹了遞迴（網址 https://youtu.be/Mv9NEXX1VHc）。最後，V. Anton Spraul 在他的書《*Think Like a Programmer*》（像程式設計師一樣思考，No Starch Press，2012 年）和他的影片「Recursion (Think Like a Programmer)」談到了遞迴（網址：https://youtu.be/oKndim5-G94）。關於遞迴的文章，在維基百科上有非常詳細的介紹（網址：https://en.wikipedia.org/wiki/Recursion）。

你可以為 Python 安裝 `ShowCallStack` 模組。該模組增加了一個 `showcallstack()` 函數，你可以將其放置在程式碼中的任何位置，以查看程式中特定點的呼叫堆疊狀態。在 https://pypi.org/project/ShowCallStack 可下載該模組並找到它的說明。

# 練習題

回答以下問題以測試你的理解能力：

1. 一般來說，什麼是遞迴的東西？
2. 在程式設計中，什麼是遞迴函數？
3. 函數有哪四個特點？
4. 什麼是堆疊？
5. 向堆疊頂部新增值和從堆疊頂部移除值的術語是什麼？
6. 假設你將字母 J 加入堆疊，然後將字母 Q 加入堆疊，然後移出堆疊，然後將字母 K 加入堆疊，然後再次移出堆疊。請問堆疊會呈現什麼樣子？
7. 什麼被加入和移出到呼叫堆疊？
8. 什麼會導致堆疊溢出？
9. 什麼是基本情況？
10. 什麼是遞迴情況？
11. 遞迴函數有多少種基本情況和遞迴情況？
12. 如果遞迴函數沒有基本情況會怎樣？
13. 如果遞迴函數沒有遞迴情況會怎樣？

# 2

# 遞迴與迭代

一般而言，「遞迴」和「迭代」都不是高深的技術，事實上，任何遞迴程式碼都可以寫成帶有迴圈（loop）和堆疊（stack）的迭代程式碼。遞迴並沒有特殊的能力能夠執行迭代演算法無法執行的計算，而任何迭代迴圈都可以改寫為遞迴函數。

本章將遞迴和迭代做了比較並進行對比分析：我們將研究經典的費波那契函數（Fibonacci function）和階乘函數（factorial function），看看它們的遞迴演算法為什麼有嚴重的弱點；我們還將透過指數演算法（exponent algorithm）來探索遞迴方法可以提供的見解。本章總的來說闡明了遞迴演算法所謂的優雅，並展示了遞迴解決方案何時有用、何時無用。

# 計算階乘

許多電腦科學課程使用階乘（factorial）計算作為遞迴函數的經典範例。整數（我們稱它為 n）的階乘是從 1 到 n 的所有整數的乘積，例如，4 的階乘為 4 × 3 × 2 × 1，即 24。驚嘆號是階乘的數學符號，例如，4! 表示「4 的階乘」。表 2-1 顯示了前幾個階乘值。

**表 2-1：前幾個整數的階乘**

| *n!* | | Expanded form | | Product |
|---|---|---|---|---|
| 1! | = | 1 | = | 1 |
| 2! | = | 1 × 2 | = | 2 |
| 3! | = | 1 × 2 × 3 | = | 6 |
| 4! | = | 1 × 2 × 3 × 4 | = | 24 |
| 5! | = | 1 × 2 × 3 × 4 × 5 | = | 120 |
| 6! | = | 1 × 2 × 3 × 4 × 5 × 6 | = | 720 |
| 7! | = | 1 × 2 × 3 × 4 × 5 × 6 × 7 | = | 5,040 |
| 8! | = | 1 × 2 × 3 × 4 × 5 × 6 × 7 × 8 | = | 40,320 |

階乘用於各種計算——例如，計算某事物的排列組合數量。如果你想知道四個人（Alice、Bob、Carol 和 David）排成一行的有幾種排列組合數量，答案就是 4 的階乘。有四個可能的人選可以排在第一位（4）；對於這四個選項中的每一個，剩下的三個人可以排在第二位（4 × 3）；然後有兩個人可以排在第三位（4 × 3 × 2）；最後剩下的人將排在第四位（4 × 3 × 2 × 1）。排隊方式的數量——即排列組合的數量——就是人數的階乘。

現在讓我們檢查計算階乘的迭代和遞迴方法。

## 迭代階乘演算法

迭代地計算階乘是非常簡單的：在迴圈中將整數 1 向上相乘直至（包含）n。「迭代」（iterative）演算法總是使用迴圈。來看看 factorialByIteration.py 程式：

Python
```python
def factorial(number):
    product = 1
    for i in range(1, number + 1):
        product = product * i
    return product
print(factorial(5))
```

以及 factorialByIteration.html 程式：

JavaScript
```javascript
<script type="text/javascript">
function factorial(number) {
    let product = 1;
    for (let i = 1; i <= number; i++) {
        product = product * i;
    }
    return product;
}
document.write(factorial(5));
</script>
```

執行此程式碼時，輸出顯示 5! 的計算結果：

```
120
```

計算階乘的迭代解決方案沒有錯；它很簡單，也可以完成工作。但是，讓我們也看一下遞迴演算法，以深入了解階乘和遞迴本身的性質。

## 遞迴階乘演算法

請注意，4 的階乘是 4 × 3 × 2 × 1，而 5 的階乘是 5 × 4 × 3 × 2 × 1。所以你可以說 5! = 5 × 4! 這是「遞迴」的，因為 5（或任何數字 n）的階乘定義包括 4（數字 n–1）的階乘的定義。接下來，4! = 4 × 3!，依此類推，直到你必須計算 1!，即基本情況，即 1。

factorialByRecursion.py Python 程式使用遞迴階乘演算法：

Python
```python
def factorial(number):
    if number == 1:
        # BASE CASE
        return 1
```

```
    else:
        # RECURSIVE CASE
      ❶ return number * factorial(number - 1)
print(factorial(5))
```

JavaScript 程式 factorialByRecursion.html 具有相同效果的程式碼：

*JavaScript*

```
<script type="text/javascript">
function factorial(number) {
    if (number == 1) {
        // BASE CASE
        return 1;
    } else {
        // RECURSIVE CASE
      ❶ return number * factorial(number - 1);
    }
}
document.write(factorial(5));
</script>
```

當你用遞迴執行這段程式碼來計算 5!，輸出會和迭代程式的輸出一樣：

```
120
```

對於許多程式設計師來說，這段遞迴程式碼看起來很奇怪。你知道 factorial(5) 必須計算 5 × 4 × 3 × 2 × 1，但很難指出進行乘法運算的程式碼行段。

之所以會產生混淆，是因為遞迴情況（recursive case）只有一行 ❶，其中一半在遞迴呼叫之前執行，另一半在遞迴呼叫回傳之後執行。我們不習慣一次只執行一行程式碼當中的一半。

前半部分是 factorial(number - 1)，涉及計算 number - 1 並進行遞迴函數，導致將新的框架物件加入到呼叫堆疊。這發生在遞迴呼叫之前。

下一次使用舊框架物件執行程式碼是在 factorial(number - 1) 回傳之後。當呼叫 factorial(5) 時，factorial(number - 1) 將會是 factorial(4)，它會回傳 24。這是後半部分執行的時間。return number * factorial(number - 1) 現在看起來像 return 5 * 24，這就是 factorial(5) 回傳 120 的原因。

圖 2-1 追蹤了呼叫堆疊的狀態，因為框架物件被加入（發生在遞迴函數呼叫時）而框架物件被移出（遞迴函數呼叫回傳時）。請注意，乘法發生在遞迴呼叫之後，而不是之前。

當對 `factorial()` 的原始函數呼叫回傳時，它會回傳計算出的階乘。

## 為什麼遞迴階乘演算法很糟糕

計算階乘的遞迴實作有一個嚴重的弱點。計算 5 的階乘需要五次遞迴函數呼叫，表示在達到基本情況之前，五個框架物件被放置在呼叫堆疊上；這種方法是無法處理更複雜的情況的。

如果要計算 1,001 的階乘，遞迴 `factorial()` 函數必須進行 1,001 次遞迴函數呼叫。因為「進行如此多的函數呼叫而不回傳」會超過解譯器設定的呼叫堆疊上限，所以你的程式很可能在完成之前，就發生堆疊溢出的情況。這很糟糕，你絕對不會想在現實世界的程式碼中使用遞迴階乘函數。

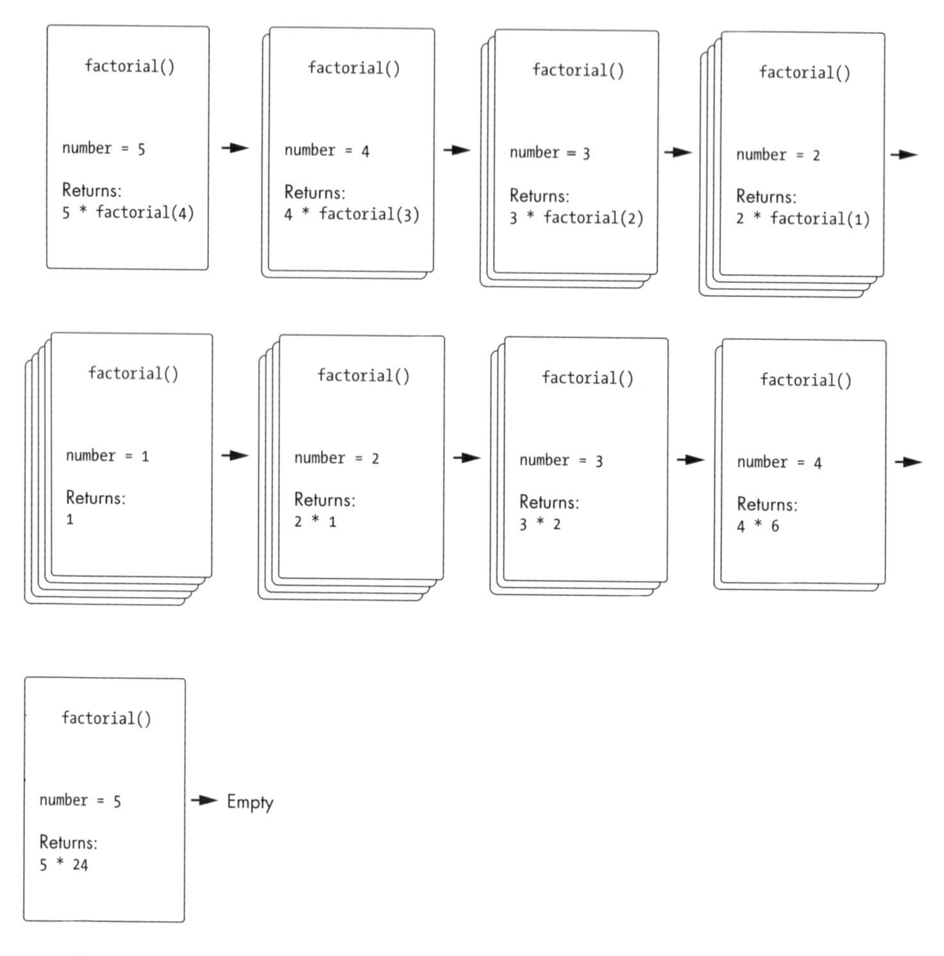


**圖 2-1**：對 factorial() 進行遞迴呼叫然後回傳時，「呼叫堆疊」的狀態。

另一方面，迭代階乘演算法會快速高效地完成計算。使用某些程式語言中稱為「尾部呼叫優化」（tail call optimization）的技術，可以避免堆疊溢出；本書的第 8 章有涵蓋到這個主題。不過，這種技術會進一步使遞迴函數的實作變得很複雜。對於計算階乘，迭代方法是最簡單和最直接的。

# 計算費波那契數列

「Fibonacci 數列」（Fibonacci sequence）是介紹遞迴的另一個經典例子。從數學上來說，費波那契整數數列以數字 1 和 1（有時為 0 和 1）作為開頭，數列中的下一個數字是前兩個數字的總和，這會建立出數列 1、1、2、3、5、8、13、21、34、55、89、144…不斷繼續下去。

如果我們稱數列中最新的兩個數字為 a 和 b，你可以在圖 2-2 中看到數列是如何增長的。

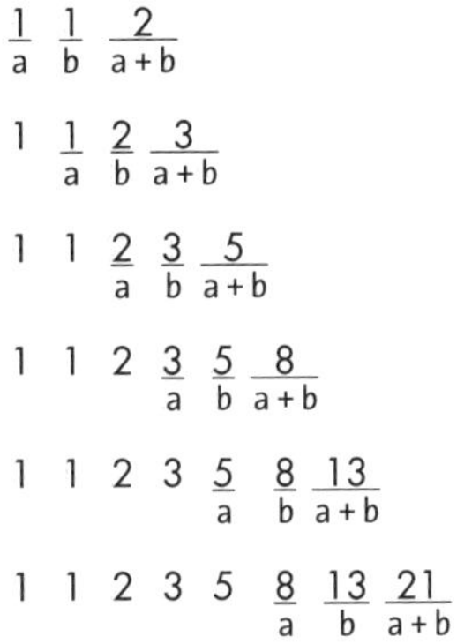

```
1  1  2
a  b  a+b

1  1  2  3
   a  b  a+b

1  1  2  3  5
      a  b  a+b

1  1  2  3  5  8
         a  b  a+b

1  1  2  3  5  8  13
            a  b  a+b

1  1  2  3  5  8  13  21
               a  b   a+b
```

**圖 2-2**：費波那契數列的每個數字都是前兩個數字的總和。

讓我們來看看一些程式碼範例，有迭代解法也有遞迴解法，用於生成費波那契數。

## 迭代費波那契演算法

迭代費波那契範例很簡單，由一個簡單的 `for` 迴圈和兩個變數 `a` 和 `b` 組成。以下的 Python 程式 fibonacciByIteration.py 實作了迭代費波那契演算法：

Python
```
def fibonacci(nthNumber):
  ❶ a, b = 1, 1
    print('a = %s, b = %s' % (a, b))
    for i in range(1, nthNumber):
      ❷ a, b = b, a + b # Get the next Fibonacci number.
        print('a = %s, b = %s' % (a, b))
    return a
```

```
print(fibonacci(10))
```

下列 fibonacciByIteration.html 程式具有相同效果的 JavaScript 程式碼：

*JavaScript*

```
<script type="text/javascript">
function fibonacci(nthNumber) {
  ❶ let a = 1, b = 1;
    let nextNum;
    document.write('a = ' + a + ', b = ' + b + '<br />');
    for (let i = 1; i < nthNumber; i++) {
      ❷ nextNum = a + b; // Get the next Fibonacci number.
        a = b;
        b = nextNum;
        document.write('a = ' + a + ', b = ' + b + '<br />');
    }
    return a;
};

document.write(fibonacci(10));
</script>
```

當你執行此程式碼計算第 10 個費波那契數時，輸出如下所示：

```
a = 1, b = 1
a = 1, b = 2
a = 2, b = 3
--snip--
a = 34, b = 55
55
```

這個程式一次只需要追蹤數列中最新的兩個數字。由於費波那契數列中的前兩個數定義為 1，因此我們將 1 儲存在變數 a 和 b ❶ 中。在 for 迴圈內部，數列中的下一個數是藉由將 a 和 b ❷ 相加計算得出的，它會成為下一個 b 值，而 a 會取得 b 的前一個值。等到迴圈結束時，b 代表著第 n 個費波那契數，因此它會被回傳。

## 遞迴費波那契演算法

計算費波那契數涉及了遞迴的性質。舉例來說，如果要計算第 10 個費波那契數，就將第 9 個和第 8 個費波那契數相加。要計算這些費波那契數，你需要將第 8 和第 7 個費波那契數相加，然後是第 7 個和第 6 個費波那契數。但這麼做會發生很多重複的計算：請注意，將第 9 個和第 8 個費波那契數相加需要再次計算第 8 個費波那契數。你將繼續此遞迴，直到算到第 1 個或第 2 個費波那契數的基本情況，這個基本情況永遠為 1。

以下的 fibonacciByRecursion.py Python 程式中展示了遞迴費波那契函數：

```
def fibonacci(nthNumber):
    print('fibonacci(%s) called.' % (nthNumber))
    if nthNumber == 1 or nthNumber == 2: ❶
        # BASE CASE
        print('Call to fibonacci(%s) returning 1.' % (nthNumber))
        return 1
    else:
        # RECURSIVE CASE
        print('Calling fibonacci(%s) and fibonacci(%s).' % (nthNumber - 1,
nthNumber - 2))
        result = fibonacci(nthNumber - 1) + fibonacci(nthNumber - 2)
        print('Call to fibonacci(%s) returning %s.' % (nthNumber, result))
        return result

print(fibonacci(10))
```

fibonacciByRecursion.html 檔案具有相同效果的 JavaScript 程式：

```
<script type="text/javascript">
function fibonacci(nthNumber) {
    document.write('fibonacci(' + nthNumber + ') called.<br />');
    if (nthNumber === 1 || nthNumber === 2) { ❶
        // BASE CASE
        document.write('Call to fibonacci(' + nthNumber + ') returning 1.<br
/>');
        return 1;
    }
    else {
        // RECURSIVE CASE
        document.write('Calling fibonacci(' + (nthNumber - 1) + ') and
fibonacci(' + (nthNumber - 2) + ').<br />');
        let result = fibonacci(nthNumber - 1) + fibonacci(nthNumber - 2);
        document.write('Call to fibonacci(' + nthNumber + ') returning ' +
result + '.<br />');
        return result;
    }
}
```

```
document.write(fibonacci(10) + '<br />');
</script>
```

當你執行此程式碼計算第 10 個費波那契數時，輸出如下所示：

```
fibonacci(10) called.
Calling fibonacci(9) and fibonacci(8).
fibonacci(9) called.
Calling fibonacci(8) and fibonacci(7).
fibonacci(8) called.
Calling fibonacci(7) and fibonacci(6).
fibonacci(7) called.
--snip--
Call to fibonacci(6) returning 8.
Call to fibonacci(8) returning 21.
Call to fibonacci(10) returning 55.
55
```

程式中的大部分程式碼用於顯示此輸出，但 `fibonacci()` 函數本身很簡單。基本情況——不再進行遞迴呼叫的情況——發生在 `nthNumber` 為 `1` 或 `2` ❶ 時。在這種情況下，函數回傳 `1`，因為第 1 個和第 2 個費波那契數永遠為 1。其他的所有情況都是遞迴情況，所以回傳的值是 `fibonacci(nthNumber -1)` 和 `fibonacci(nthNumber -2)` 的總和。只要原始的 `nthNumber` 引數是大於 `0` 的整數，這些遞迴呼叫最終將達到基本情況，並停止進行遞迴呼叫。

還記得遞迴階乘範例有「遞迴呼叫之前」和「遞迴呼叫之後」的部分嗎？因為遞迴費波那契演算法在其遞迴情況下進行了兩次遞迴呼叫，所以你應該要記住，它包含了三個部分：「第一次遞迴呼叫之前」、「第一次遞迴呼叫之後到第二次遞迴呼叫之前」和「第二次遞迴呼叫之後」。雖然情況略有不同，但同樣的原則也適用。而且，不要認為已達到了基本情況、在遞迴呼叫之後就沒有更多的程式碼要執行了，遞迴演算法只有在原始函數呼叫回傳後才會結束。

你可能會問，「迭代費波那契解法不是比遞迴費波那契解法更簡單嗎？」的確沒錯。更慘的是，遞迴解決方案存在著嚴重的低效能問題，這將在下一節中進行解釋。

## 為什麼遞迴費波那契演算法很糟糕

與遞迴階乘演算法一樣，遞迴費波那契演算法也有一個嚴重的弱點：它一遍又一遍地重複著相同的計算。圖 2-3 顯示了呼叫 `fibonacci(6)`——為簡潔起見，在樹狀圖中標記為 `fib(6)`——如何呼叫 `fibonacci(5)` 和 `fibonacci(4)`。

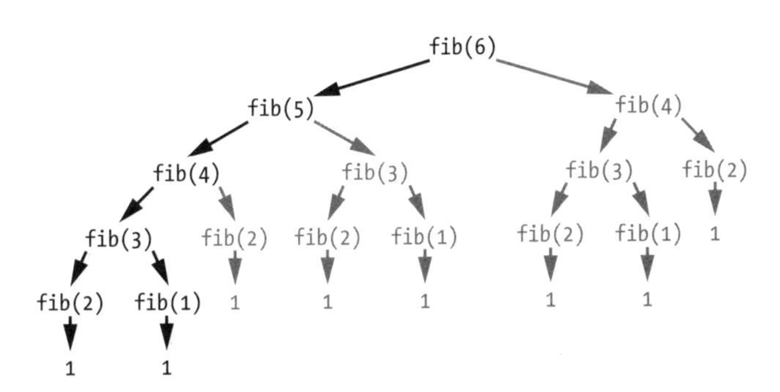


**圖 2-3：從 fibonacci(6) 開始進行的遞迴函數呼叫的樹狀圖。冗餘的函數呼叫以灰色顯示。**

這會導致其他函數呼叫的串聯反應，直到它們到達 `fibonacci(2)` 和 `fibonacci(1)` 的基本情況，即回傳 `1` 的情況。但是請注意，`fibonacci(4)` 被呼叫了兩次，而 `fibonacci(3)` 被呼叫了三次，以此類推。不必要的重複計算，拖累了整體演算法的執行速度，而隨著要計算的費波那契數愈大，這種低效率會變得更糟。雖然迭代費波那契演算法可以在不到一秒的時間內完成 `fibonacci(100)`，但遞迴演算法卻需要超過一百萬年才能完成。

# 將遞迴演算法轉換為迭代演算法

將遞迴演算法轉換為迭代演算法一直都是可行的做法。雖然遞迴函數藉由呼叫自己來重複計算，但這種重複可以透過迴圈來執行。遞迴函數也使用呼叫堆疊；但是，迭代演算法可以用堆疊資料結構來取代它。因此，任何遞迴演算法都可以透過使用迴圈和堆疊來迭代地執行。

為了展示這一點，以下是一個 Python 程式 factorialEmulateRecursion.py 實作了迭代演算法來模擬遞迴演算法：

```
callStack = [] # The explicit call stack, which holds "frame objects". ❶
callStack.append({'returnAddr': 'start', 'number': 5}) # "Call" the
"factorial() function". ❷
returnValue = None

while len(callStack) > 0:
    # The body of the "factorial() function":

    number = callStack[-1]['number'] # Set number parameter.
    returnAddr = callStack[-1]['returnAddr']

    if returnAddr == 'start':
        if number == 1:
            # BASE CASE
            returnValue = 1
            callStack.pop() # "Return" from "function call". ❸
            continue
        else:
            # RECURSIVE CASE
            callStack[-1]['returnAddr'] = 'after recursive call'
            # "Call" the "factorial() function":
            callStack.append({'returnAddr': 'start', 'number': number - 1}) ❹
            continue
    elif returnAddr == 'after recursive call':
        returnValue = number * returnValue
        callStack.pop() # "Return from function call". ❺
        continue

print(returnValue)
```

factorialEmulateRecursion.html 包含了相同效果的 JavaScript 程式：

```
<script type="text/javascript">
let callStack = []; // The explicit call stack, which holds "frame objects". ❶
callStack.push({"returnAddr": "start", "number": 5}); // "Call" the
"factorial() function". ❷
let returnValue;

while (callStack.length > 0) {
// The body of the "factorial() function":
    let number = callStack[callStack.length - 1]["number"]; // Set number
parameter.
    let returnAddr = callStack[callStack.length - 1]["returnAddr"];

    if (returnAddr == "start") {
        if (number === 1) {
            // BASE CASE
```

```
            returnValue = 1;
            callStack.pop(); // "Return" from "function call". ❸
            continue;
        } else {
            // RECURSIVE CASE
            callStack[callStack.length - 1]["returnAddr"] = "after recursive
call";
            // "Call" the "factorial() function":
            callStack.push({"returnAddr": "start", "number": number - 1}); ❹
            continue;
        }
    } else if (returnAddr == "after recursive call") {
        returnValue = number * returnValue;
        callStack.pop(); // "Return from function call". ❺
        continue;
    }
}

document.write(returnValue + "<br />");
</script>
```

請注意，這個程式沒有遞迴函數；它根本沒有任何函數！此程式使用串列作為堆疊資料結構（儲存在 callStack 變數 ❶ 中）來模擬呼叫堆疊，進而模擬遞迴函數呼叫。儲存回傳地址資訊和 nthNumber 局部變數的字典，模擬了一個框架物件 ❷。程式透過將這些框架物件加入呼叫堆疊，來模擬函數呼叫 ❹，並透過從呼叫堆疊移除框架物件來模擬從函數呼叫回傳 ❸❺。

任何遞迴函數都可以用這種方式改寫為迭代的做法。儘管這段程式碼非常難以理解，而且你在實務中永遠不會以這種方式編寫階乘演算法，但它確實證明了「遞迴並沒有具備迭代程式碼所缺乏的能力」。

# 將迭代演算法轉換為遞迴演算法

同樣的，將迭代演算法轉換為遞迴演算法也是可行的。迭代演算法只是使用迴圈的程式碼，重複執行的程式碼（迴圈的主體）可以放在遞迴函數的主體中。而就像迴圈主體中的程式碼被反覆執行一樣，我們需要反覆呼叫函數來執行它的程式碼。我們可以透過從函數本身呼叫函數，建立一個遞迴函數來做到這一點。

Python 程式碼 hello.py 展示了使用迴圈印出 `Hello, world!` 五次，而且還使用了一個遞迴函數：

Python
```python
print('Code in a loop:')
i = 0
while i < 5:
    print(i, 'Hello, world!')
    i = i + 1

print('Code in a function:')
def hello(i=0):
    print(i, 'Hello, world!')
    i = i + 1
    if i < 5:
        hello(i) # RECURSIVE CASE
    else:
        return # BASE CASE
hello()
```

hello.html 呈現了相同效果的 JavaScript 程式碼：

JavaScript
```javascript
<script type="text/javascript">
document.write("Code in a loop:<br />");
let i = 0;
while (i < 5) {
    document.write(i + " Hello, world!<br />");
    i = i + 1;
}

document.write("Code in a function:<br />");
function hello(i) {
    if (i === undefined) {
        i = 0; // i defaults to 0 if unspecified.
    }

    document.write(i + " Hello, world!<br />");
    i = i + 1;
    if (i < 5) {
        hello(i); // RECURSIVE CASE
    }
    else {
        return; // BASE CASE
    }
}
hello();
</script>
```

這些程式的輸出如下所示：

```
Code in a loop:
0 Hello, world!
1 Hello, world!
2 Hello, world!
3 Hello, world!
4 Hello, world!
Code in a function:
0 Hello, world!
1 Hello, world!
2 Hello, world!
3 Hello, world!
4 Hello, world!
```

`while` 迴圈有一個條件，`i < 5`，它決定程式是否繼續執行迴圈。同樣的，遞迴函數將此條件用於其遞迴情況，這會導致函數呼叫自身並執行 `Hello, world!` 以再次顯示其程式碼。

以下是更接近實際應用的一個範例，迭代和遞迴函數，它們用於在字串 haystack 中回傳子字串 `needle` 的索引值；如果未找到子字串，則函數會回傳 `-1`。這類似於 Python 的 `find()` 字串方法和 JavaScript 的 `indexOf()` 字串方法。這個 findSubstring.py 程式有一個 Python 版本：

*Python*

```python
def findSubstringIterative(needle, haystack):
    i = 0
    while i < len(haystack):
        if haystack[i:i + len(needle)] == needle:
            return i # Needle found.
        i = i + 1
    return -1 # Needle not found.

def findSubstringRecursive(needle, haystack, i=0):
    if i >= len(haystack):
        return -1 # BASE CASE (Needle not found.)

    if haystack[i:i + len(needle)] == needle:
        return i # BASE CASE (Needle found.)
    else:
        # RECURSIVE CASE
        return findSubstringRecursive(needle, haystack, i + 1)

print(findSubstringIterative('cat', 'My cat Zophie'))
```

```
print(findSubstringRecursive('cat', 'My cat Zophie'))
```

這個 findSubstring.html 程式具有相同效果的 JavaScript 版本：

*JavaScript*

```
<script type="text/javascript">
function findSubstringIterative(needle, haystack) {
    let i = 0;
    while (i < haystack.length) {
        if (haystack.substring(i, i + needle.length) == needle) {
            return i; // Needle found.
        }
        i = i + 1
    }
    return -1; // Needle not found.
}

function findSubstringRecursive(needle, haystack, i) {
    if (i === undefined) {
        i = 0;
    }

    if (i >= haystack.length) {
        return -1; // # BASE CASE (Needle not found.)
    }

    if (haystack.substring(i, i + needle.length) == needle) {
        return i; // # BASE CASE (Needle found.)
    } else {
        // RECURSIVE CASE
        return findSubstringRecursive(needle, haystack, i + 1);
    }
}

document.write(findSubstringIterative("cat", "My cat Zophie") + "<br />");
document.write(findSubstringRecursive("cat", "My cat Zophie") + "<br />");
</script>
```

這些程式呼叫了 `findSubstringIterative()` 和 `findSubstring Recursive()`，它們會回傳 `3`，因為這是在 `My cat Zophie` 中所找到的 `cat` 的索引：

```
3
3
```

本節中的程式展示了永遠可以將任何迴圈轉換為相同效果的遞迴函數。雖然可以用遞迴置換迴圈，但我建議不要這樣做。這是「為了遞迴而遞迴」，由於遞迴通常比迭代程式碼更難理解，因此程式碼的可讀性會下降。

# 案例分析：計算指數

儘管遞迴不一定會產生更好的程式碼，但採用遞迴方法可以讓你對程式設計問題有新的認識。作為案例分析，讓我們來看看如何計算指數。

「指數」（exponent）是透過將一個數值乘以自身來計算的。例如，指數「三的六次方」，或寫作 $3^6$，就等於 3 自乘六次：$3 \times 3 \times 3 \times 3 \times 3 \times 3 = 729$。這是一個常見的運算，Python 是運用 ** 運算子、而 JavaScript 則是運用內建的 `Math.pow()` 函數來執行指數運算（exponentiation，或稱求「冪」）。我們可以使用 Python 程式碼 `3 ** 6` 和 JavaScript 程式碼 `Math.pow(3, 6)` 來計算 $3^6$。

但在這裡，我們先試著編寫自己的指數計算程式碼。解決方案很簡單：建立一個迴圈，重複將一個數與自己相乘並回傳最終乘積。以下是一個迭代的 Python 程式 exponentByIteration.py：

*Python*

```python
def exponentByIteration(a, n):
    result = 1
    for i in range(n):
        result *= a
    return result

print(exponentByIteration(3, 6))
print(exponentByIteration(10, 3))
print(exponentByIteration(17, 10))
```

這是一個相同效果的 JavaScript 程式 exponentByIteration.html：

*JavaScript*

```javascript
<script type="text/javascript">
function exponentByIteration(a, n) {
    let result = 1;
    for (let i = 0; i < n; i++) {
        result *= a;
    }
    return result;
```

```
}

document.write(exponentByIteration(3, 6) + "<br />");
document.write(exponentByIteration(10, 3) + "<br />");
document.write(exponentByIteration(17, 10) + "<br />");
</script>
```

執行這些程式時，輸出如下所示：

```
729
1000
2015993900449
```

這是一個簡單的計算，用迴圈就可以輕鬆編寫。使用迴圈的缺點是，函數隨著指數變大而變慢：計算 $3^{12}$ 的時間是 $3^6$ 的兩倍，而計算 $3^{600}$ 的時間是 $3^6$ 的一百倍。在下一節中，我們將藉由「遞迴思考」來解決這個問題。

## 建立遞迴指數函數

讓我們思考一下對 $3^6$ 求指數值的遞迴解決方案。由於乘法的結合性，$3 \times 3 \times 3 \times 3 \times 3 \times 3$ 等同於 $(3 \times 3 \times 3) \times (3 \times 3 \times 3)$，也就是等同於 $(3 \times 3 \times 3)^2$。而且，由於 $(3 \times 3 \times 3)$ 與 $3^3$ 相同，我們可以確定 $3^6$ 與 $(3^3)^2$ 相同。這個例子就是數學中所謂的「指數法則」（power rule）：$(a^m)^n = a^{mn}$。數學也給了我們「乘積法則」（product rule）：$a^n \times a^m = a^{n+m}$，其中 $a^n \times a = a^{n+1}$。

我們可以使用這些數學規則來建立一個 exponentByRecursion() 函數。如果呼叫 exponentByRecursion(3, 6)，就等於是 exponentByRecursion(3, 3) * exponentByRecursion(3, 3)。當然了，實際上我們不必同時呼叫 exponentByRecursion(3, 3)：可以將回傳值儲存到一個變數中，然後將其乘以自身。

這個方法適用於偶數指數，但對於奇數指數呢？如果我們必須計算 $3^7$，或 $3 \times 3 \times 3 \times 3 \times 3 \times 3 \times 3$，就等於 $(3 \times 3 \times 3 \times 3 \times 3 \times 3) \times 3$ 或 $(3^6) \times 3$。然後，我們可以進行相同的遞迴呼叫來計算 $3^6$。

NOTE

用於確定整數是奇數還是偶數的簡單程式設計技巧是使用「餘數運算子」（modulus operator，%）。任何偶數 mod 2 的結果為 0，任何奇數 mod 2 的結果為 1。

這些是遞迴情況，但基本情況是什麼？從數學上來說，任何數的零次方都定義為 1，而任何數的一次方都是該數本身。因此對於任何函數呼叫 exponentByRecursion(a, n)，如果 n 為 0 或 1，我們只要分別回傳 1 或 a，因為 $a^0$ 永遠為 1，而 $a^1$ 永遠為 a。

運用所有這些資訊，我們可以為 exponentByRecursion() 函數編寫程式碼。以下是一個 Python 程式碼的 exponentByRecursion.py 檔案：

*Python*
```python
def exponentByRecursion(a, n):
    if n == 1:
        # BASE CASE
        return a
    elif n % 2 == 0:
        # RECURSIVE CASE (When n is even.)
        result = exponentByRecursion(a, n // 2)
        return result * result
    elif n % 2 == 1:
        # RECURSIVE CASE (When n is odd.)
        result = exponentByRecursion(a, n // 2)
        return result * result * a

print(exponentByRecursion(3, 6))
print(exponentByRecursion(10, 3))
print(exponentByRecursion(17, 10))
```

以下是 exponentByRecursion.html 中相同效果的 JavaScript 程式碼：

*JavaScript*
```javascript
<script type="text/javascript">
function exponentByRecursion(a, n) {
    if (n === 1) {
        // BASE CASE
        return a;
    } else if (n % 2 === 0) {
        // RECURSIVE CASE (When n is even.)
        result = exponentByRecursion(a, n / 2);
```

```
        return result * result;
    } else if (n % 2 === 1) {
        // RECURSIVE CASE (When n is odd.)
        result = exponentByRecursion(a, Math.floor(n / 2));
        return result * result * a;
    }
}

document.write(exponentByRecursion(3, 6));
document.write(exponentByRecursion(10, 3));
document.write(exponentByRecursion(17, 10));
</script>
```

執行此程式碼時，該輸出與迭代版本相同：

```
729
1000
2015993900449
```

每次遞迴呼叫都能有效地將問題的規模減半，而這就是我們的遞迴指數演算法比迭代演算法更快的原因；迭代計算 $3^{1000}$ 需要 1,000 次乘法運算，而遞迴計算只需要 23 次乘法和除法運算。在效能分析器下執行 Python 程式碼時，迭代計算 $3^{1000}$ 100,000 次需要 10.633 秒，但遞迴計算只需要 0.406 秒。這是一個巨大的躍進！

## 基於遞迴見解建立迭代指數函數

我們最初的迭代指數函數採用了一種直接的方法：進行迴圈的次數跟指數的冪次相同。然而，這在處理更大的冪次時效果不佳。我們的遞迴實作迫使我們去思考如何將這個問題分解成更小的子問題，而事實證明，這種方法更有效率。

因為每個遞迴演算法都有一個等價的迭代演算法，我們可以根據遞迴演算法使用的指數法則來建立一個新的迭代指數函數。以下 exponentWithPowerRule.py 程式具有這樣的函數：

Python
```python
def exponentWithPowerRule(a, n):
    # Step 1: Determine the operations to be performed.
    opStack = []
    while n > 1:
```

```python
        if n % 2 == 0:
            # n is even.
            opStack.append('square')
            n = n // 2
        elif n % 2 == 1:
            # n is odd.
            n -= 1
            opStack.append('multiply')

    # Step 2: Perform the operations in reverse order.
    result = a # Start result at `a`.
    while opStack:
        op = opStack.pop()

        if op == 'multiply':
            result *= a
        elif op == 'square':
            result *= result

    return result

print(exponentWithPowerRule(3, 6))
print(exponentWithPowerRule(10, 3))
print(exponentWithPowerRule(17, 10))
```

以下是 exponentWithPowerRule.html 中相同效果的 JavaScript 程式：

JavaScript

```javascript
<script type="text/javascript">
function exponentWithPowerRule(a, n) {
    // Step 1: Determine the operations to be performed.
    let opStack = [];
    while (n > 1) {
        if (n % 2 === 0) {
            // n is even.
            opStack.push("square");
            n = Math.floor(n / 2);
        } else if (n % 2 === 1) {
            // n is odd.
            n -= 1;
            opStack.push("multiply");
        }
    }

    // Step 2: Perform the operations in reverse order.
    let result = a; // Start result at `a`.
    while (opStack.length > 0) {
        let op = opStack.pop();
```

```
        if (op === "multiply") {
            result = result * a;
        } else if (op === "square") {
            result = result * result;
        }
    }

    return result;
}

document.write(exponentWithPowerRule(3, 6) + "<br />");
document.write(exponentWithPowerRule(10, 3) + "<br />");
document.write(exponentWithPowerRule(17, 10) + "<br />");
</script>
```

我們的演算法會持續將 n 除以 2（如果它是偶數）或減去 1（如果它是奇數）來減少 n 的值，直到 n 變成 1 為止；這表示我們需要執行平方或乘法運算。完成此步驟後，我們以相反的順序執行這些運算。通用堆疊資料結構（與呼叫堆疊分開）對於倒置這些運算的順序很有用，因為它是先進後出（first-in, last-out）的資料結構。第一個步驟，將「平方」或「乘以 a」的運算加到 opStack 變數中的堆疊裡；第二個步驟，在將這些計算值從堆疊中移除時，執行這些運算。

舉例來說，呼叫 exponentWithPowerRule(6, 5) 計算 $6^5$ 時，會將 a 設定為 6，將 n 設定為 5。該函數注意到 n 是奇數，這表示我們應該將 n 減去 1 得到 4，並將「乘以 a」的運算加到 opStack。現在 n 是 4（偶數），我們將它除以 2 得到 2，並將「平方」運算加到 opStack。由於 n 現在是 2 又是偶數了，我們將它除以 2 得到 1，並將另一個「平方」運算加到 opStack。現在 n 為 1，我們完成了第一步。

要執行第二步，先將 result 作為 a（即 6）開始。我們移除 opStack 堆疊以取得平方運算，告訴程式將 result 設定為 result * result（即 $result^2$）或 36。我們將下一個運算從 opStack 中移除，這是另一個平方運算，因此程式更改了 result 中的 36 變為 36 * 36，即 1296。我們將最後一個運算從 opStack 中移除，它是一個「乘以 a」運算，所以我們將 result 中的 1296 乘以 a（即 6）得到 7776。接下來就不再對 opStack 進行運算，因此該函數現已完成。當我們仔細檢查我們的數學式時，就會發現 $6^5$ 確實是 7,776。

opStack 中的堆疊如圖 2-4 所示，與函數呼叫 exponentWithPowerRule(6, 5) 執行時相同。

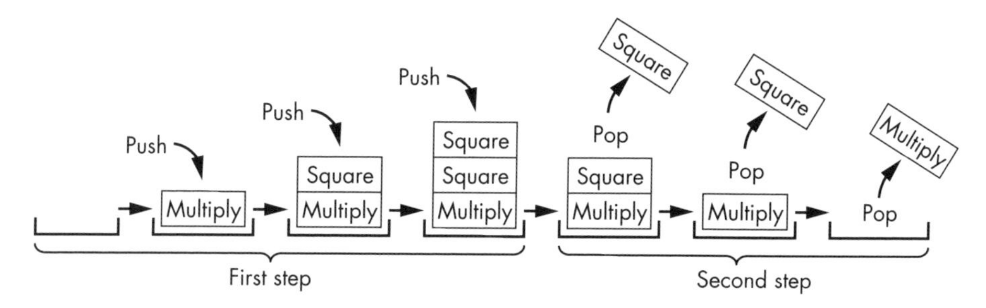


**圖 2-4：exponentWithPowerRule(6, 5) 函數呼叫期間，opStack 中的堆疊。**

執行此程式碼時，輸出與其他指數程式相同：

```
729
1000
2015993900449
```

使用指數法則的迭代指數函數，效能比遞迴演算法更好，同時沒有堆疊溢出的風險。但如果沒有遞迴思維的見解，我們可能也想不到這種改善後的新迭代演算法。

# 什麼時候需要使用遞迴？

你永遠「不需要」使用遞迴。沒有程式設計問題「必需要」遞迴。本章老早就已經表明，遞迴沒有什麼特異功能，它無法完成使用堆疊資料結構和迴圈的迭代程式碼所無法完成的事。事實上，遞迴函數對於你想要實作的目標來說，可能會是一個過於複雜的解決方案。

然而，正如我們在上一個小節中建立的指數函數，遞迴可以為我們提供新的見解，引領我們去思考程式設計中的問題。程式設計問題若具備了以下三個特徵（如果存在的話），會特別適合採用遞迴方法：

- 它涉及樹狀結構。
- 它涉及回溯（backtracking）。

- 它沒有深度遞迴到可能導致堆疊溢出的程度。

一棵樹具有「自我相似」（self-similar）的結構：也就是分支點看起來類似於較小子樹的根。遞迴通常能處理自我相似性以及可以分解為更小相似子問題的問題。樹的根類似於對遞迴函數的第一次呼叫，分支點類似於遞迴情況，而葉節點類似於不再進行遞迴呼叫的基本情況。

迷宮也是具有樹狀結構並且需要回溯的典型問題範例。在迷宮中，分支點出現在你必須從眾多路徑中選擇一條路徑的地方。如果你走到了死路，就是遇到了基本情況，你必須回溯到先前的分支點，以選擇不同路徑。

圖 2-5 將迷宮的路徑視覺化，讓它呈現出樹狀結構。儘管迷宮路徑和樹形路徑在視覺上存在差異，但它們的分支點以相同的方式相互關聯。在數學上，這些圖是等價的。

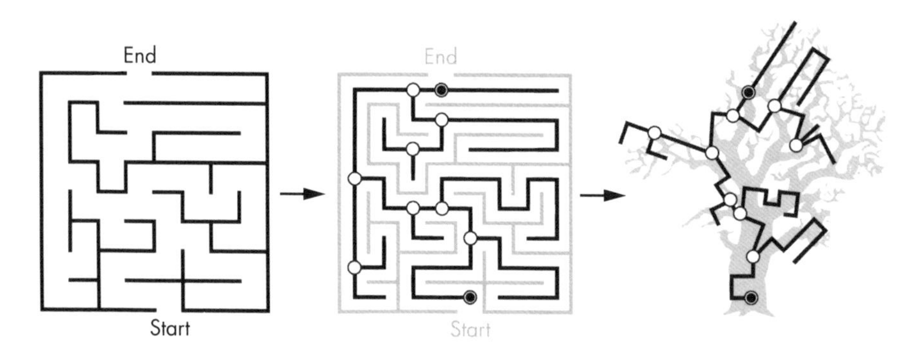


**圖 2-5：迷宮（左）及其內部路徑（中）變形以符合樹狀結構的形態（右）。**

許多程式設計問題的核心都是這種樹狀結構，例如，檔案系統具有樹狀結構，子資料夾看起來像較小檔案系統的根資料夾。圖 2-6 則將檔案系統比作一個樹狀結構。

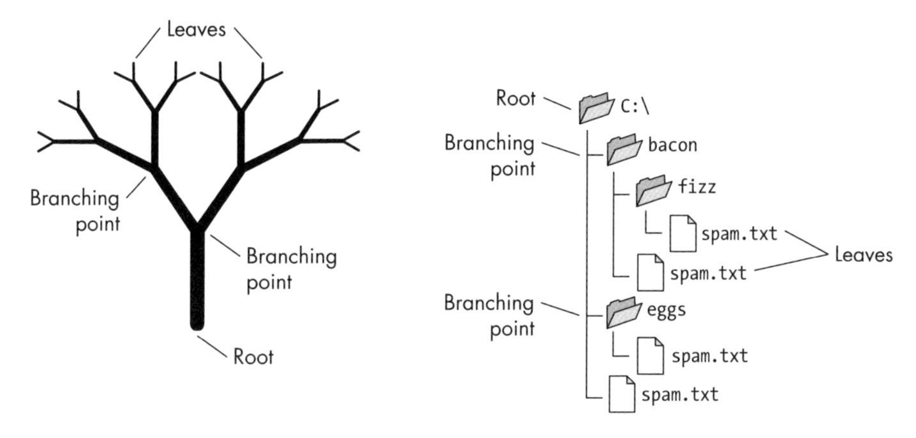


**圖 2-6：檔案系統類似於樹狀結構。**

在資料夾中搜尋特定檔案名稱是一個遞迴問題：你搜尋資料夾，然後遞迴搜尋資料夾中的子資料夾。沒有子資料夾的資料夾就是導致遞迴搜尋停止的基本情況。如果你的遞迴演算法沒有找到它正在尋找的檔案名稱，它會回溯到前面的父資料夾，並從那裡繼續搜尋。

第三點是實用性問題。如果你的樹狀結構有太多層次的分支，以至於遞迴函數還沒到達葉節點就會發生堆疊溢出，那麼遞迴不是一個合適的解決方案。

另一方面，遞迴是建立程式設計語言編譯器的最佳方法。編譯器設計本身就是一個廣泛的主題，超出了本書的範圍。但是程式語言有一套語法規則，可以將原始碼分解成樹狀結構，類似於語法規則可以將英文敘述句子分解成樹狀圖的方式。而遞迴是一種適用於編譯器的理想技術。

我們將在本書中識別出許多遞迴演算法，它們通常具有樹狀結構或回溯特性，這些特性使得它們非常適合使用遞迴。

# 提出遞迴演算法

希望本章能讓你更明確地知道，遞迴函數與你可能更熟悉的迭代演算法之間的差異。本書的其餘部分將深入探討各種遞迴演算法的細節。但是，你應該如何編寫自己的遞迴函數呢？

第一個步驟永遠是識別「遞迴情況」和「基本情況」。你可以採用由上而下的方法，將問題分解為與原始問題相似但更小的子問題；這是你的「遞迴情況」。然後思考怎麼將子問題拆解到夠小，才能得到最容易解決的答案；這是你的「基本情況」。你的遞迴函數可能有不止一種遞迴情況或基本情況，但所有遞迴函數總是至少有一種遞迴情況和至少一種基本情況。

遞迴費波那契演算法就是一個例子。費波那契數是前兩個費波那契數之和，因此我們可以將「尋找費波那契數」這個問題，分解為「尋找兩個更小的費波那契數」子問題。我們知道前兩個費波那契數都是 1，所以一旦子問題夠小，就能提供基本情況的答案。

有時可以採用由下而上的方法並首先考慮基本情況，然後看看如何從那裡建構和解決越來越大的問題。遞迴階乘問題就是這樣的一個例子。1 的階乘 1! 為 1，這構成了基本情況；下一個階乘是 2!，用 2 乘以 1!；再下一個階乘 3!，把 3 乘以 2!，依此類推。根據這個一般模式，我們就可以推斷出演算法的遞迴情況是什麼。

# 結論

在本章中，我們介紹了計算「階乘」和「費波那契數列」這兩個經典的遞迴程式設計問題，特別著重在介紹這些演算法的迭代和遞迴實作。儘管是遞迴的經典範例，但它們的遞迴演算法存在嚴重缺陷：遞迴階乘函數會導致堆疊溢出，而遞迴費波那契函數則是執行過多的冗餘計算，以至於在實務中的效率太慢了。

我們探討了如何從迭代演算法建立遞迴演算法，以及如何從遞迴演算法建立迭代演算法。迭代演算法使用迴圈，任何遞迴演算法都可以透過使用迴圈和堆疊資料結構來迭代執行。遞迴通常是一種過於複雜的解決方案，但涉及樹狀結構和回溯的程式設計問題特別適合遞迴實作。

編寫遞迴函數是一種隨著實踐和經驗而提高的技能。本書的後面涵蓋了幾個著名的遞迴範例，並探討了它們的優點和局限性。

## 延伸閱讀

你可以在 Computerphile 的 YouTube 頻道裡面的「Programming Loops vs. Recursion」這支影片中找到更多有關迭代和遞迴比較的資訊（網址：https://youtu.be/HXNhEYqFo0o）。如果你想比較迭代函數和遞迴函數的效能，你需要學習如何使用分析器，Python 分析器的內容在我的書《*Beyond the Basic Stuff withPython*》（No Starch Press，2020 年）的第 13 章中有詳細解釋，可以在 https://inventwithpython.com/beyond/chapter13.html 找到。官方 Python 文件還涵蓋了 https://docs.python.org/3/library/profile.html 上的分析器。Mozilla 網站解釋了用於 JavaScript 的 Firefox 分析器，請上 https://developer.mozilla.org/en-US/docs/Tools/Performance 查看。其他的瀏覽器也有類似於 Firefox 的分析器。

# 練習題

回答以下問題來測試你的理解能力：

1. 什麼是 4!（即 4 的階乘）？
2. 如何使用（n – 1）的階乘來計算 n 的階乘？
3. 遞迴階乘函數的關鍵弱點是什麼？
4. 費波那契數列的前五個數字是什麼？
5. 要將哪兩個數字相加才能得到第 n 個費波那契數？
6. 遞迴費波那契函數的關鍵弱點是什麼？
7. 迭代演算法總是使用什麼？
8. 迭代演算法是不是一定可以轉換為遞迴演算法？
9. 遞迴演算法是不是一定可以轉換為迭代演算法？
10. 任何遞迴演算法都可以透過使用哪兩個東西來迭代執行？
11. 適用於遞迴求解的程式設計問題具有哪三個特點？
12. 什麼時候需要遞迴來解決程式設計問題？

# 練習專案

請練習為以下每個任務編寫一個函數：

1. 迭代計算從 `1` 到 `n` 的整數級數的和。這類似於 `factorial()` 函數，只不過它是執行加法而不是乘法。例如，`sumSeries(1)` 回傳 `1`，`sumSeries(2)` 回傳 `3`（即 `1 + 2`），`sumSeries(3)` 回傳 `6`（即 `1 + 2 + 3`），依此類推。這個函數應該使用迴圈而不是遞迴。查看本章中的 factorialByIteration.py 程式以取得指引。
2. 寫出 `sumSeries()` 的遞迴形式。此函數應使用遞迴函數呼叫而不是迴圈。查看本章中的 factorialByRecursion.py 程式以取得指引。
3. 在名為 `sumPowersOf2()` 的函數中迭代計算 2 的前 `n` 次次方之和。2 的次方是 2、4、8、16、32⋯。在 Python 中，這些分別用 `2 ** 1`、`2 ** 2`、`2 ** 3`、`2 ** 4`、`2** 5`⋯等計算；在 JavaScript 中，則是使用 `Math.`

pow(2, 1)、Math.pow(2, 2)…等計算的。例如，sumPowersOf2(1) 回傳 2，sumPowersOf2(2) 回傳 6（即 2 + 4），sumPowersOf2(3) 回傳 14（即 2 + 4 + 8），依此類推。

4. 寫出 sumPowersOf2() 的遞迴形式。此函數應使用遞迴函數呼叫而不是迴圈。

# 3

# 經典遞迴演算法

如果你修了一門電腦科學課程，遞迴單元肯定會涵蓋本章中介紹的一些經典演算法。程式實作面試（由於缺乏合適的方法來評估面試者，通常會抄襲大一新生電腦科學課程的內容）也可能涉及這些問題。本章涵蓋了遞迴中的六個經典問題及其解決方案。

我們從三個簡單的演算法開始：對陣列中的數字求和、反轉文本字串以及檢測字串是否為回文（palindrome）。然後再探索解決河內塔謎題（Tower of Hanoi puzzle）的演算法，實作 flood fill（洪水填充）繪圖演算法，並解決荒謬的遞迴 Ackermann 函數。

在此過程中，你將學會一種頭尾技巧（head-tail technique），此技巧用於將傳遞給遞迴函數的引數（argument）進行拆分。嘗試提出遞迴解決方案時，我們還要問自己三個問題：**基本情況是什麼？傳遞給遞迴函數呼叫的引數是什麼？傳遞給遞迴函數呼叫的引數會如何逐漸趨近於基本情況？**隨著你累積更多的經驗，回答這些問題應該會變得更加自然。

# 對陣列中的數字求和

我們的第一個範例很簡單：給定一個整數串列（在 Python 中）或一個整數陣列（在 JavaScript 中），回傳所有整數的總和。例如，`sum([5, 2, 4, 8])` 之類的呼叫應該要回傳 `19`。

用迴圈很容易解決這個問題，但用遞迴則需要更多的考量。讀完第 2 章後，你可能還會注意到，這個演算法無法有效利用遞迴的能力，無法證明遞迴增加的複雜性是合理的。儘管如此，對陣列中的數字求和（或基於在線性資料結構中處理資料的其他計算）是程式實作面試（coding interview）中一個相當常見的遞迴問題，值得我們關注。

為了解決這個問題，讓我們研究一下實作遞迴函數的「頭尾技巧」。該技巧將傳遞給遞迴函數的陣列引數（array argument）分為兩部分：「頭」（陣列的第一個元素）和「尾」（一個新陣列，即第一個元素之後的所有內容）。我們定義遞迴 `sum()` 函數，透過將「頭部的值」與「尾部陣列的總和」相加來求出陣列引數整數的總和。為了找出尾部陣列的總和，我們將其作為陣列引數遞迴地傳遞給 `sum()`。

由於尾部陣列比原始陣列引數少一個元素，因此我們最終將呼叫遞迴函數並向其傳遞一個空陣列。空陣列引數對於求和來說很簡單，而且不需要更多的遞迴呼叫；其值僅僅是 `0`。根據這些事實，對於這三個問題我們的答案如下：

- **基本情況是什麼？**

  一個空陣列，其總和為 `0`。

- **傳遞給遞迴函數呼叫的引數是什麼？**

  原始數字陣列的尾部，它比原始陣列引數少一個數字。

- **這個引數如何逐漸趨近於基本情況？**

  每次遞迴呼叫，陣列引數都會減少一個元素，直到它長度變為零或空陣列。

下面是一個對數字串列求和的 Python 程式 sumHeadTail.py：

Python
```python
def sum(numbers):
    if len(numbers) == 0: # BASE CASE
      ❶ return 0
    else: # RECURSIVE CASE
      ❷ head = numbers[0]
      ❸ tail = numbers[1:]
      ❹ return head + sum(tail)

nums = [1, 2, 3, 4, 5]
print('The sum of', nums, 'is', sum(nums))
nums = [5, 2, 4, 8]
print('The sum of', nums, 'is', sum(nums))
nums = [1, 10, 100, 1000]
print('The sum of', nums, 'is', sum(nums))
```

以下是相同效果的 JavaScript 程式 sumHeadTail.html：

JavaScript
```javascript
<script type="text/javascript">
function sum(numbers) {
    if (numbers.length === 0) { // BASE CASE
      ❶ return 0;
    } else { // RECURSIVE CASE
      ❷ let head = numbers[0];
      ❸ let tail = numbers.slice(1, numbers.length);
      ❹ return head + sum(tail);
    }
}

let nums = [1, 2, 3, 4, 5];
document.write('The sum of ' + nums + ' is ' + sum(nums) + "<br />");
nums = [5, 2, 4, 8];
document.write('The sum of ' + nums + ' is ' + sum(nums) + "<br />");
nums = [1, 10, 100, 1000];
document.write('The sum of ' + nums + ' is ' + sum(nums) + "<br />");
</script>
```

這些程式的輸出如下所示：

```
The sum of [1, 2, 3, 4, 5] is 15
The sum of [5, 2, 4, 8] is 19
The sum of [1, 10, 100, 1000] is 1111
```

當使用空陣列引數進行呼叫時，函數的基本情況僅回傳 0 ❶。在遞迴情況下，我們從原始 numbers 引數形成頭部 ❷ 和尾部 ❸。請記住，tail 的資料類型是數字陣列，就像 numbers 引數一樣，但 head 的資料類型只是單一數值，而不是只有一個數值的陣列。sum() 函數的回傳值也是單一數值，而不是數字陣列；這就是為什麼我們可以在遞迴情況 4 中將 head 和 sum(tail) 加在一起 ❹。

每個遞迴呼叫都會將越來越小的陣列傳遞給 sum()，使其更接近空陣列的基本情況。例如，圖 3-1 顯示了 sum([5, 2, 4, 8]) 的呼叫堆疊的狀態。

在此圖中，堆疊中的每張卡片代表一個函數呼叫。每張卡片的頂部是函數名稱以及呼叫時傳遞的引數；往下是局部變數：numbers 參數、呼叫期間建立的 head 局部變數和 tail 局部變數；卡片的底部是函數呼叫回傳的 head + sum(tail) 表達式。當建立新的遞迴函數時，一張新卡片會被加入堆疊中，而當函數呼叫回傳時，頂部的卡片將從堆疊中移除。

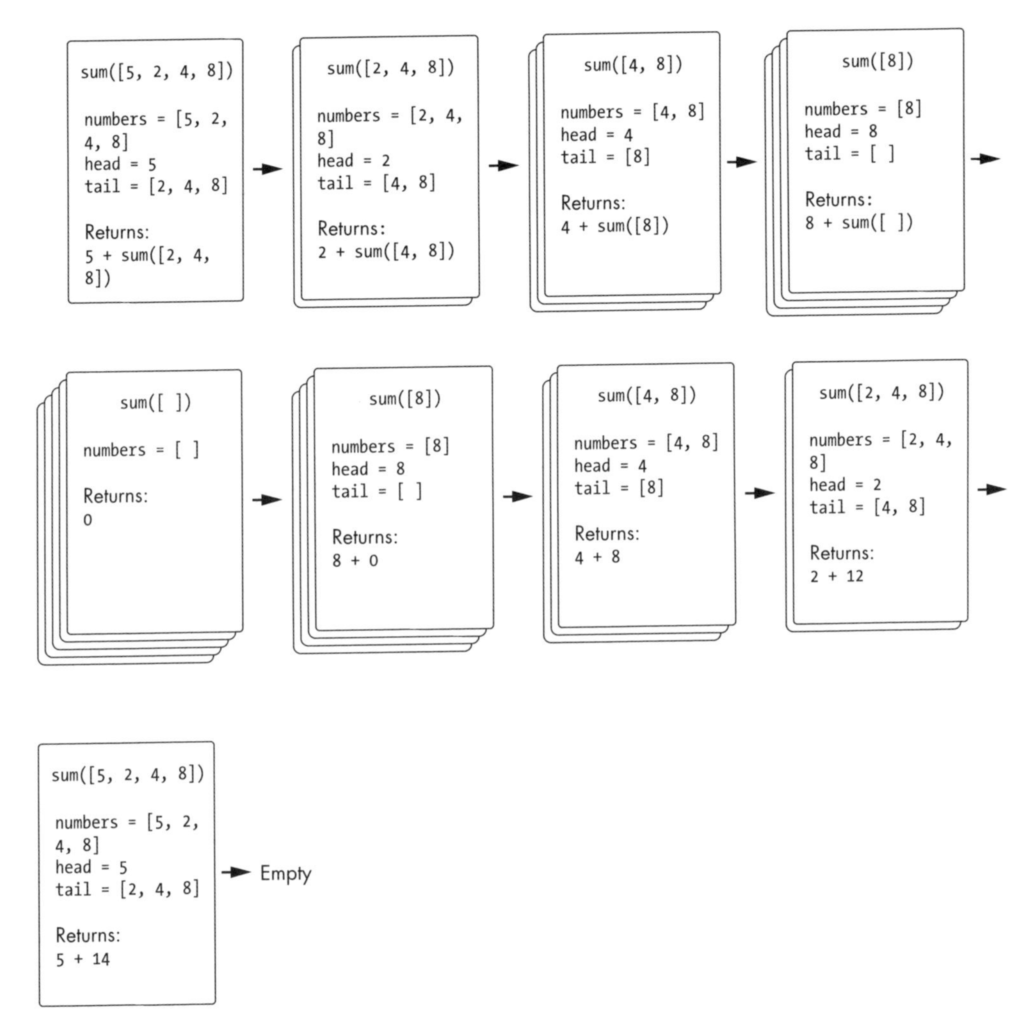


**圖 3-1：**sum([5, 2, 4, 8]) 執行時的呼叫堆疊的狀態。

我們可以使用 sum() 函數作為模板，將「頭尾技巧」應用於其他遞迴函數。例如，你可以將 sum() 函數從對數字陣列求和的函數，更改為將字串陣列連接在一起的 concat() 函數。基本情況將為空陣列引數回傳一個空字串，而遞迴情況會將頭部字串與遞迴呼叫的回傳值連結在一起回傳，而這個遞迴呼叫所傳遞的是尾部的數值。

回想一下第 2 章，遞迴特別適合用於涉及樹狀結構和回溯的問題。陣列、字串或其他線性資料結構可以被視為樹狀結構，儘管樹的每個節點只有一個分支，如圖 3-2 所示。

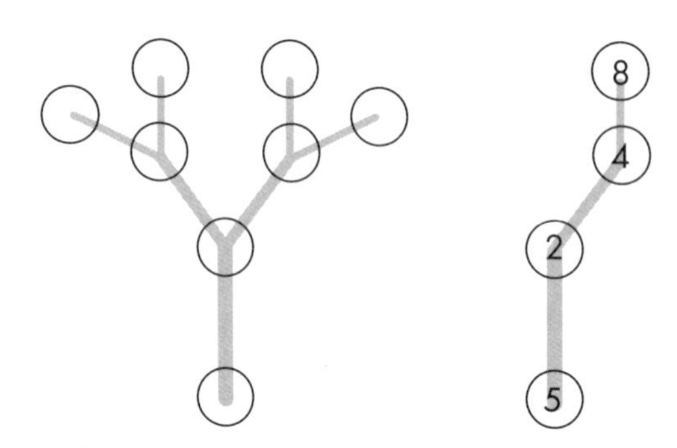


**圖 3-2：**[5, 2, 4, 8] 陣列（右）就像一個樹形資料結構（左），只是每個節點只有一個分支。

這個關鍵「告訴」我們遞迴函數是不必要的，其原因在於它從不對其處理的資料進行任何回溯。它從頭到尾對陣列中的每個元素進行一次傳遞，這是基本迴圈可以完成的事情。此外，Python 的遞迴求和函數比簡單的迭代演算法慢了將近一百倍。即使效能不是問題，如果傳遞一個包含幾萬個數字的串列進行求和，遞迴 `sum()` 函數也會導致堆疊溢出。遞迴技術雖然先進，但它不一定是最好的方法。

在第 5 章中，我們將研究一種使用「各個擊破」（divide-and-conquer，亦稱分治法）策略的遞迴求和函數；在第 8 章中，我們將研究使用「尾部呼叫優化」的遞迴求和函數。這些替代遞迴方法解決了本章中求和函數中的一些問題。

# 反轉字串

就像對陣列中的數字求和一樣，反轉字串（reversing a string）是另一種經常被提到的遞迴演算法，儘管迭代的解法很簡單。因為字串本質上是單一字元組成的陣列，所以我們將在 `rev()` 函數中採用頭尾技巧，就像我們在求和演算法中所做的那樣。

我們盡量從最小的字串開始。空字串和單一字元字串本身已經是它們自己的反轉字串了，自然形成了我們的基本情況：如果字串引數是諸如 '' 或 'A' 之類的字串，我們的函數應該直接回傳字串引數。

對於較大的字串，我們嘗試將字串拆分為頭部（僅第一個字元）和尾部（除了第一個字元之後的所有字元）。像 'XY' 這樣的兩字元字串，'X' 是頭部，'Y' 是尾部；要反轉字串，我們需要將頭部放在尾部後面：'YX'。

這個演算法適用於更長的字串嗎？要反轉像 'CAT' 這樣的字串，我們會將它分成頭部 'C' 和尾部 'AT'。但是，僅僅將頭部放在尾部後面並不能扭轉字串，只會讓我們得到 'ATC'；而我們真正想做的是，將頭部放在「尾部的反轉結果」的後面。換句話說，'AT' 反轉為 'TA'，然後將頭部加到其末尾，產生反轉的字串：'TAC'。

我們怎樣才能扭轉尾部呢？我們可以遞迴呼叫 rev()，並將尾部傳遞給它。請暫時忘掉我們函數的實作方法，專注於它的輸入和輸出：rev() 接受一個字串引數，並回傳一個字串，該字串的字元是反轉的。

考慮如何實作像 rev() 這樣的遞迴函數可能會很困難，因為它涉及了先有雞還是先有蛋的問題。為了編寫 rev() 的遞迴情況，我們需要呼叫一個反轉字串的函數，即 rev()。只要我們對遞迴函數的引數和回傳值有深入的了解，就可以使用「信仰飛躍技術」（leap-of-faith technique）來解決這個先有雞還是先有蛋的問題，方法是編寫一個遞迴情況，當中假設了 rev() 函數呼叫也會回傳正確的值，即便我們尚未完成編寫該函數。

在遞迴中採取「信仰飛躍技術」並不是保證你的程式碼沒有 bug 的神奇技術，這只是一種觀點，幫助程式設計師去打破在思考如何實作遞迴函數時可能遇到的思維障礙。技術旨在要求你對遞迴函數的引數和回傳值有深刻的理解。

請注意，信仰飛躍技術只能幫助你編寫遞迴情況。你必須向遞迴呼叫傳遞一個更接近基本情況的引數，不能只是傳遞遞迴函數收到的相同引數，如下所示：

```
def rev(theString):
return rev(theString) # This won’t magically work.
```

回到上面的 'CAT' 範例，當我們將尾部 'AT' 傳遞給 rev() 時，該函數呼叫中的頭部為 'A'，尾部為 'T'。我們已經知道，像 'T' 這樣的單一字串的反轉就是 'T'；這是我們的基本情況。因此，第二次呼叫 rev() 會將 'AT' 反轉為 'TA'，這正是前一次呼叫 rev() 所需要的。圖 3-3 顯示了對 rev() 的所有遞迴呼叫期間的呼叫堆疊狀態。

針對 rev() 函數，我們來看看關於遞迴演算法的三個問題：

**➲ 基本情況是什麼？**

零個字元或一個字元的字串。

**➲ 傳遞給遞迴函數呼叫的引數是什麼？**

原始字串引數的尾部，比原始字串引數少一個字元。

**➲ 這個引數如何逐漸趨近於基本情況？**

每次遞迴呼叫，陣列引數都會減少一個元素，直到它變成長度為 1 或長度為 0 的陣列。

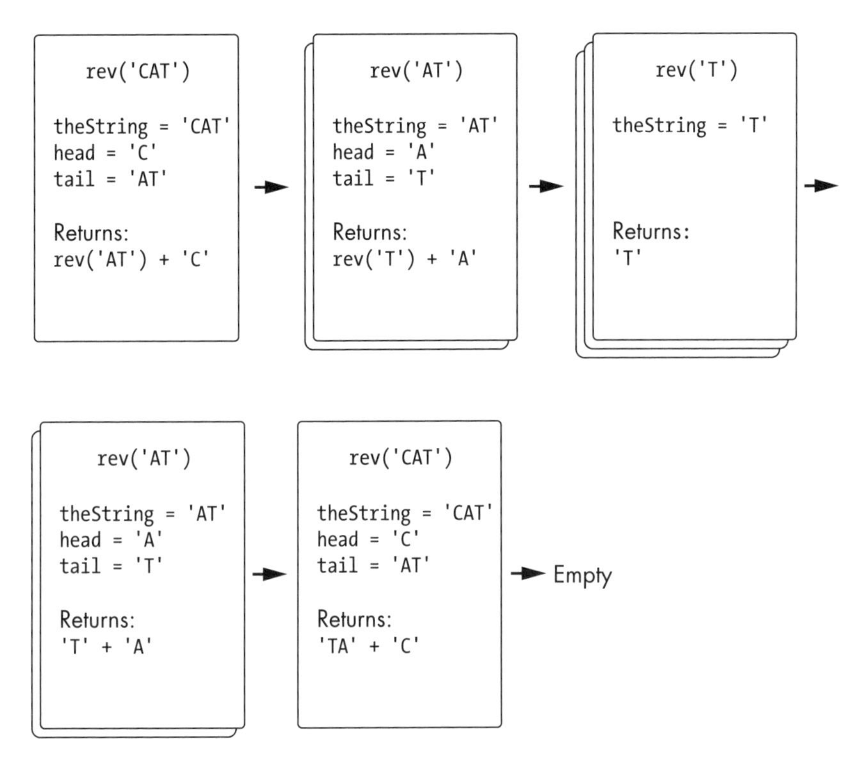


**圖 3-3**：rev() 函數反轉 CAT 字串時的呼叫堆疊狀態。

以下是用於反轉字串的 Python 程式 reverseString.py：

*Python*
```
def rev(theString):
❶ if len(theString) == 0 or len(theString) == 1:
        # BASE CASE
        return theString
    else:
        # RECURSIVE CASE
      ❷ head = theString[0]
      ❸ tail = theString[1:]
      ❹ return rev(tail) + head

print(rev('abcdef'))
print(rev('Hello, world!'))
print(rev(''))
print(rev('X'))
```

以下是具有相同效果的 JavaScript 程式碼 reverseString.html：

*JavaScript*

```
<script type="text/javascript">
function rev(theString) {
  ❶ if (theString.length === 0 || theString.length === 1) {
        // BASE CASE
        return theString;
    } else {
        // RECURSIVE CASE
      ❷ var head = theString[0];
      ❸ var tail = theString.substring(1, theString.length);
      ❹ return rev(tail) + head;
    }
}

document.write(rev("abcdef") + "<br />");
document.write(rev("Hello, world!") + "<br />");
document.write(rev("") + "<br />");
document.write(rev("X") + "<br />");
</script>
```

以下是這些程式的輸出：

```
fedcba
!dlrow ,olleH

X
```

我們的遞迴函數 rev() 回傳了與引數 theString 相反的字串。讓我們考慮最簡單的反轉字串：空字串和單一字元字串經過「反轉」後，結果會是自己。這是我們開始進行的兩個基本情況（儘管我們將它們與 or 或 || 布林運算子 ❶ 結合起來）。對於遞迴情況，我們從字串 theString ❷ 中的第一個字元形成 head，並將第一個字元 ❸ 之後的每個字元形成 tail，然後遞迴情況會回傳 tail 的反轉結果，後面跟著 head 字元 ❹。

# 檢測回文

「回文」（palindrome）是順著寫和逆著寫時拼法都一樣的單詞或短語。「Level」、「race car」、「taco cat」以及「a man, a plan, a canal...Panama」

都是回文的例子。如果你想檢測一個字串是不是回文，你可以編寫一個遞迴的 isPalindrome() 函數。

基本情況是零個字元或一個字元的字串，其本質總是相同的，無論是向前還是向後。我們將使用類似於頭尾技巧的方法，不同之處在於我們將字串引數分為頭字串、中間字串和最後字串。如果頭字元和尾字元相同，而且中間字元也構成回文，則該字串就是回文。「遞迴」出現於「將中間字串傳遞給 isPalindrome()」。

我們來問問關於 isPalindrome() 函數的三個遞迴演算法問題：

➲ **基本情況是什麼？**

零個字元或一個字元的字串，回傳 True，因為它永遠是回文。

➲ **傳遞給遞迴函數呼叫的引數是什麼？**

字串引數的中間字元。

➲ **這個引數如何逐漸趨近於基本情況？**

每次遞迴呼叫，字串引數都會減少兩個字元，直到變成零個字元或一個字元的字串。

以下是用於檢測回文的 Python 程式 palindrome.py：

Python
```
def isPalindrome(theString):
    if len(theString) == 0 or len(theString) == 1:
        # BASE CASE
        return True
    else:
        # RECURSIVE CASE
      ❶ head = theString[0]
      ❷ middle = theString[1:-1]
      ❸ last = theString[-1]
      ❹ return head == last and isPalindrome(middle)

text = 'racecar'
print(text + ' is a palindrome: ' + str(isPalindrome(text)))
text = 'amanaplanacanalpanama'
print(text + ' is a palindrome: ' + str(isPalindrome(text)))
text = 'tacocat'
print(text + ' is a palindrome: ' + str(isPalindrome(text)))
text = 'zophie'
```

```
print(text + ' is a palindrome: ' + str(isPalindrome(text)))
```

以下是相同效果的 JavaScript 程式碼 palindrome.html：

JavaScript
```
<script type="text/javascript">
function isPalindrome(theString) {
    if (theString.length === 0 || theString.length === 1) {
        // BASE CASE
        return true;
    } else {
        // RECURSIVE CASE
      ❶ var head = theString[0];
      ❷ var middle = theString.substring(1, theString.length -1);
      ❸ var last = theString[theString.length - 1];
      ❹ return head === last && isPalindrome(middle);
    }
}

text = "racecar";
document.write(text + " is a palindrome: " + isPalindrome(text) + "<br />");
text = "amanaplanacanalpanama";
document.write(text + " is a palindrome: " + isPalindrome(text) + "<br />");
text = "tacocat";
document.write(text + " is a palindrome: " + isPalindrome(text) + "<br />");
text = "zophie";
document.write(text + " is a palindrome: " + isPalindrome(text) + "<br />");
</script>
```

以下是這些程式的輸出：

```
racecar is a palindrome: True
amanaplanacanalpanama is a palindrome: True
tacocat is a palindrome: True
zophie is a palindrome: False
```

基本情況回傳 `True`，因為零個或一個字元的字串永遠是回文。否則，字串引數將分為三部分：第一個字元❶、最後一個字元❸以及它們之間的中間字元❷。

遞迴情況❹中的 `return` 敘述句利用了「布林短路」（Boolean short-circuiting），這是幾乎所有程式語言的一個特性。在使用 `and` 或 `&&` 布林運算子連接的表達式中，如果左側表達式為 `False`，則右側表達式為 `True` 或 `False` 並不重要，因為整個表達式將為 `False`。「布林短路」是一種優化，如果 and 運算子左側為 False，則跳過對右側表達式的求值。因此，在表達式 head == last 和 isPalindrome(middle) 中，如果 head == last 為 False，則跳過對 isPalindrome() 的遞迴呼叫。這表示一旦頭字串和尾字串不相同，遞迴就會停止並直接回傳 False。

這種遞迴演算法仍然是順序性的，就像前面小節中的求和和反轉字串函數一樣，只不過它不是從資料的開頭到結尾，而是「從資料的兩端向中間」進行。該演算法的迭代版本使用簡單迴圈，因而更加簡單。我們在本書中介紹了遞迴版本，因為這是一個常見的程式實作面試問題。

## 解決河內塔問題

「河內塔」（Tower of Hanoi）是一個有關堆疊圓盤塔的謎題。謎題從底部最大的圓盤開始，圓盤尺寸越往上就越小，而每個圓盤的中心都有一個孔，以便可以將圓盤堆疊在一根桿子上。圖 3-4 顯示了一個木製的河內塔謎題。

圖 3-4：木製河內塔謎題套組。

為了解決這個謎題，玩家必須將一堆圓盤從一根桿子移動到另一根桿子，同時遵循三個規則：

- 玩家一次只能移動一個圓盤。
- 玩家只能將圓盤移至塔頂或從塔頂移出。
- 玩家不能將較大的圓盤放在較小的圓盤上。

Python 的內建 `turtledemo` 模組有一個河內塔樣本，你可以在 Windows 上執行 python -m turtledemo 或在 macOS/Linux 上執行 `python3 -m turtledemo` 來查看，然後從範例選單中選擇「minimum_hanoi」。在網路上搜尋也可以輕鬆找到河內塔動畫。

解決河內塔謎題的遞迴演算法並不直觀。讓我們從最小的情況開始：帶有一個圓盤的河內塔。解決方案很簡單：將圓盤移到另一根桿子上，就完成了。求解兩個圓盤稍微複雜一些：將較小的圓盤移動到一根桿子（我們稱之為「臨時桿」），再將較大的圓盤移動到另一根桿子（我們稱之為「最後桿」），然後再將較小的圓盤從「臨時桿」移到「最後桿」。兩個圓盤現在都以正確的順序位於「最後桿」上。

一旦你解決了三圓盤塔，你就會發現一種模式出現了。求解從「起始桿」到「最後桿」的 n 個圓盤塔，必須執行以下操作：

1. 透過將這些圓盤從「起始桿」移動到「臨時桿」來解決 n – 1 個圓盤難題。
2. 將第 n 個圓盤從「起始桿」移動到「最後桿」。
3. 透過將這些圓盤從「臨時桿」移動到「最後桿」來解決 n – 1 個圓盤難題。

與費波那契演算法一樣，河內塔演算法的遞迴情況會進行兩次遞迴呼叫，而不是一次。如果我們畫出求解四圓盤河內塔的運算樹狀圖，如圖 3-6 所示。解決四圓盤謎題需要與解決三圓盤謎題相同的步驟，加上移動第四個圓盤並再次執行解決三圓盤謎題的步驟。同樣地，解決三圓盤謎題需要與解決兩圓盤謎題相同的步驟，再加上移動第三個圓盤，依此類推。解決一個圓盤謎題就是簡單的基本情況：它只需移動它自己。

圖 3-5 中的樹狀結構暗示了遞迴方法是解決河內塔謎題的理想方法。在這棵樹中，執行做法會從上到下、從左到右進行。

雖然三圓盤或四圓盤河內塔對於人類來說很容易解決，但圓盤數目增加，就需要增加指數級的運算量才能完成。對於 n 個圓盤，至少需要 2n – 1 次移動才能解決，這表示一座有 31 個圓盤的塔需要超過 10 億次移動才能完成！

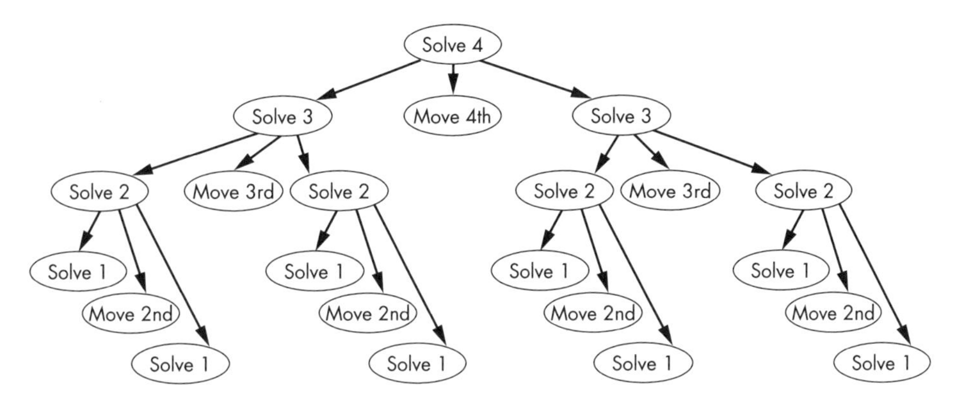


**圖 3-5：求解四圓盤河內塔的一系列運算。**

問問自己建立遞迴解決方案的三個問題：

➲ **基本情況是什麼？**

解決單一圓盤的河內塔。

➲ **傳遞給遞迴函數呼叫的引數是什麼？**

解決一座比目前尺寸小一號的塔。

➲ **這個引數如何逐漸趨近於基本情況？**

每次遞迴呼叫，要求解的塔的大小都會減少一個圓盤，直到變成單一圓盤塔。

以下 towerOfHanoiSolver.py 程式解決了河內塔謎題，並且視覺化呈現了每個步驟：

```
import sys

# Set up towers A, B, and C. The end of the list is the top of the tower.
  TOTAL_DISKS = 6 ❶
```

```
# Populate Tower A:
  TOWERS = {'A': list(reversed(range(1, TOTAL_DISKS + 1))), ❷
          'B': [],
          'C': []}

def printDisk(diskNum):
    # Print a single disk of width diskNum.
    emptySpace = ' ' * (TOTAL_DISKS - diskNum)
    if diskNum == 0:
        # Just draw the pole.
        sys.stdout.write(emptySpace + '||' + emptySpace)
    else:
        # Draw the disk.
        diskSpace = '@' * diskNum
        diskNumLabel = str(diskNum).rjust(2, '_')
        sys.stdout.write(emptySpace + diskSpace + diskNumLabel + diskSpace +
emptySpace)

def printTowers():
    # Print all three towers.
    for level in range(TOTAL_DISKS, -1, -1):
        for tower in (TOWERS['A'], TOWERS['B'], TOWERS['C']):
            if level >= len(tower):
                printDisk(0)
            else:
                printDisk(tower[level])
        sys.stdout.write('\n')
    # Print the tower labels A, B, and C.
    emptySpace = ' ' * (TOTAL_DISKS)
    print('%s A%s%s B%s%s C\n' % (emptySpace, emptySpace, emptySpace,
emptySpace, emptySpace))

def moveOneDisk(startTower, endTower):
    # Move the top disk from startTower to endTower.
    disk = TOWERS[startTower].pop()
    TOWERS[endTower].append(disk)

def solve(numberOfDisks, startTower, endTower, tempTower):
    # Move the top numberOfDisks disks from startTower to endTower.
    if numberOfDisks == 1:
        # BASE CASE
        moveOneDisk(startTower, endTower) ❸
        printTowers()
        return
    else:
        # RECURSIVE CASE
        solve(numberOfDisks - 1, startTower, tempTower, endTower) ❹
```

```
        moveOneDisk(startTower, endTower) ❺
        printTowers()
        solve(numberOfDisks - 1, tempTower, endTower, startTower) ❻
        return

# Solve:
printTowers()
solve(TOTAL_DISKS, 'A', 'B', 'C')

# Uncomment to enable interactive mode:
#while True:
#    printTowers()
#    print('Enter letter of start tower and the end tower. (A, B, C) Or Q to
quit.')
#    move = input().upper()
#    if move == 'Q':
#        sys.exit()
#    elif move[0] in 'ABC' and move[1] in 'ABC' and move[0] != move[1]:
#        moveOneDisk(move[0], move[1])
```

這個 towerOfHanoiSolver.html 程式包含了相同效果的 JavaScript 程式碼：

```
<script type="text/javascript">
// Set up towers A, B, and C. The end of the array is the top of the tower.
  var TOTAL_DISKS = 6; ❶
  var TOWERS = {"A": [], ❷
              "B": [],
              "C": []};

// Populate Tower A:
for (var i = TOTAL_DISKS; i > 0; i--) {
    TOWERS["A"].push(i);
}

function printDisk(diskNum) {
    // Print a single disk of width diskNum.
    var emptySpace = " ".repeat(TOTAL_DISKS - diskNum);
    if (diskNum === 0) {
        // Just draw the pole.
        document.write(emptySpace + "||" + emptySpace);
    } else {
        // Draw the disk.
        var diskSpace = "@".repeat(diskNum);
        var diskNumLabel = String("___" + diskNum).slice(-2);
        document.write(emptySpace + diskSpace + diskNumLabel + diskSpace +
emptySpace);
    }
```

```
}

function printTowers() {
    // Print all three towers.
    var towerLetters = "ABC";
    for (var level = TOTAL_DISKS; level >= 0; level--) {
        for (var towerLetterIndex = 0; towerLetterIndex < 3;
towerLetterIndex++) {
            var tower = TOWERS[towerLetters[towerLetterIndex]];
            if (level >= tower.length) {
                printDisk(0);
            } else {
                printDisk(tower[level]);
            }
        }
        document.write("<br />");
    }
    // Print the tower labels A, B, and C.
    var emptySpace = " ".repeat(TOTAL_DISKS);
    document.write(emptySpace + " A" + emptySpace + emptySpace +
" B" + emptySpace + emptySpace + " C<br /><br />");
}

function moveOneDisk(startTower, endTower) {
    // Move the top disk from startTower to endTower.
    var disk = TOWERS[startTower].pop();
    TOWERS[endTower].push(disk);
}

function solve(numberOfDisks, startTower, endTower, tempTower) {
    // Move the top numberOfDisks disks from startTower to endTower.
    if (numberOfDisks == 1) {
        // BASE CASE
        moveOneDisk(startTower, endTower); ❸
        printTowers();
        return;
    } else {
        // RECURSIVE CASE
        solve(numberOfDisks - 1, startTower, tempTower, endTower); ❹
        moveOneDisk(startTower, endTower); ❺
        printTowers();
        solve(numberOfDisks - 1, tempTower, endTower, startTower); ❻
        return;
    }
}

// Solve:
```

```
document.write("<pre>");
printTowers();
solve(TOTAL_DISKS, "A", "B", "C");
document.write("</pre>");
</script>
```

當你執行此程式碼時，輸出會顯示圓盤的每次移動，直到整個塔從 A 塔移動到 B 塔：

```
      ||             ||             ||
     @_1@            ||             ||
    @@_2@@           ||             ||
   @@@_3@@@          ||             ||
  @@@@_4@@@@         ||             ||
 @@@@@_5@@@@@        ||             ||
@@@@@@_6@@@@@@       ||             ||
       A              B              C

      ||             ||             ||
      ||             ||             ||
    @@_2@@           ||             ||
   @@@_3@@@          ||             ||
  @@@@_4@@@@         ||             ||
 @@@@@_5@@@@@        ||             ||
@@@@@@_6@@@@@@       ||            @_1@
       A              B              C
--snip--
      ||             ||             ||
      ||             ||             ||
      ||             ||             ||
      ||             ||             ||
      ||           @@_2@@           ||
     @_1@         @@@_3@@@          ||
@@@@@@_6@@@@@@   @@@@_4@@@@    @@@@@_5@@@@@
--snip--
       A              B              C
      ||             ||             ||
      ||            @_1@            ||
      ||           @@_2@@           ||
      ||          @@@_3@@@          ||
      ||         @@@@_4@@@@         ||
      ||        @@@@@_5@@@@@        ||
      ||       @@@@@@_6@@@@@@       ||
       A              B              C
```

Python 版本也有互動的模式，你可以自己解決這個難題。你可以取消註解 towerOf HanoiSolver.py 末尾的幾行程式碼以播放互動式版本。

你可以透過將程式頂部的 `TOTAL_DISKS` 常數❶設定為 `1` 或 `2` 來執行較小情況的程式。在我們的程式中，Python 中的整數串列和 JavaScript 中的整數陣列代表一根桿子。整數表示圓盤，較大的整數表示較大的圓盤。串列或陣列開頭的整數位於桿子的底部，末尾的整數位於桿子的頂部。例如，`[6, 5, 4, 3, 2, 1]` 表示起始桿有六個圓盤，最大的在底部，而 [] 表示沒有圓盤的桿子。`TOWERS` 變數包含其中的三個串列❷。

基本情況僅將最小的圓盤從起始桿移動到結束桿❸。n 個圓盤塔的遞迴情況執行三個步驟：求解 n – 1 情況❹，移動第 n 個圓盤❺，然後再次求解 n – 1 的情況❻。

# 使用 Flood Fill

圖形程式通常使用 flood fill 演算法來以另一種顏色填充任意形狀的相同顏色區域。圖 3-6 的左上角顯示了一個這類的形狀，緊鄰的板面顯示了該形狀的三個不同部分皆填充了灰色。flood fill 從白色像素開始並擴散著，直到遇到非白色像素，以此方式填充封閉的空間。

flood fill 演算法是遞迴的：首先它將單一像素更改為新的顏色，然後，遞迴函數被呼叫來處理具有相同舊顏色的像素的任何鄰居（相鄰像素），然後它會移動到鄰居（相鄰像素）的鄰居（相鄰像素）進行上述程序，依此類推，逐步地將每個像素轉換為新的顏色，直到封閉的空間都被填滿為止。

基本情況是顏色為圖像邊緣或是非舊顏色的像素。由於達到基本情況是阻止圖像中每個像素遞迴呼叫「擴展」的唯一方法，因此，該演算法具有將所有連續像素從舊顏色更改為新顏色的緊急行為。

我們來問問關於 `floodFill()` 函數的三個遞迴演算法問題：

**➲ 基本情況是什麼？**

當 `x` 和 `y` 座標對應的像素不是舊顏色或位於圖像邊緣時。

➲ 哪些引數被傳遞給遞迴函數呼叫？

目前像素的四個相鄰像素的 x 和 y 座標是四個遞迴呼叫的引數。

➲ 這些引數如何逐漸趨近於基本情況？

相鄰像素會一直執行到顏色與舊顏色不同或到了圖像邊緣。無論是哪種方式，最終演算法都會遍歷完所有需要檢查的像素。

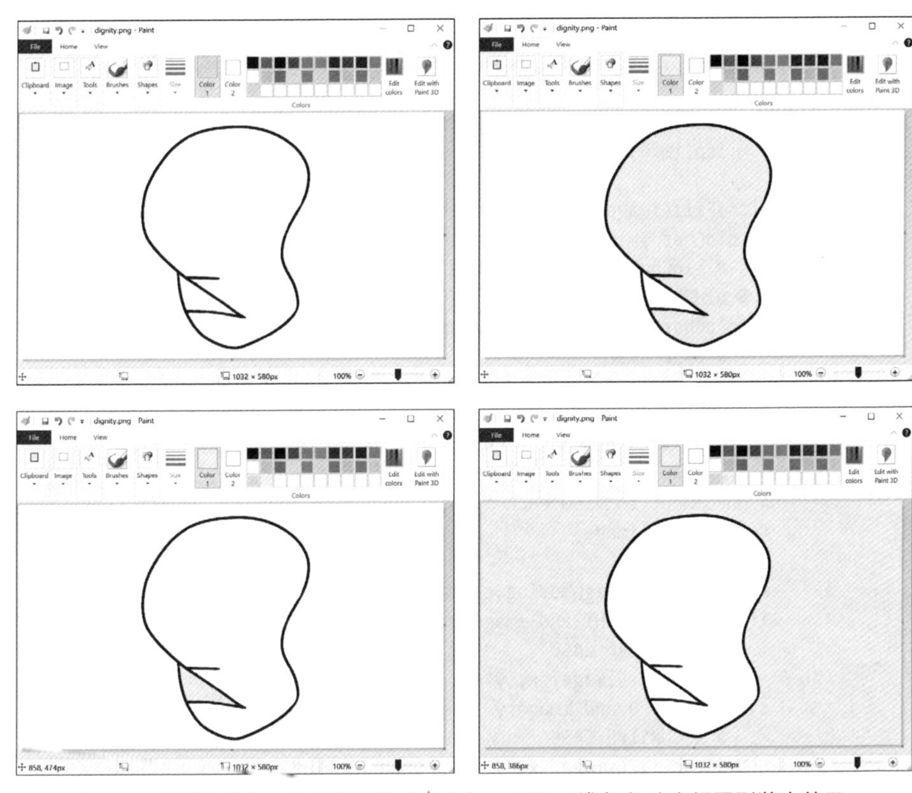


**圖 3-6：圖形編輯器中的原始形狀（左上），以及用淺灰色填充相同形狀中的三個不同區域。**

我們將使用單字元字串所組成的串列來形成文本字元的二維網格以表示「圖像」，而不是範例程式中的圖像。每個字串代表一個「像素」（pixel），特定字元代表「顏色」。Python 程式 Floodfill.py 實作了 flood fill 演算法、圖像資料以及在螢幕上印出圖像的函數：

*Python*
```
import sys

# Create the image (make sure it's rectangular!)
❶ im = [list('..########################...........'),
       list('..#......................#...#####...'),
       list('..#..........########....#####...#...'),
       list('..#..........#......#............#...'),
       list('..#..........########.........####...'),
       list('..######......................#......'),
       list('.......#..#####.....###########......'),
       list('.......####...#######................')]

HEIGHT = len(im)
WIDTH = len(im[0])

def floodFill(image, x, y, newChar, oldChar=None):
    if oldChar == None:
        # oldChar defaults to the character at x, y.
      ❷ oldChar = image[y][x]
    if oldChar == newChar or image[y][x] != oldChar:
        # BASE CASE
        return

    image[y][x] = newChar # Change the character.

    # Uncomment to view each step:
    #printImage(image)

    # Change the neighboring characters.
    if y + 1 < HEIGHT and image[y + 1][x] == oldChar:
        # RECURSIVE CASE
      ❸ floodFill(image, x, y + 1, newChar, oldChar)
    if y - 1 >= 0 and image[y - 1][x] == oldChar:
        # RECURSIVE CASE
      ❹ floodFill(image, x, y - 1, newChar, oldChar)
    if x + 1 < WIDTH and image[y][x + 1] == oldChar:
        # RECURSIVE CASE
      ❺ floodFill(image, x + 1, y, newChar, oldChar)
    if x - 1 >= 0 and image[y][x - 1] == oldChar:
        # RECURSIVE CASE
      ❻ floodFill(image, x - 1, y, newChar, oldChar)
  ❼ return # BASE CASE

def printImage(image):
    for y in range(HEIGHT):
        # Print each row.
```

```
        for x in range(WIDTH):
            # Print each column.
            sys.stdout.write(image[y][x])
        sys.stdout.write('\n')
    sys.stdout.write('\n')

printImage(im)
floodFill(im, 3, 3, 'o')
printImage(im)
```

Floodfill.html 程式包含了相同效果的 JavaScript 程式碼：

JavaScript

```
<script type="text/javascript">
// Create the image (make sure it's rectangular!)
❶ var im = ["..########################...........".split(""),
           "..#......................#...#####...".split(""),
           "..#..........########....#####...#...".split(""),
           "..#..........#......#............#...".split(""),
           "..#..........########.........####...".split(""),
           "..######......................#......".split(""),
           ".......#..#####.....###########......".split(""),
           ".......####...#######................".split("")];

var HEIGHT = im.length;
var WIDTH = im[0].length;

function floodFill(image, x, y, newChar, oldChar) {
    if (oldChar === undefined) {
        // oldChar defaults to the character at x, y.
      ❷ oldChar = image[y][x];
    }
    if ((oldChar == newChar) || (image[y][x] != oldChar)) {
        // BASE CASE
        return;
    }

    image[y][x] = newChar; // Change the character.

    // Uncomment to view each step:
    //printImage(image);

    // Change the neighboring characters.
    if ((y + 1 < HEIGHT) && (image[y + 1][x] == oldChar)) {
        // RECURSIVE CASE
      ❸ floodFill(image, x, y + 1, newChar, oldChar);
    }
    if ((y - 1 >= 0) && (image[y - 1][x] == oldChar)) {
```

```
        // RECURSIVE CASE
      ❹ floodFill(image, x, y - 1, newChar, oldChar);
    }
    if ((x + 1 < WIDTH) && (image[y][x + 1] == oldChar)) {
        // RECURSIVE CASE
      ❺ floodFill(image, x + 1, y, newChar, oldChar);
    }
    if ((x - 1 >= 0) && (image[y][x - 1] == oldChar)) {
        // RECURSIVE CASE
      ❻ floodFill(image, x - 1, y, newChar, oldChar);
    }
  ❼ return; // BASE CASE
}

function printImage(image) {
    document.write("<pre>");
    for (var y = 0; y < HEIGHT; y++) {
        // Print each row.
        for (var x = 0; x < WIDTH; x++) {
            // Print each column.
            document.write(image[y][x]);
        }
        document.write("\n");
    }
    document.write("\n</ pre>");
}

printImage(im);
floodFill(im, 3, 3, "o");
printImage(im);
</script>
```

當你執行此程式碼時，程式會填充「由 # 字元從座標 3, 3 開始繪製的形狀」內部，它會將所有句點字元 (.) 置換為 o 字元。以下輸出顯示了之前和之後的圖像：

```
..########################...........
..#......................#...#####...
..#..........########....#####...#...
..#..........#......#............#...
..#..........########.........####...
..######......................#......
.......#..#####.....###########......
.......####...#######................

..########################...........
```

```
..#oooooooooooooooooooooo#...#####...
..#oooooooooo########oooo#####ooo#...
..#oooooooooo#......#oooooooooooo#...
..#oooooooooo########ooooooooo####...
..######oooooooooooooooooooooo#......
.......#oo#####ooooo###########......
.......####...#######................
```

如果你想查看 flood fill 演算法填充新字元時的每一步，請取消註解 `floodFill()` 函數中 `printImage(image)` 該行程式碼❶，然後再次執行該程式。

圖像由字串字元的二維陣列表示。我們可以將此 `image` 資料結構、`x` 座標和 `y` 座標以及新字元傳遞給 `FloodFill()` 函數，該函數記錄目前位於 `x` 和 `y` 座標的字元並將其儲存到 `oldChar` 變數❷中。

如果 `image` 中座標 `x` 和 `y` 處目前的字元與 `oldChar` 不同，這就是我們的基本情況，而且該函數會直接回傳。否則，該函數會繼續執行其四種遞迴情況：傳遞目前座標的底部❸、頂部❹、右側❺和左側❻鄰居的 `x` 和 `y` 座標。在進行這四個潛在的遞迴呼叫之後，函數的結尾是隱式基本情況，在我們的程式中透過 `return` 敘述❼而變得明顯可見。

flood fill 演算法不必是遞迴的。對於大圖像，遞迴函數可能會導致堆疊溢出。如果我們要使用迴圈和堆疊來實作 flood fill，堆疊將從起始像素的 x 和 y 座標開始，迴圈中的程式碼會將座標從堆疊頂部移除，如果該座標的像素與 `oldChar` 配對，它將加入四個相鄰像素的座標。由於基本情況不再將鄰居加入堆疊，堆疊為空，迴圈即結束。

然而，flood fill 演算法不一定要使用堆疊。「先進後出」堆疊的加入和移除對於回溯行為是有效的，但是在 flood fill 演算法中處理像素的順序可以是任意的。這表示，隨機刪除元素的「集合資料結構」也能達到相同的效果。你可以在 https://nostarch.com/recursive-book-recursion 的可下載資源中找到在 floodFillIterative.py 和 floodFillIterative.html 中實作的迭代 flood fill 演算法。

## 使用 Ackermann 函數

Ackermann 函數是以其發現者 Wilhelm Ackermann 的名字來命名。Ackermann 是數學家 David Hilbert（我們將在第 9 章討論他的 Hilbert curve fractal）的學生，於 1928 年發表了他的函數，數學家 Rózsa Péter 和 Raphael Robinson 後來開發了本節中介紹的函數版本。

雖然 Ackermann 函數在高等數學中有一些應用，但它最出名的是作為高度遞迴函數的範例。即使其兩個整數引數僅略微增加，也會導致其遞迴呼叫次數大幅增加。

Ackermann 函數有兩個引數 `m` 和 `n`，以及有一個當 `m` 為 `0` 時會回傳 `n + 1` 的基本情況。它有兩種遞迴情況：當 `n` 為 `0` 時，函數回傳 `ackermann(m - 1, 1)`，而且當 `n` 大於 `0` 時，函數回傳 `ackermann(m - 1, ackermann(m, n - 1))`。這些情況可能對你沒有意義，但足以說明，Ackermann 函數的遞迴呼叫數量快速增長。呼叫 `ackermann(1, 1)` 會導致三個遞迴函數呼叫；呼叫 `ackermann(2, 3)` 會導致 43 次遞迴函數呼叫；呼叫 `ackermann(3, 5)` 會導致 42,437 次遞迴函數呼叫；呼叫 `ackermann(5, 7)` 會產生…好吧，其實我不知道有多少個遞迴函數呼叫，因為這需要花費幾倍的宇宙年齡才能計算出來。

讓我們回答建立遞迴演算法時提出的三個問題：

- **基本情況是什麼？**

  當 `m` 為 `0` 時。

- **哪些引數被傳遞給遞迴函數呼叫？**

  `m` 或 `m - 1` 被傳遞給下一個 `m` 參數；而且 `1`、`n - 1` 或 `ackermann(m, n - 1)` 的回傳值被傳遞給下一個 `n` 參數。

- **這些引數如何逐漸趨近於基本情況？**

  `m` 引數始終減小或保持相同的大小，因此它最終會達到 `0`。

以下是 Python 程式 ackermann.py：

```
def ackermann(m, n, indentation=None):
    if indentation is None:
        indentation = 0
    print('%sackermann(%s, %s)' % (' ' * indentation, m, n))

    if m == 0:
        # BASE CASE
        return n + 1
    elif m > 0 and n == 0:
        # RECURSIVE CASE
        return ackermann(m - 1, 1, indentation + 1)
    elif m > 0 and n > 0:
        # RECURSIVE CASE
        return ackermann(m - 1, ackermann(m, n - 1, indentation + 1),
indentation + 1)

print('Starting with m = 1, n = 1:')
print(ackermann(1, 1))
print('Starting with m = 2, n = 3:')
print(ackermann(2, 3))
```

以下是具有相同效果的 JavaScript 程式 ackermann.html：

```
<script type="text/javascript">
function ackermann(m, n, indentation) {
    if (indentation === undefined) {
        indentation = 0;
    }
    document.write(" ".repeat(indentation) + "ackermann(" + m + ", " + n + ")\
n");

    if (m === 0) {
        // BASE CASE
        return n + 1;
    } else if ((m > 0) && (n === 0)) {
        // RECURSIVE CASE
        return ackermann(m - 1, 1, indentation + 1);
    } else if ((m > 0) && (n > 0)) {
        // RECURSIVE CASE
        return ackermann(m - 1, ackermann(m, n - 1, indentation + 1),
indentation + 1);
    }
}

document.write("<pre>");
```

```
document.write("Starting with m = 1, n = 1:<br />");
document.write(ackermann(1, 1) + "<br />");
document.write("Starting with m = 2, n = 3:<br />");
document.write(ackermann(2, 3) + "<br />");
document.write("</pre>");
</script>
```

當你執行此程式碼時，輸出的縮排（由 indentation 縮排引數設定）會告訴你給定的遞迴函數呼叫在「呼叫堆疊」中的深度：

```
Starting with m = 1, n = 1:
ackermann(1, 1)
 ackermann(1, 0)
  ackermann(0, 1)
 ackermann(0, 2)
3
Starting with m = 2, n = 3:
ackermann(2, 3)
 ackermann(2, 2)
  ackermann(2, 1)
   ackermann(2, 0)
--snip--
    ackermann(0, 6)
   ackermann(0, 7)
  ackermann(0, 8)
9
```

你也可以嘗試 ackermann(3, 3)，但更大的引數計算時間可能會太長，而為了加快計算速度，請嘗試註解掉所有 print() 和 document.write() 函數呼叫，除了印出 ackermann() 最終回傳值的函數呼叫之外。

請記住，即使是像 Ackermann 函數這樣的遞迴演算法，也可以實作為迭代函數。迭代 Ackermann 演算法已經在 ackermannIterative.py 和 ackermannIterative.html 中實作出來了，你可以在 https://nostarch.com/recursive-book-recursion 的可下載資源中找到。

# 結論

本章介紹了一些經典的遞迴演算法。對於每一個演算法，我們都提出了三個重要問題，你在設計自己的遞迴函數時永遠都應該要仔細思量：**基本情況是**

**什麼？哪些引數被傳遞給遞迴函數呼叫？這些引數如何逐漸趨近於基本情況？**如果不這樣做，你的函數將繼續遞迴，直到導致堆疊溢出。

求和、字串反轉和回文檢測遞迴函數可以藉由簡單的迴圈輕鬆實作出來，關鍵的一點是，它們都只對提供給它們的資料進行一次遍歷，而且不會回溯。正如第 2 章中所解釋的，遞迴演算法特別適合涉及樹狀結構並且需要回溯的問題。

解決河內塔謎題的樹狀結構表明它涉及了回溯，因為程式在樹結構中是從上到下、從左到右地執行，這使得它成為遞迴的首選，特別是因為該解決方案需要對較小的塔進行兩次遞迴呼叫。

flood fill 演算法直接適用於圖形和繪圖程式，也適用於其他檢測連續區域形狀的演算法。如果你在圖形程式中使用過油漆桶工具，那麼你很可能使用過 flood fill 演算法的某一個版本。

Ackermann 函數是一個很好的例子，它說明了遞迴函數隨著輸入的增加而增長得有多快。雖然它在日常程式設計中沒有太多實際應用，但如果沒有它，關於遞迴的討論就不完整。不過，儘管它是遞迴的，就像所有遞迴函數一樣，它可以使用迴圈和堆疊迭代地實作出來。

# 延伸閱讀

維基百科提供了更多關於河內塔問題的資訊（網址：https://en.wikipedia.org/wiki/Tower_of_Hanoi），Computerphile 的影片「Recursion 'Super Power' (inPython)」中介紹了如何用 Python 解決河內塔問題（網址：https://en.wikipedia.org/wiki/Tower_of_Hanoi ://youtu.be/8lhxIOAfDss）。3Blue1Brown 的兩支系列影片「Binary, Hanoi, and Sierpiński」，透過探索河內塔、二進制數和 Sierpiński 三角碎形之間的關係有深入的詳細說明（網址：https://youtu.be/2SUvWfNJSsM）。

維基百科有一個關於 flood fill 演算法在小圖像上運作的動畫（網址：https://en.wikipedia.org/wiki/Flood_fill）。

Computerphile 的影片「The Most Difficult Program to Compute?」討論了 Ackermann 函數（網址：https://youtu.be/i7sm9dzFtEI）。如果你想了解更多有關 Ackermann 函數在可計算性理論中的地位，Hackers in Cambridge 頻道有關於原始遞迴和部分遞迴函數的五支系列影片，該系列需要觀眾進行大量的數學思考，但你不需要具備大量的數學知識（網址：https://youtu.be/yaDQrOUK-KY）。

## 練習題

請回答以下問題來測試你的理解能力：

1. 什麼是陣列或字串的頭部？
2. 什麼是陣列或字串的尾部？
3. 本章針對每一種遞迴演算法所提出的三個問題是什麼？
4. 什麼是遞迴的「信仰飛躍」？
5. 在採取「信仰飛躍」之前，你需要了解正在編寫的遞迴函數哪些部分？
6. 線性資料結構（例如陣列或字串）與樹狀結構有何相似之處？
7. 遞迴 `sum()` 函數是否有對其處理的資料進行任何回溯？
8. 在 flood fill 程式中，嘗試更改 `im` 變數的字串以建立不完全封閉的 C 形狀。當你嘗試從 C 的中間填充圖像時會發生什麼事？
9. 對本章介紹的每種遞迴演算法的遞迴解決方案，回答以下三個問題：
   (a) 基本情況是什麼？
   (b) 傳遞給遞迴函數呼叫的引數是什麼？
   (c) 這個引數如何逐漸趨近於基本情況？

然後重新建立本章中的遞迴演算法，不要查看原始程式碼。

## 練習專案

請練習為以下每個任務編寫一個函數：

1. 使用頭尾技巧，建立一個遞迴 `concat()` 函數，該函數傳遞一個字串陣列，並將這些字串連接所形成的單一長字串回傳。例如，`concat(['Hello', 'World'])` 應回傳 `HelloWorld`。
2. 使用頭尾技巧，建立一個遞迴 `product()` 函數，該函數傳遞一個整數陣列並回傳它們的總乘積。該程式碼與本章中的 `sum()` 函數幾乎相同。但請注意，當陣列只有一個整數時，基本情況會回傳該整數，當陣列為空時，基本情況會回傳 `1`。

3. 使用 flood fill 演算法，計算二維網格中「房間」或封閉空間的數量。你可以藉由建立巢狀的 `for` 迴圈來完成此操作，如果網格中的每個字元是句點，則呼叫 flood fill 函數，以便將句點更改為雜湊字元。例如，以下資料將導致程式在網格中找到六個帶有句點的位置，這表示有五個房間（加上所有房間之外的空間）。

```
...##########....................................
...#........#....####..................##########
...#........#....#..#...############...#........#
...##########....#..#...#..........#...##.......#
.......#....#....####...#..........#....##......#
.......#....#....#......############.....##.....#
.......######....#........................##....#
.................####........####..........######
```

# 4

# 回溯和樹走訪演算法

在前面幾章中，你了解到遞迴特別適合用於涉及「樹狀結構」和「回溯」（backtracking）的問題，例如迷宮求解演算法（maze-solving algorithm）。要了解原因，請想像一棵樹的樹幹分成多個分支，這些分支本身又分裂出其他分支。換句話說，一棵樹有個遞迴的、自相似的形狀。

迷宮可以用樹狀資料結構來表示，因為迷宮分出不同的路徑，而這些路徑又進一步分出更多的路徑。當你走到迷宮的死路時，你必須循原路回到之前的分岔點。

「走訪樹圖」（traversing tree graph）的任務與許多遞迴演算法緊密相關，例如本章中的迷宮求解演算法和第 11 章中的迷宮生成程式。我們要研究樹走訪演算法（tree traversal algorithm），並使用它們來找出樹狀資料結構中的特定名稱；我們也會使用樹走訪演算法來取得樹中最深的節點；最後，我們將了解如何將迷宮表示為樹狀資料結構，並使用樹走訪和回溯找出從迷宮起點到達出口的路徑。

## 使用樹走訪

如果你使用 Python 和 JavaScript 進行程式開發，那麼你就習慣使用串列、陣列和字典資料結構。唯有在處理某些電腦科學演算法的低階細節——例如抽象語法樹（abstract syntax tree）、優先級佇列（priority queue）、AVL 樹（Adelson-Velsky-Landis tree）以及超出本書範圍的其他概念——時，你才會遇到樹狀資料結構。然而，樹本身是很簡單的概念。

「樹狀資料結構」（tree data structure）是由「節點與節點之間透過邊互相連接」所組成的資料結構。「節點」（node）包含資料，而「邊」（edge）表示與另一個節點的關係。節點也稱為「頂點」（vertex）。樹的起始節點稱為「根」（root），末尾的節點稱為「葉」（leaf）。而樹永遠只有一個根。

頂部的「父節點」（parent node）有數條邊連接到其下方零個或多個「子節點」（child node）。因此，「葉」是沒有子節點的節點，父節點是非葉節點，子節點都是非根節點。樹中的節點可以有數條邊連接到多個子節點，將子節點連接到根節點的父節點也稱為子節點的「祖先」（ancestor），而父節點和葉節點之間的子節點稱為父節點的「後代」（descendant）。樹中的父節點可以有多個子節點，但是每個子節點都只有一個父節點，根節點除外，根節點有零個父節點。此外，一顆樹中的任意兩個節點之間只能存在一條路徑。

圖 4-1 顯示了一個樹的範例和三個非樹結構的範例。

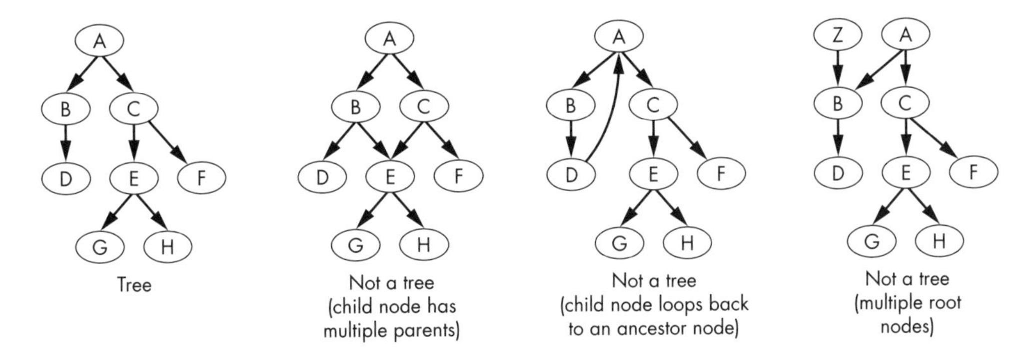

**圖 4-1：一棵樹（左）和三個非樹範例。**

正如你所看到的，子節點必須有一個父節點，而且沒有建立迴路的邊，否則該結構不再被視為一棵樹。本章介紹的遞迴演算法僅適用於樹狀資料結構。

## Python 和 JavaScript 中的樹狀資料結構

樹狀資料結構通常是向下生長的，根在上方。圖 4-2 展示了使用以下 Python 程式碼（也是有效的 JavaScript 程式碼）所建立的樹：

```
root  = {'data': 'A', 'children': []}
node2 = {'data': 'B', 'children': []}
node3 = {'data': 'C', 'children': []}
node4 = {'data': 'D', 'children': []}
node5 = {'data': 'E', 'children': []}
node6 = {'data': 'F', 'children': []}
node7 = {'data': 'G', 'children': []}
node8 = {'data': 'H', 'children': []}
root['children'] = [node2, node3]
node2['children'] = [node4]
node3['children'] = [node5, node6]
node5['children'] = [node7, node8]
```

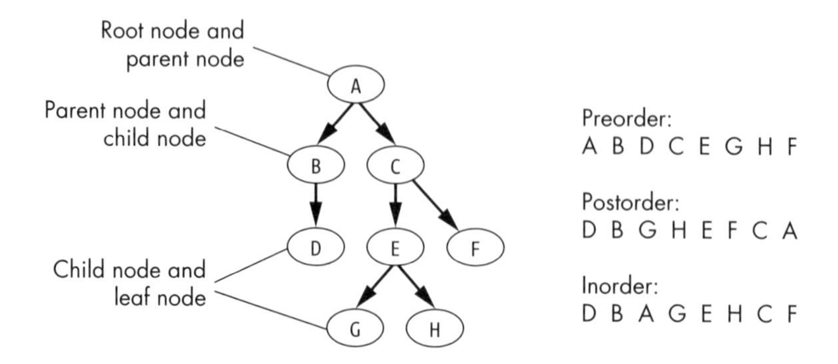


**圖 4-2：具有根 A 和葉 D、G、H 和 F 的樹及其走訪順序。**

樹中的每個節點都包含一條資料（從 A 到 H 的字母串）及其子節點的列表。圖 4-2 中的「前序」、「後序」和「中序」資訊將在後續的小節中進行解釋。

在此樹的程式碼中，每個節點都由一個 Python 字典（或 JavaScript 物件）表示，其中包含儲存節點資料的鍵 `data`，以及具有其他節點列表的鍵 `children`。我使用 `root` 和 `node2` 到 `node8` 變數來儲存每個節點，並使程式碼更具可讀性，但這不是必需的。以下 Python/JavaScript 程式碼與前面的程式碼具有相同效果，但對於人類來說更難閱讀：

```
root = {'data': 'A', 'children': [{'data': 'B', 'children':
[{'data': 'D', 'children': []}]}, {'data': 'C', 'children':
[{'data': 'E', 'children': [{'data': 'G', 'children': []},
{'data': 'H', 'children': []}]}, {'data': 'F', 'children': []}]}]}
```

圖 4-2 中的樹是一種特殊的資料結構，稱為「有向無環圖」（directed acyclic graph, DAG）。在數學和電腦科學中，「圖」（graph）是節點和邊的集合，樹是圖的一種，圖之所以「有向」（directed），是因為它的邊只有一個方向：從父節點到子節點。反過來說，DAG 中的邊不是無向的，是雙向的。（樹通常沒有這個限制，而且可以在兩個方向上有邊，包括從子節點回傳到其父節點。）該圖是「無環的」（acyclic），因為從子節點到它們自己的祖先節點不存在迴路（loop），或稱「循環」（cycle）；樹的「樹枝」必須保持向同一個方向生長。

你可以將串列、陣列和字串視為「線性樹」（linear tree）；根是第一個元素，每個節點只有一個子節點。這種線性樹終止於一個葉節點。這些線性樹稱為「鏈結串列」（linked list），因為每個節點都只有一個「下一個」節點，直至串列末尾。圖 4-3 顯示了一個儲存單詞 HELLO 字元的鏈結串列。

**圖 4-3：儲存 HELLO 的鏈結串列資料結構。鏈結串列可以視為是一種樹狀資料結構。**

我們將使用圖 4-2 中的樹程式碼作為本章的範例。樹走訪演算法將從根節點開始，沿著邊存取樹中的每個節點。

## 走訪整棵樹

我們可以從 `root` 中的根節點開始編寫程式碼來存取任意節點中的資料。例如，將樹程式碼輸入 Python 或 JavaScript 互動式 shell 後，執行以下指令：

```
>>> root['children'][1]['data']
'C'
>>> root['children'][1]['children'][0]['data']
'E'
```

我們的樹走訪程式碼可以寫成遞迴函數，因為樹狀資料結構具有自相似的結構：父節點有子節點，每個子節點都是其子節點的父節點。樹走訪演算法確保你的程式可以存取或修改樹中每個節點的資料，無論其形狀或大小如何。

讓我們針對樹走訪程式碼詢問關於遞迴演算法的三個問題：

**➲ 基本情況是什麼？**

葉節點，沒有更多的子節點，不需要更多的遞迴呼叫，導致演算法回溯到先前的父節點。

**➲ 傳遞給遞迴函數呼叫的引數是什麼？**

要走訪的節點，其子節點將是下一個要走訪的節點。

### ➲ 這個引數如何逐漸趨近於基本情況？

DAG 中沒有循環，因此跟隨後代節點最終會到達葉節點。

請記住，當演算法走訪到更深的節點時，特別深的樹狀資料結構將導致堆疊溢出。發生這種情況是因為每深入樹的一層都會需要另一個函數呼叫，而過多的函數呼叫卻未回傳就會導致堆疊溢出。不過，對於寬闊平衡的樹來說，不太可能有那麼多的層次。如果 1,000 層樹的每個節點都有兩個子節點，則該樹將有大約 $2^{1000}$ 個節點，比整個宇宙中的原子還要多，你的樹狀資料結構不太可能那麼大的。

樹有三種樹走訪演算法：前序、後序和中序。我們將在接下來的三個小節中逐一討論。

## 前序樹走訪

「前序樹走訪」（Preorder tree traversal）演算法，是在走訪其子節點之前存取節點的資料。如果你的演算法需要先存取父節點中的資料，然後再存取子節點中的資料，請使用前序走訪。例如，在建立樹狀資料結構的副本時會使用前序走訪，因為你需要在複製樹中的子節點之前建立父節點。

以下 preorderTraversal.py 程式有一個 preorderTraverse() 函數，該函數首先走訪每個子節點，然後存取節點的資料並將其輸出到螢幕上：

Python
```
root = {'data': 'A', 'children': [{'data': 'B', 'children':
[{'data': 'D', 'children': []}]}, {'data': 'C', 'children':
[{'data': 'E', 'children': [{'data': 'G', 'children': []},
{'data': 'H', 'children': []}]}, {'data': 'F', 'children': []}]}]}

def preorderTraverse(node):
    print(node['data'], end=' ') # Access this node's data.
  ❶ if len(node['children']) > 0:
        # RECURSIVE CASE
        for child in node['children']:
            preorderTraverse(child) # Traverse child nodes.
    # BASE CASE
  ❷ return

preorderTraverse(root)
```

preorderTraversal.html 中相同效果的 JavaScript 程式如下：

*JavaScript*
```
<script type="text/javascript">
root = {"data": "A", "children": [{"data": "B", "children":
[{"data": "D", "children": []}]}, {"data": "C", "children":
[{"data": "E", "children": [{"data": "G", "children": []},
{"data": "H", "children": []}]}, {"data": "F", "children": []}]}]};

function preorderTraverse(node) {
    document.write(node["data"] + " "); // Access this node's data.
  ❶ if (node["children"].length > 0) {
        // RECURSIVE CASE
        for (let i = 0; i < node["children"].length; i++) {

            preorderTraverse(node["children"][i]); // Traverse child nodes.
        }
    }
    // BASE CASE
  ❷ return;
}

preorderTraverse(root);
</script>
```

這些程式的輸出是按前序排列的節點資料：

```
A B D C E G H F
```

當你查看圖 4-1 中的樹時，請注意，前序走訪順序會先顯示左節點的資料，再顯示右節點的資料，並且先顯示上層節點的資料，再顯示下層節點的資料[3]。

所有樹走訪都是從「將根節點傳遞給遞迴函數」開始的。函數會進行遞迴呼叫，並將根節點的每個子節點作為引數來傳遞。由於這些子節點有自己的子節點，因此走訪將繼續，直到到達沒有子節點的葉節點。此時，函數呼叫就會回傳。

3 編註：原文 bottom nodes before top nodes 有誤，應為 bottom nodes after top nodes，特此修正說明。

如果節點有任何子節點❶，就會發生遞迴情況，在這種情況下，會將每個子節點作為節點引數進行遞迴呼叫。無論節點是否有子節點，基本情況一定會發生在函數回傳❷時的末尾。

## 後序樹走訪

「後序樹走訪」（Postorder tree traversal）會在存取節點的資料之前先走訪該節點的子節點。例如，我們會在刪除樹時使用此走訪做法，確保不會因為刪除父節點而造成子節點變成「孤立」節點，進而使根節點無法存取子節點。下面的 postorderTraversal.py 程式中的程式碼與上一節中的前序走訪程式碼類似，只是遞迴函數呼叫發生在 print() 呼叫「之前」：

*Python*

```python
root = {'data': 'A', 'children': [{'data': 'B', 'children':
[{'data': 'D', 'children': []}]}, {'data': 'C', 'children':
[{'data': 'E', 'children': [{'data': 'G', 'children': []},
{'data': 'H', 'children': []}]}, {'data': 'F', 'children': []}]}]}

def postorderTraverse(node):
    for child in node['children']:
        # RECURSIVE CASE
        postorderTraverse(child) # Traverse child nodes.
    print(node['data'], end=' ') # Access this node's data.
    # BASE CASE
    return

postorderTraverse(root)
```

postorderTraversal.html 程式具有相同效果的 JavaScript 程式碼：

*JavaScript*

```javascript
<script type="text/javascript">
root = {"data": "A", "children": [{"data": "B", "children":
[{"data": "D", "children": []}]}, {"data": "C", "children":
[{"data": "E", "children": [{"data": "G", "children": []},
{"data": "H", "children": []}]}, {"data": "F", "children": []}]}]};

function postorderTraverse(node) {
    for (let i = 0; i < node["children"].length; i++) {
        // RECURSIVE CASE
        postorderTraverse(node["children"][i]); // Traverse child nodes.
    }
    document.write(node["data"] + " "); // Access this node's data.
    // BASE CASE
```

```
    return;
}

postorderTraverse(root);
</script>
```

這些程式的輸出是按後序排列的節點資料：

```
D B G H E F C A
```

節點的後序走訪順序會先顯示左節點的資料、再顯示右節點的資料，並且先顯示下方節點的資料、再顯示上方節點的資料。當我們比較 postorderTraverse() 和 preorderTraverse() 函數時，發現這些名稱有點用詞不當：pre 和 post 並不是指節點被存取的順序，節點永遠以相同的順序走訪；我們先向下搜尋子節點（稱為「深度優先搜尋 depth-first search」），而不是先存取每一層的節點（稱為「廣度優先搜尋 breadth-first search」）然後再往下一層進行搜尋。pre 和 post 指的是「何時」存取節點的資料：可以在走訪節點的子節點之前或之後進行。

## 中序樹走訪

「二元樹」（Binary tree）是樹狀資料結構，每個節點最多有兩個子節點，通常稱為「左子節點」和「右子節點」。「中序樹走訪」（inorder tree traversal）會先走訪左子節點，然後存取該節點的資料，再走訪右子節點。這種走訪用於處理二元搜尋樹的演算法（這超出了本書的範圍）。inorderTraversal.py 程式包含執行此類走訪的 Python 程式碼：

Python

```python
root = {'data': 'A', 'children': [{'data': 'B', 'children':
[{'data': 'D', 'children': []}]}, {'data': 'C', 'children':
[{'data': 'E', 'children': [{'data': 'G', 'children': []},
{'data': 'H', 'children': []}]}, {'data': 'F', 'children': []}]}]}

def inorderTraverse(node):
    if len(node['children']) >= 1:
        # RECURSIVE CASE
        inorderTraverse(node['children'][0]) # Traverse the left child.
    print(node['data'], end=' ') # Access this node's data.
    if len(node['children']) >= 2:
        # RECURSIVE CASE
```

```
        inorderTraverse(node['children'][1]) # Traverse the right child.
    # BASE CASE
    return

inorderTraverse(root)
```

inorderTraversal.html 程式包含相同效果的 JavaScript 程式碼：

*JavaScript*

```
<script type="text/javascript">
root = {"data": "A", "children": [{"data": "B", "children":
[{"data": "D", "children": []}]}, {"data": "C", "children":
[{"data": "E", "children": [{"data": "G", "children": []},
{"data": "H", "children": []}]}, {"data": "F", "children": []}]}]};

function inorderTraverse(node) {
    if (node["children"].length >= 1) {
        // RECURSIVE CASE
        inorderTraverse(node["children"][0]); // Traverse the left child.
    }
    document.write(node["data"] + " "); // Access this node's data.
    if (node["children"].length >= 2) {
        // RECURSIVE CASE
        inorderTraverse(node["children"][1]); // Traverse the right child.
    }
    // BASE CASE
    return;
}

inorderTraverse(root);
</script>
```

這些程式的輸出如下所示：

```
D B A G E H C F
```

雖然中序走訪通常指的是二元樹的走訪，不過在走訪第一個節點之後和走訪最後一個節點之前處理節點的資料，都算是中序走訪，不論樹的大小為何。

## 在樹中找尋八個字母的名字

我們可以使用「深度優先搜尋」（depth-first search）來找尋樹狀資料結構中的特定資料，而不是在走訪每個節點時印出它們。我們將編寫一個演算法，在圖 4-4 的樹中搜尋長度恰好為八個字母的名稱。這是刻意設計出來的範例，但它展示了演算法是如何使用樹走訪從樹狀資料結構中檢索資料。

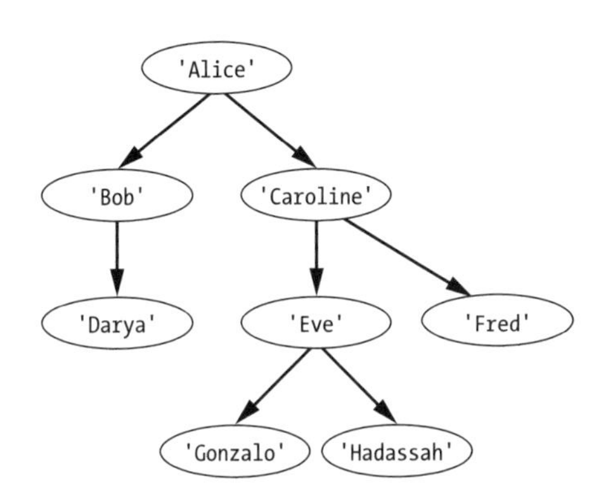


**圖 4-4：depthFirstSearch.py 和 depthFirstSearch.html 程式中儲存名稱的樹。**

讓我們針對樹走訪程式碼提出關於遞迴演算法的三個問題。它們的答案與樹走訪演算法的答案類似：

- **基本情況是什麼？**

  導致演算法進行回溯的葉節點，或是名稱為八個字母的節點。

- **傳遞給遞迴函數呼叫的引數是什麼？**

  要走訪的節點，其子節點將是下一個要走訪的節點。

- **這個引數如何逐漸趨近於基本情況？**

  DAG 中沒有循環，因此跟隨後代節點最終會到達葉節點。

以下 heightFirstSearch.py 程式包含了能以「前序走訪」執行「深度優先搜尋」的 Python 程式碼：

Python
```
root = {'name': 'Alice', 'children': [{'name': 'Bob', 'children':
[{'name': 'Darya', 'children': []}]}, {'name': 'Caroline',
'children': [{'name': 'Eve', 'children': [{'name': 'Gonzalo',
```

```
'children': []}, {'name': 'Hadassah', 'children': []}]}, {'name': 'Fred',
'children': []}]}]}

def find8LetterName(node):
    print(' Visiting node ' + node['name'] + '...')

    # Preorder depth-first search:
    print('Checking if ' + node['name'] + ' is 8 letters...')
❶   if len(node['name']) == 8: return node['name'] # BASE CASE

    if len(node['children']) > 0:
        # RECURSIVE CASE
        for child in node['children']:
            returnValue = find8LetterName(child)
            if returnValue != None:
                return returnValue

    # Postorder depth-first search:
    #print('Checking if ' + node['name'] + ' is 8 letters...')
❷   #if len(node['name']) == 8: return node['name'] # BASE CASE

    # Value was not found or there are no children.
    return None # BASE CASE

print('Found an 8-letter name: ' + str(find8LetterName(root)))
```

heightFirstSearch.html 程式包含了相同效果的 JavaScript 程式：

*JavaScript*

```
<script type="text/javascript">
root = {'name': 'Alice', 'children': [{'name': 'Bob', 'children':
[{'name': 'Darya', 'children': []}]}, {'name': 'Caroline',
'children': [{'name': 'Eve', 'children': [{'name': 'Gonzalo',
'children': []}, {'name': 'Hadassah', 'children': []}]}, {'name': 'Fred',
'children': []}]}]};

function find8LetterName(node, value) {
    document.write("Visiting node " + node.name + "...<br />");

    // Preorder depth-first search:
    document.write("Checking if " + node.name + " is 8 letters...<br />");
❶   if (node.name.length === 8) return node.name; // BASE CASE

    if (node.children.length > 0) {
        // RECURSIVE CASE
        for (let child of node.children) {
            let returnValue = find8LetterName(child);
            if (returnValue != null) {
```

```
                return returnValue;
            }
        }
    }

    // Postorder depth-first search:
    document.write("Checking if " + node.name + " is 8 letters...<br />");
❷ //if (node.name.length === 8) return node.name; // BASE CASE

    // Value was not found or there are no children.
    return null; // BASE CASE
}

document.write("Found an 8-letter name: " + find8LetterName(root));
</script>
```

這些程式的輸出如下所示：

```
Visiting node Alice...
Checking if Alice is 8 letters...
Visiting node Bob...
Checking if Bob is 8 letters...
Visiting node Darya...
Checking if Darya is 8 letters...
Visiting node Caroline...
Checking if Caroline is 8 letters...
Found an 8-letter name: Caroline
```

find8LetterName() 函數的操作方式與之前的樹走訪函數相同，只不過該函數不會印出節點的資料，而是檢查儲存在節點中的名稱，並回傳它找到的第一個八個字母的名稱。你可以藉由註解掉前面的名稱長度比較和 Checking if 這行程式碼 ❶，並取消註解後面的名稱長度比較和 Checking if 這行程式碼 ❷，將前序走訪更改為後序走訪。進行此更改時，該函數找到的第一個八個字母的名稱是 Hadassah：

```
Visiting node Alice...
Visiting node Bob...
Visiting node Darya...
Checking if Darya is 8 letters...
Checking if Bob is 8 letters...
Visiting node Caroline...
Visiting node Eve...
Visiting node Gonzalo...
Checking if Gonzalo is 8 letters...
```

```
Visiting node Hadassah...
Checking if Hadassah is 8 letters...
Found an 8-letter name: Hadassah
```

雖然兩種走訪順序都能正確地找到八個字母的名稱，但更改樹走訪的順序可能會改變程式的行為。

## 取得樹的最大深度

演算法可以透過遞迴詢問其子節點的深度，來確定樹中最深的分支。節點的「深度」就是它與根節點之間的邊的數目，根節點本身深度為 0，根節點的直接子節點深度為 1，依此類推。你可能需要此資訊作為更大演算法的一部分，或是收集一般大小樹狀資料結構的相關資訊。

我們可以讓一個名為 getDepth() 的函數採用一個節點作為引數，並回傳其最深子節點的深度。葉節點（基本情況）僅會回傳 0。

例如，以圖 4-1 中樹的根節點來說，我們可以呼叫 getDepth()，並將根節點（A 節點）傳遞給它，這會回傳其子節點（B 和 C 節點）的深度，再加上一。該函數必須遞迴呼叫 getDepth() 才能找到此資訊。最終，A 節點將在 C 上呼叫 getDepth()，C 也會在 E 上呼叫它。當 E 及其兩個子節點 G 和 H 呼叫 getDepth() 時，它們都會回傳 0，因此在 E 上呼叫的 getDepth () 會回傳 1，在 C 上呼叫 getDepth() 會回傳 2，在 A（根節點）上呼叫 getDepth() 會回傳 3。我們的樹最大深度是三層。

讓我們來看看 getDepth() 函數的三個遞迴演算法問題：

- **基本情況是什麼？**

  沒有子節點的葉節點，其具有一層的深度。

- **傳遞給遞迴函數呼叫的引數是什麼？**

  我們想要找到深度最大的節點。

- **這個引數如何逐漸趨近於基本情況？**

  DAG 沒有循環，因此跟隨後代節點最終將到達葉節點。

以下的 getDepth.py 程式包含了一個遞迴 getDepth() 函數，該函數會回傳樹中最深節點所包含的層數：

Python
```
root = {'data': 'A', 'children': [{'data': 'B', 'children':
[{'data': 'D', 'children': []}]}, {'data': 'C', 'children':
[{'data': 'E', 'children': [{'data': 'G', 'children': []},
{'data': 'H', 'children': []}]}, {'data': 'F', 'children': []}]}]}

def getDepth(node):
    if len(node['children']) == 0:
        # BASE CASE
        return 0
    else:
        # RECURSIVE CASE
        maxChildDepth = 0
        for child in node['children']:
            # Find the depth of each child node:
            childDepth = getDepth(child)
            if childDepth > maxChildDepth:
                # This child is deepest child node found so far:
                maxChildDepth = childDepth
        return maxChildDepth + 1

print('Depth of tree is ' + str(getDepth(root)))
```

getDepth.html 程式包含了相同效果的 JavaScript 程式碼：

JavaScript
```
<script type="text/javascript">
root = {"data": "A", "children": [{"data": "B", "children":
[{"data": "D", "children": []}]}, {"data": "C", "children":
[{"data": "E", "children": [{"data": "G", "children": []},
{"data": "H", "children": []}]}, {"data": "F", "children": []}]}]};

function getDepth(node) {
    if (node.children.length === 0) {
        // BASE CASE
        return 0;
    } else {
        // RECURSIVE CASE
        let maxChildDepth = 0;
        for (let child of node.children) {
            // Find the depth of each child node:
            let childDepth = getDepth(child);
            if (childDepth > maxChildDepth) {
                // This child is deepest child node found so far:
                maxChildDepth = childDepth;
```

```
            }
        }
        return maxChildDepth + 1;
    }
}

document.write("Depth of tree is " + getDepth(root) + "<br />");
</script>
```

這些程式的輸出如下：

```
Depth of tree is 3
```

這與我們在圖 4-2 中看到的情況相符：從根節點 A 到最低節點 G 和 H 的層數為三層。

## 解決迷宮問題

雖然迷宮有各種形狀和大小，但「簡單連接的迷宮」（也稱為「完美的迷宮」）不包含迴路（loop）。完美的迷宮在任意兩點（例如起點和出口）之間只有一條路徑，這些迷宮可以用 DAG 表示。

例如，圖 4-5 顯示了我們的迷宮程式要解決的迷宮問題，圖 4-6 顯示了它的 DAG 形式。大寫的 S 標記迷宮的起點，大寫的 E 標記迷宮的出口，而迷宮中幾個用小寫字母標記的交叉點，則對應 DAG 中的節點。

圖 4-5：本章中用我們的迷宮程式解決的迷宮問題。有些交叉點標示了小寫字母，它們對應著圖 4-6 中的節點。

**圖 4-6：**在迷宮問題的 DAG 表示中，節點代表交叉點，邊代表從交叉點開始的北、南、東、西路徑。有一些節點標上小寫字母來對應圖 4-5 中的交叉點。

由於這種結構上的相似性，我們可以使用樹走訪演算法來解決迷宮問題。樹圖中的節點代表交叉點，迷宮程式可以選擇北、南、東或西其中一條路徑來前往下一個交叉點。根節點是迷宮的起點，葉節點則代表迷宮的死路。

當樹走訪演算法從一個節點移動到下一個節點時，就會發生遞迴情況。如果樹走訪到達葉節點（迷宮中的死路），則演算法已到達基本情況，而且必須回溯到較早的節點並選擇不同的路徑。一旦演算法到達出口節點，它從根節點開始的路徑就代表迷宮的解法。讓我們來看看關於迷宮求解演算法的三個遞迴演算法問題：

- **基本情況是什麼？**

  到達死路或迷宮的出口。

- **傳遞給遞迴函數呼叫的引數是什麼？**

  x、y 座標，以及迷宮資料和已存取過的 x、y 座標列表。

- **這個引數如何逐漸趨近於基本情況？**

  與 flood fill 演算法一樣，x、y 座標不斷移動到相鄰座標，直到最終到達死路或終點的出口。

此 mazeSolver.py 程式包含了用於解決儲存在 `MAZE` 變數中的迷宮問題的 Python 程式碼：

Python
```
# Create the maze data structure:
# You can copy-paste this from inventwithpython.com/examplemaze.txt
MAZE = """
#######################################################################
#S#                 #       # #   #     #         #     #   #         #
# ##### ######### # ### ### # # # # ### # # ##### # ### # # ##### # ###
# #   #     #     #     #   # # #   # #   # #       # # # #     # #   #
# # # ##### # ########### ### # ##### ##### ######### # # ##### ### # #
#   #     # # #     #   #   #   #         #       #   #   #   #   # # #
######### # # # ##### # ### # ########### ####### # # ##### ##### ### #
#       # # # #     # #     # #   #   #   #     # # #   #         #   #
# # ##### # # ### # # ####### # # # # # # # ##### ### ### ######### # #
# # #   # # #   # # #     #     #   #   #   #   #   #     #         # #
### # # # # ### # # ##### ####### ########### # ### # ##### ##### ### #
#   # #   # #   # #     #   #     #       #   #     # #     #     #   #
# ### ####### ##### ### ### ####### ##### # ######### ### ### ##### ###
```

```
#   #         #     #     #       #   # #   # #     #   # #   # #   # #
### ########### # ####### ####### ### # ##### # # ##### # # ### # ### #
#   #   #       # #     #   #   #     #       # # #     # # #   # #   #
# ### # # ####### # ### ##### # ####### ### ### # # ####### # # # ### #
#     #         #     #       #           #     #           # #      E#
#######################################################################
""".split('\n')

# Constants used in this program:
EMPTY = ' '
START = 'S'
EXIT = 'E'
PATH = '.'

# Get the height and width of the maze:
HEIGHT = len(MAZE)
WIDTH = 0
for row in MAZE: # Set WIDTH to the widest row's width.
    if len(row) > WIDTH:
        WIDTH = len(row)
# Make each row in the maze a list as wide as the WIDTH:
for i in range(len(MAZE)):
    MAZE[i] = list(MAZE[i])
    if len(MAZE[i]) != WIDTH:
        MAZE[i] = [EMPTY] * WIDTH # Make this a blank row.

def printMaze(maze):
    for y in range(HEIGHT):
        # Print each row.
        for x in range(WIDTH):
            # Print each column in this row.
            print(maze[y][x], end='')
        print() # Print a newline at the end of the row.
    print()

def findStart(maze):
    for x in range(WIDTH).
        for y in range(HEIGHT):
            if maze[y][x] == START:
                return (x, y) # Return the starting coordinates.

def solveMaze(maze, x=None, y=None, visited=None):
    if x == None or y == None:
        x, y = findStart(maze)
        maze[y][x] = EMPTY # Get rid of the 'S' from the maze.
    if visited == None:
      ❶ visited = [] # Create a new list of visited points.
```

```
    if maze[y][x] == EXIT:
        return True # Found the exit, return True.

    maze[y][x] = PATH # Mark the path in the maze.
❷   visited.append(str(x) + ',' + str(y))
❸   #printMaze(maze) # Uncomment to view each forward step.

    # Explore the north neighboring point:
    if y + 1 < HEIGHT and maze[y + 1][x] in (EMPTY, EXIT) and \
    str(x) + ',' + str(y + 1) not in visited:
        # RECURSIVE CASE
        if solveMaze(maze, x, y + 1, visited):
            return True # BASE CASE
    # Explore the south neighboring point:
    if y - 1 >= 0 and maze[y - 1][x] in (EMPTY, EXIT) and \
    str(x) + ',' + str(y - 1) not in visited:
        # RECURSIVE CASE
        if solveMaze(maze, x, y - 1, visited):
            return True # BASE CASE
    # Explore the east neighboring point:
    if x + 1 < WIDTH and maze[y][x + 1] in (EMPTY, EXIT) and \
    str(x + 1) + ',' + str(y) not in visited:
        # RECURSIVE CASE
        if solveMaze(maze, x + 1, y, visited):
            return True # BASE CASE
    # Explore the west neighboring point:
    if x - 1 >= 0 and maze[y][x - 1] in (EMPTY, EXIT) and \
    str(x - 1) + ',' + str(y) not in visited:
        # RECURSIVE CASE
        if solveMaze(maze, x - 1, y, visited):
            return True # BASE CASE

    maze[y][x] = EMPTY # Reset the empty space.
❹   #printMaze(maze) # Uncomment to view each backtrack step.

    return False # BASE CASE

printMaze(MAZE)
solveMaze(MAZE)
printMaze(MAZE)
```

mazeSolver.html 程式包含了相同效果的 JavaScript 程式碼：

*JavaScript*
```
<script type="text/javascript">
// Create the maze data structure:
// You can copy-paste this from inventwithpython.com/examplemaze.txt
let MAZE = `
#######################################################################
#S#                 #       # #   #     #         #     #   #         #
# ##### ######### # ### ### # # # # ### # # ##### # ### # # ##### # ###
# #   #     #     #     #   # # #   # #   # #       # # # #     # #   #
# # # ##### # ########### ### # ##### ##### ######### # # ##### ### # #
#   #     # # #     #   #   #   #         #       #   #   #   #   # # #
######### # # # ##### # ### # ########### ####### # # ##### ##### ### #
#       # # # #     # #     # #   #   #   #     # # #   #         #   #
# # ##### # # ### # # ####### # # # # # # # ##### ### ### ######### # #
# # #   # # #   # # #     #     #   #   #   #   #   #     #         # #
### # # # # ### # # ##### ####### ########### # ### # ##### ##### ### #
#   # #   # #   # #     #   #     #       #   #     # #     #     #   #
# ### ####### ##### ### ### ####### ##### # ######### ### ### ##### ###
#   #         #     #     #       #   # #   # #     #   # #   # #   # #
### ########### # ####### ####### ### # ##### # # ##### # # ### # ### #
#   #   #       # #     #   #   #     #       # # #     # # #   # #   #
# ### # # ####### # ### ##### # ####### ### ### # # ####### # # # ### #
#     #         #     #       #           #     #           # #      E#
#######################################################################
`.split("\n");

// Constants used in this program:
const EMPTY = " ";
const START = "S";
const EXIT = "E";
const PATH = ".";

// Get the height and width of the maze:
const HEIGHT = MAZE.length;
let maxWidthSoFar = MAZE[0].length;
for (let row of MAZE) { // Set WIDTH to the widest row's width.
    if (row.length > maxWidthSoFar) {
        maxWidthSoFar = row.length;
    }
}
const WIDTH = maxWidthSoFar;
// Make each row in the maze a list as wide as the WIDTH:
for (let i = 0; i < MAZE.length; i++) {
    MAZE[i] = MAZE[i].split("");
    if (MAZE[i].length !== WIDTH) {
        MAZE[i] = EMPTY.repeat(WIDTH).split(""); // Make this a blank row.
```

```
    }
}

function printMaze(maze) {
    document.write("<pre>");
    for (let y = 0; y < HEIGHT; y++) {
        // Print each row.
        for (let x = 0; x < WIDTH; x++) {
            // Print each column in this row.
            document.write(maze[y][x]);
        }
        document.write("\n"); // Print a newline at the end of the row.
    }
    document.write("\n</ pre>");
}

function findStart(maze) {
    for (let x = 0; x < WIDTH; x++) {
        for (let y = 0; y < HEIGHT; y++) {
            if (maze[y][x] === START) {
                return [x, y]; // Return the starting coordinates.
            }
        }
    }
}

function solveMaze(maze, x, y, visited) {
    if (x === undefined || y === undefined) {
        [x, y] = findStart(maze);
        maze[y][x] = EMPTY; // Get rid of the 'S' from the maze.
    }
    if (visited === undefined) {
      ❶ visited = []; // Create a new list of visited points.
    }

    if (maze[y][x] == EXIT) {
         return true; // Found the exit, return true.
    }

    maze[y][x] = PATH; // Mark the path in the maze.
  ❷ visited.push(String(x) + "," + String(y));
  ❸ //printMaze(maze) // Uncomment to view each forward step.

    // Explore the north neighboring point:
    if ((y + 1 < HEIGHT) && ((maze[y + 1][x] == EMPTY) ||
    (maze[y + 1][x] == EXIT)) &&
    (visited.indexOf(String(x) + "," + String(y + 1)) === -1)) {
```

```
        // RECURSIVE CASE
        if (solveMaze(maze, x, y + 1, visited)) {
            return true; // BASE CASE
        }
    }
    // Explore the south neighboring point:
    if ((y - 1 >= 0) && ((maze[y - 1][x] == EMPTY) ||
    (maze[y - 1][x] == EXIT)) &&
    (visited.indexOf(String(x) + "," + String(y - 1)) === -1)) {
        // RECURSIVE CASE
        if (solveMaze(maze, x, y - 1, visited)) {
            return true; // BASE CASE
        }
    }
    // Explore the east neighboring point:
    if ((x + 1 < WIDTH) && ((maze[y][x + 1] == EMPTY) ||
    (maze[y][x + 1] == EXIT)) &&
    (visited.indexOf(String(x + 1) + "," + String(y)) === -1)) {
        // RECURSIVE CASE
        if (solveMaze(maze, x + 1, y, visited)) {
            return true; // BASE CASE
        }
    }
    // Explore the west neighboring point:
    if ((x - 1 >= 0) && ((maze[y][x - 1] == EMPTY) ||
    (maze[y][x - 1] == EXIT)) &&
    (visited.indexOf(String(x - 1) + "," + String(y)) === -1)) {
        // RECURSIVE CASE
        if (solveMaze(maze, x - 1, y, visited)) {
            return true; // BASE CASE
        }
    }

    maze[y][x] = EMPTY; // Reset the empty space.
❹  //printMaze(maze); // Uncomment to view each backtrack step.
    return false; // BASE CASE
}

printMaze(MAZE);
solveMaze(MAZE);
printMaze(MAZE);
</script>
```

這段程式碼大部分跟遞迴迷宮求解演算法沒有直接關係。MAZE 變數將迷宮資料儲存為多行字串，其中包含代表牆壁的 #、代表起點的 S、代表出口的 E。該字串被轉換為串列，包含了字串串列，當中每個字串代表迷宮中的單一字元。這允許我們存取 MAZE[y][x]（注意，y 先出現），以取得原始 MAZE 字串中 x、y 座標處的字元。printMaze() 函數可以接受這個「串列的串列」（list-of-list）資料結構，並在螢幕上顯示迷宮。findStart() 函數接受此資料結構並回傳 S 起始點的 x、y 座標。你可以隨意編輯迷宮字串，但請記住，為了使求解演算法發揮作用，迷宮不能有任何迴路。

遞迴演算法存在於 solveMaze() 函數中。該函數的引數是迷宮資料結構、目前的 x 和 y 座標以及 visited 串列（如果沒有提供，則建立該串列）❶。visited 串列包含了以前存取過的所有座標，這樣一來，當該演算法從死路回溯到前一個交叉點時，它可以知道之前走過哪些路徑，進而嘗試不同的路徑。從起點到出口的路徑則是透過把迷宮資料結構中的空格（與 EMPTY 常數配對）用句點（來自 PATH 常數）置換來標記的。

迷宮求解演算法與第 3 章中的 flood fill 程式類似，它會「擴散」到相鄰座標，就算到達死路，也會返回到前面的交叉點。solveMaze() 函數接收 x、y 座標，指出演算法在迷宮中的目前位置。如果這是出口，則該函數會回傳 True，導致所有遞迴呼叫也會回傳 True。迷宮資料結構仍然標記著解決方案路徑。

否則，演算法會用句點標記迷宮資料結構中目前的 x、y 座標，並將該座標新增到 visited 串列❷中。然後，它會找尋目前座標以北的 x、y 座標，看看該點是否仍在地圖範圍內，是否是空白區域或是出口，而且之前未被存取過。如果滿足這些條件，演算法將使用北座標遞迴呼叫 solveMaze()；如果不滿足這些條件或者對 solveMaze() 的遞迴呼叫回傳 False，則演算法將繼續檢查南、東、西座標。與 flood fill 演算法一樣，遞迴呼叫是使用相鄰座標進行的。

> **就地修改串列或陣列**
>
> Python不會將串列的副本傳遞給函數呼叫，JavaScript也不會將陣列的副本傳遞給函數呼叫，反之，它們傳遞對串列的參照。因此，對串列或陣列（例如maze和visited）所做的任何更改，即使在函數回傳後仍然會保留，這稱為「就地」（in place）修改串列。對於遞迴函數，你可以將迷宮資料結構和存取座標的集合視為在所有遞迴函數呼叫之間共享的單一副本，這與x和y引數不同。這就是為什麼在第一次呼叫solveMaze()回傳後，MAZE中的資料結構仍然被修改的原因。

為了更了解該演算法的運作原理，請取消註解 solveMaze() 函數內的兩個 printMaze(MAZE) 呼叫 ❸❹。當演算法嘗試新路徑、到達死路、回溯並嘗試不同路徑時，它們將顯示迷宮資料結構。

# 結論

本章探討了幾種利用「樹狀資料結構」和「回溯」的演算法，這些都是適合用遞迴演算法解決的問題特徵。我們介紹了樹狀資料結構，它由包含資料的節點和將父子關係以節點相連的邊所組成。特別是，我們檢查了一種稱為「有向無環圖」（DAG）的特定樹，它經常用於遞迴演算法。遞迴函數呼叫類似於走訪樹中的子節點，而從遞迴函數呼叫回傳類似於回溯到前面的父節點。

雖然遞迴在簡單的程式設計問題中被過度使用，但它非常適合涉及樹狀結構和回溯的問題。利用這些樹狀結構的想法，我們編寫了幾種用於走訪、搜尋和確定樹結構深度的演算法。我們還展示了，簡單連接的迷宮具有樹狀結構，並運用遞迴和回溯來解決迷宮問題。

# 延伸閱讀

樹和樹走訪的內容遠不止本章中介紹的 DAG 簡要描述。維基百科上的文章為這些概念提供了額外的內容，這些概念經常在電腦科學中使用。

參考連結：

- https://en.wikipedia.org/wiki/Tree_(data_struct)
- https://en.wikipedia.org/wiki/Tree_traversal

Computerphile 的 YouTube 頻道上有一支影片討論了這些概念，影片名稱為「Maze Solving」（網址：https://youtu.be/rop0W4QDOUI）。《*Think Like a Programmer*》（No Starch Press，2012 年）一書的作者 V. Anton Spraul 也有一支題為「Backtracking」的迷宮求解影片（網址：https://youtu.be/gBC_Fd8EE8A 上）。freeCodeCamp 組織（網站：https://freeCodeCamp.org）有一系列關於回溯演算法的影片（網址：https://youtu.be/A80YzvNwqXA）。

除了迷宮求解之外，遞迴回溯演算法還使用遞迴來生成迷宮。你可以 在 https://en.wikipedia.org/wiki/Maze_ Generation_algorithm#Recursive_backtracker 找到更多有關此演算法和其他迷宮生成演算法的資訊。

## 練習題

藉由回答以下問題來測試你的理解能力：

1. 什麼是節點和邊？
2. 什麼是根節點和葉節點？
3. 三種樹走訪順序是什麼？
4. DAG 代表什麼？
5. 什麼是循環？ DAG 有循環嗎？
6. 什麼是二元樹？
7. 二元樹中的子節點叫什麼？
8. 如果父節點有連到子節點的邊，而且子節點有回到父節點的邊，那麼這個圖是 DAG 嗎？
9. 什麼是樹走訪演算法中的回溯？

對於以下樹走訪問題，你可以使用第 4 章「Python 和 JavaScript 中的樹狀資料結構」中的 Python/JavaScript 程式碼來建構樹，並使用 mazeSolver.py 和 mazeSolver.html 程式中的多行 `MAZE` 字串來建構迷宮資料。

10. 關於本章介紹的每種遞迴演算法的遞迴解決方案，請回答三個問題：

    (a) 基本情況是什麼？

    (b) 傳遞給遞迴函數呼叫的引數是什麼？

    (c) 這個引數如何逐漸趨近於基本情況？

然後重新建立本章中的遞迴演算法，不要查看原始程式碼。

## 練習專案

請練習為以下每個任務編寫一個函數：

1. 建立反向的中序搜尋，即執行中序走訪，但先走訪右子節點，然後再走訪左子節點。

2. 建立一個函數，在給定根節點作為引數的情況下，透過向原始樹中的每個葉節點新增一個子節點使樹更深一層。該函數需要執行樹走訪，檢測何時到達葉節點，然後向葉節點僅新增一個子節點。確保不要繼續向這個新的葉節點新增子節點，否則最終會導致堆疊溢出。

# 5

# 各個擊破演算法

「各個擊破演算法」（Divide-and-conquer algorithm）是將大問題分解為較小的子問題，然後將這些子問題分解為更小的子問題，直到它們變得非常容易解決為止。這種方法使遞迴成為一種理想的技術：遞迴情況將問題劃分為自相似的子問題，而當子問題已縮小到非常容易解決的大小時，就會出現「基本情況」。這種方法的好處之一是可以平行（parallel）解決這些問題，進而允許多個中央處理器（CPU）核心或電腦來處理這些問題。

在本章中，我們將介紹一些使用遞迴進行各個擊破的常見演算法，例如二元搜尋（binary search）、快速排序（quicksort）和合併排序（merge sort）。我們也將重新檢視對整數陣列求和，不過這次採用各個擊破的方法。最後，我們會檢視 1960 年所開發、更加深奧的 Karatsuba 乘法演算法，它為電腦硬體的快速整數乘法奠定了基礎。

## 二元搜尋：在按照字母順序排列的書架中尋找一本書

假設你的書架上有 100 本書。你不記得自己有哪些書或它們在書架上的確切位置，但你確定它們是按標題的字母順序排列的。要找到你的這本書《Zebras: The Complete Guide》，你不會從書架的開頭（《Aaron Burr Biography》）找起，而是會從書架最後面開始找。如果你還有關於 zephyr、zoo、zygote 主題的書，你的這本書 Zebra 就不會是放在書架上的最後一本，但也差不多了。因此，你可以運用「書籍按字母順序排列」以及「Z 是字母表的最後一個字母」這兩個事實作為啟發法（heuristics）或近似線索，來從書架的末尾查起，而不是從頭找起。

「二元搜尋」（binary search）是一種透過「反覆判斷目標項目位於已排序 list 的哪一半」來定位目標項目的技術。搜尋書架最公正的方法是從中間的一本書開始，然後確定你要找的書在左半部還是右半部。

然後你可以重複這個過程，如圖 5-1 所示：查看你所選擇的那一半中間的那本書，判斷你要找的書是在左側四分之一還是在右側四分之一。你可以執行此操作直到找到書為止，或是，找到那本書應該在的位置（但它卻不在），並宣告書架上不存在這本書。

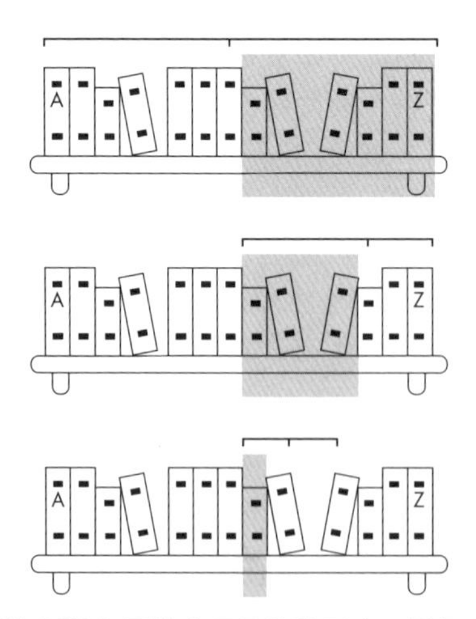


**圖 5-1：**二元搜尋會重複判斷在已排序項目的陣列中，目標項目位於範圍中的哪一半。

這個過程可以高效擴展；要搜尋的書籍數量加倍，僅會讓搜尋過程增加一步。對一個有 50 本書的書架進行線性搜尋需要 50 步，對一個有 100 本書的書架進行線性搜尋需要 100 步；然而，對一個有 50 本書的書架進行二元搜尋只需要 6 步，對一個有 100 本書的書架進行二元搜尋只需要 7 步。

讓我們來問問有關二元搜尋實作的三個遞迴問題：

**➲ 基本情況是什麼？**

搜尋範圍僅有一個項目。

**➲ 傳遞給遞迴函數呼叫的引數是什麼？**

我們正在搜尋的 list 中，範圍左端和右端的索引值。

**➲ 這個引數如何逐漸趨近於基本情況？**

每次遞迴呼叫的範圍減半，因此最終會變成只有一個項目。

檢查我們的 binarySearch.py 程式中的 binarySearch() 函數，該函數要在已排序的數值串列 haystack 中，定位一個值 needle：

*Python*
```python
def binarySearch(needle, haystack, left=None, right=None):
    # By default, `left` and `right` are all of `haystack`:
    if left is None:
        left = 0 # `left` defaults to the 0 index.
    if right is None:
        right = len(haystack) - 1 # `right` defaults to the last index.

    print('Searching:', haystack[left:right + 1])

    if left > right: # BASE CASE
        return None # The `needle` is not in `haystack`.

    mid = (left + right) // 2
    if needle == haystack[mid]: # BASE CASE
        return mid # The `needle` has been found in `haystack`
    elif needle < haystack[mid]: # RECURSIVE CASE
        return binarySearch(needle, haystack, left, mid - 1)
    elif needle > haystack[mid]: # RECURSIVE CASE
        return binarySearch(needle, haystack, mid + 1, right)

print(binarySearch(13, [1, 4, 8, 11, 13, 16, 19, 19]))
```

以下 binarySearch.html 程式具有相同效果的 JavaScript 程式碼：

JavaScript
```
<script type="text/javascript">
function binarySearch(needle, haystack, left, right) {
    // By default, `left` and `right` are all of `haystack`:
    if (left === undefined) {
        left = 0; // `left` defaults to the 0 index.
    }
    if (right === undefined) {
        right = haystack.length - 1; // `right` defaults to the last index.
    }

    document.write("Searching: [" +
    haystack.slice(left, right + 1).join(", ") + "]<br />");

    if (left > right) { // BASE CASE
         return null; // The `needle` is not in `haystack`.
    }

    let mid = Math.floor((left + right) / 2);
    if (needle == haystack[mid]) { // BASE CASE
         return mid; // The `needle` has been found in `haystack`.
    } else if (needle < haystack[mid]) { // RECURSIVE CASE
         return binarySearch(needle, haystack, left, mid - 1);
    } else if (needle > haystack[mid]) { // RECURSIVE CASE
         return binarySearch(needle, haystack, mid + 1, right);
    }
}

document.write(binarySearch(13, [1, 4, 8, 11, 13, 16, 19, 19]));
</script>
```

當你執行這些程式時，在 [1, 4, 8, 11, 13, 16, 19, 19] 這個 list 中搜尋 13，輸出如下所示：

```
Searching: [1, 4, 8, 11, 13, 16, 19, 19]
Searching: [13, 16, 19, 19]
Searching: [13]
4
```

目標值 13 確實位於該 list 中索引值 4 的地方。

程式碼會計算由 left 和 right 索引所定義的範圍的中間索引值（儲存在 mid 中）。一開始，這個範圍是 list 的整個長度。如果 mid 索引處的值與 needle

相同，則回傳 `mid`，否則，我們需要弄清楚我們的目標值是在範圍的左半部（在這種情況下，要搜尋的新範圍是 `left` 到 `mid - 1`）還是右半部（在這種情況下，要搜尋的新範圍是 `mid + 1` 到 `end`）。

我們已經有了一個可以搜尋這個新範圍的函數：就是 `binarySearch()` 本身！程式會在新範圍進行遞迴呼叫，如果出現「搜尋範圍的右端在左端之前」這種情況，表示搜尋範圍已經縮小到零，找不到我們的目標值。

請注意，遞迴呼叫回傳後，程式碼不會執行任何操作；它會立即回傳遞迴函數呼叫的回傳值。這個特性表示我們可以為這個遞迴演算法實作「尾部呼叫優化」（tail call optimization），我們將在第 8 章中解釋這種做法。而且，這也表示二元搜尋可以輕鬆實作為不使用遞迴函數呼叫的迭代演算法。本書的可下載資源包括迭代二元搜尋的原始程式碼，提供你與遞迴二元搜尋進行比較（參考連結：https://nostarch.com/recursive-book-recursion）。

### 大O演算法分析

如果資料已經按順序排列，則執行二元搜尋會比線性搜尋快得多，線性搜尋從陣列的一端開始，並以暴力方式（brute-force）逐一檢查每個值。我們可以透過「大O演算法分析」（big O algorithm analysis）來比較這兩種演算法的效率。本章末尾的「延伸閱讀」提供了更多相關主題資訊的連結。

如果你的資料沒有排序，「先對其進行排序（使用快速排序或合併排序等演算法）然後再執行二元搜尋」會比「僅執行線性搜尋」來得慢。但是，如果你需要對資料執行重複搜尋，二元搜尋所帶來的效能提升，足以彌補進行排序所花費的時間。這就像在砍樹之前花一個小時磨斧頭一樣，因為用鋒利的斧頭砍伐速度加快了，彌補了磨刀花掉的一個小時。

# 快速排序：將未排序的書堆拆分為已排序的書堆

請記住，binarySearch() 的速度優勢來自於「項目中的值已排序」的事實。如果這些值沒有排序，演算法將無法運作。「快速排序」（quicksort）是電腦科學家 Tony Hoare 於 1959 年開發的遞迴排序演算法。

快速排序使用一種稱為「分區」（partitioning，或稱分割、劃分、切分等）的各個擊破技術。可以這樣想像「分區」：想像你有一大堆未按字母順序排列的書。任意抓起一本書並將其放在書架上的正確位置，這表示當書架裝滿時，你將花費很多時間重新整理書架。但如果你先將這堆書分成兩堆：一堆是 A 到 M、另一堆是 N 到 Z，就會好整理多了。在這個例子中，M 就是我們的 pivot（基準）。

你還沒有對這堆書進行排序，但你「已經」對它們做了「分區」的動作，而且做法很簡單：書不必放到其中一堆裡的正確位置，只需要放入正確的那一堆即可。然後，你可以將這兩堆書進一步劃分為四堆：「A 到 G」、「H 到 M」、「N 到 T」、「U 到 Z」，如圖 5-2 所示。如果繼續分割，最終會得到每堆只有一本書的基本情況，而且每一堆都是已排序的，這意味著，所有的書現在也按照字母順序排列了。這種重複進行劃分就是快速排序的運作原理。

對於 A 到 Z 的第一次劃分，我們選擇 M 作為 pivot 值，因為它是 A 和 Z 之間的中間字母。但是，如果我們的書有一本關於 Aaron Burr 的書，以及 99 本關於 zebra、zephyr、zoo、zygote 和其他 Z 開頭的主題，那麼劃分出來的這兩堆將會非常不均衡：我們將 Aaron Burr 這本書放在 A 到 M 堆中，而將其他書全部放在 M 到 Z 堆中。快速排序演算法在「分區」均衡時的運作效率最好，因此「在每個分區步驟中選擇良好的 pivot 值」非常重要。

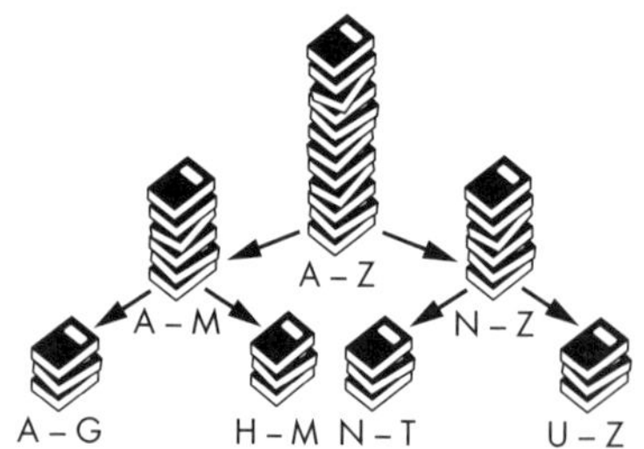


*圖 5-2：快速排序的運作原理是將項目重複劃分為兩個集合。*

但是，如果你對於要排序的資料一無所知，不可能選出理想的 pivot。這就是為什麼一般的快速排序演算法會直接使用範圍中的最後一個值作為 pivot 值。

在我們的實作中，每次呼叫 quicksort() 都會給出一個待排序的項目陣列。它也給了 left 和 right 引數，指定要排序的陣列中的索引範圍，類似於 binarySearch() 的左引數和右引數。此演算法選擇一個 pivot 值來與範圍內的其他值進行比較，然後將這些值放置到範圍的左側（如果它們小於 pivot 值）或右側（如果它們大於 pivot 值）；這就是分區步驟。接下來，對這兩個較小的範圍遞迴呼叫 quicksort() 函數，直到範圍減少至零。隨著遞迴呼叫的進行，list 變得越來越有序，直到最後整個 list 按照正確順序排列。

請注意，演算法會就地（in place）修改陣列的內容。有關詳細資訊，請參閱第 4 章中的「就地修改串列或陣列」。因此，quicksort() 函數不會回傳已排序的陣列。基本情況就只是回傳，以停止產生更多的遞迴呼叫。

讓我們問問關於二元搜尋實作的三個遞迴問題：

- **基本情況是什麼？**

  需要排序的範圍中包含零個或一個項目，而且已經排序好。

- **傳遞給遞迴函數呼叫的引數是什麼？**

  我們正在排序的 list 範圍左端和右端的索引值。

- **這個引數如何逐漸趨近於基本情況？**

  每次遞迴呼叫，範圍都會減半，因此它最終會變成空。

以下 Python 程式 Quicksort.py 中，quicksort() 函數將 list 中項目的值按升序由小到大排序：

```
def quicksort(items, left=None, right=None):
    # By default, `left` and `right` span the entire range of `items`:
    if left is None:
        left = 0 # `left` defaults to the 0 index.
    if right is None:
        right = len(items) - 1 # `right` defaults to the last index.

    print('\nquicksort() called on this range:', items[left:right + 1])
```

```
    print('...............The full list is:', items)

    if right <= left: ❶
        # With only zero or one item, `items` is already sorted.
        return  # BASE CASE

    # START OF THE PARTITIONING
    i = left # i starts at the left end of the range. ❷
    pivotValue = items[right] # Select the last value for the pivot.

    print('...................The pivot is:', pivotValue)

    # Iterate up to, but not including, the pivot:
    for j in range(left, right):
        # If a value is less than the pivot, swap it so that it's on the
        # left side of `items`:
        if items[j] <= pivotValue:
            # Swap these two values:
            items[i], items[j] = items[j], items[i] ❸
            i += 1

    # Put the pivot on the left side of `items`:
    items[i], items[right] = items[right], items[i]
    # END OF THE PARTITIONING

    print('....After swapping, the range is:', items[left:right + 1])
    print('Recursively calling quicksort on:', items[left:i], 'and', items[i +
1:right + 1])

    # Call quicksort() on the two partitions:
    quicksort(items, left, i - 1)   # RECURSIVE CASE
    quicksort(items, i + 1, right)  # RECURSIVE CASE

myList = [0, 7, 6, 3, 1, 2, 5, 4]
quicksort(myList)
print(myList)
```

fastsort.html 程式包含相同效果的 JavaScript 程式碼：

```
<script type="text/javascript">
function quicksort(items, left, right) {
    // By default, `left` and `right` span the entire range of `items`:
    if (left === undefined) {
        left = 0; // `left` defaults to the 0 index.
    }
    if (right === undefined) {
        right = items.length - 1; // `right` defaults to the last index.
```

```
    }

    document.write("<br /><pre>quicksort() called on this range: [" +
    items.slice(left, right + 1).join(", ") + "]</pre>");
    document.write("<pre>................The full list is: [" + items.join(", ")
+ "]</pre>");

    if (right <= left) { ❶
        // With only zero or one item, `items` is already sorted.
        return; // BASE CASE
    }

    // START OF THE PARTITIONING
    let i = left; ❷ // i starts at the left end of the range.
    let pivotValue = items[right]; // Select the last value for the pivot.

    document.write("<pre>...................The pivot is: " + pivotValue.
toString() +
"</pre>");

    // Iterate up to, but not including, the pivot:
    for (let j = left; j < right; j++) {
        // If a value is less than the pivot, swap it so that it's on the
        // left side of `items`:
        if (items[j] <= pivotValue) {
            // Swap these two values:
            [items[i], items[j]] = [items[j], items[i]]; ❸
            i++;
        }
    }

    // Put the pivot on the left side of `items`:
    [items[i], items[right]] = [items[right], items[i]];
    // END OF THE PARTITIONING

    document.write("<pre>....After swapping, the range is: [" + items.
slice(left, right + 1).join(", ") + "]</pre>");
    document.write("<pre>Recursively calling quicksort on: [" + items.
slice(left, i).join(", ") + "] and [" + items.slice(i + 1, right + 1).join(", ")
+ "]</pre>");

    // Call quicksort() on the two partitions:
    quicksort(items, left, i - 1); // RECURSIVE CASE
    quicksort(items, i + 1, right); // RECURSIVE CASE
}

let myList = [0, 7, 6, 3, 1, 2, 5, 4];
```

```
quicksort(myList);
document.write("<pre>[" + myList.join(", ") + "]</pre>");
</script>
```

這段程式碼與二元搜尋演算法中的程式碼類似。預設狀況下，我們將 items 陣列內範圍的 left 端和 right 端設定為整個陣列的開頭和結尾。如果演算法在 left 端或之前就到達 right 端的基本情況（1 或 0 項的範圍），則排序完成 ❶。

在每次呼叫 quicksort() 時，我們會對目前範圍內的項目（由 left 和 right 的索引定義）進行分區，然後交換它們，以便小於 pivot 值的項目最終會位於範圍的左側，大於 pivot 值的項目最終會位於範圍的右側。例如，如果 42 是陣列 [81, 48, 94, 87, 83, 14, 6, 42] 中的 pivot 值，則分區陣列將會是 [14, 6, 42, 81, 48, 94, 87, 83 ]。

請注意，分區陣列與排序陣列不同：雖然 42 左邊的兩個項目小於 42，且 42 右邊的五個項目大於 42，但這些項目並不是按順序排列的。

quicksort() 函數的大部分內容是分區步驟。要了解分區的運作原理，請想像一個索引 j 從範圍的左端開始並移動到右端 ❷。我們將索引 j 處的項目與 pivot 值進行比較，然後向右移動一步以比較下一個項目。可以從範圍內任意選擇一個植作為 pivot 值，但我們將永遠使用範圍最右端的值。

想像第二個索引 i 也是從左端開始。如果索引 j 處的項目小於或等於 pivot，則將索引 i 和 j 處的項目交換 ❸，且將 i 加到下一個索引。因此，雖然 j 在每次與 pivot 值比較後始終增加（即向右移動），但 i 僅在索引 j 處的項目小於或等於 pivot 時才會增加。

名稱 i 和 j 通常用於儲存陣列索引的變數。其他人的 quicksort() 實作可能會使用 j 和 i，甚至完全不同的變數。需要記住的一個重點是，兩個變數儲存索引並表現如下所示。

舉例來說，讓我們對陣列 [0, 7, 6, 3, 1, 2, 5, 4] 進行第一次分區，並設定範圍 left 為 0、right 為 7，以涵蓋完整陣列的大小。pivot 將是 right 端的值 4。i 和 j 索引從索引 0（範圍的左端）開始。在每一步中，索引 j 始終向右移動；只有當索引 j 處的值小於或等於 pivot 值時，索引 i 才會移動。items 陣列、i 索引和 j 索引會如下開始：

```
items:   [0, 7, 6, 3, 1, 2, 5, 4]
indices:  0  1  2  3  4  5  6  7
          ^
i = 0     i
j = 0     j
```

索引 j 處的值（即 0）小於或等於 pivot 值（即 4），因此交換 i 和 j 處的值。這不會導致實際的變化，因為 i 和 j 是相同的索引。同時，i 增加並向右移動一個位置。每次與 pivot 值比較時，j 索引都會增加。變數的狀態現在如下所示：

```
items:   [0, 7, 6, 3, 1, 2, 5, 4]
indices:  0  1  2  3  4  5  6  7
             ^
i = 1        i
j = 1        j
```

索引 j 處的值（即 7）不小於或等於 pivot 值（即 4），所以不用交換。請記住，j 始終會增加，但 i 僅在執行交換後才會增加，因此 i 不是在 j 的位置就是在它左邊。變數的狀態現在如下所示：

```
items:   [0, 7, 6, 3, 1, 2, 5, 4]
indices:  0  1  2  3  4  5  6  7
             ^
i = 1        i  ^
j = 2           j
```

索引 j 處的值（即 6）不小於或等於 pivot 值（即 4），因此不用交換。變數的狀態現在如下所示：

```
items:   [0, 7, 6, 3, 1, 2, 5, 4]
indices:  0  1  2  3  4  5  6  7
             ^
i = 1        i     ^
j = 3              j
```

索引 j 處的值（即 3）小於或等於 pivot 值（即 4），因此交換 i 和 j 處的值，7 和 3 交換位置。同時，i 增加並向右移動一個位置。變數的狀態現在看起來像這樣：

```
items:    [0, 3, 6, 7, 1, 2, 5, 4]
indices:   0  1  2  3  4  5  6  7
                 ^
i = 2            i     ^
j = 4                  j
```

索引 j 處的值（即 1）小於或等於 pivot 值（即 4），因此交換 i 和 j 處的值，6 和 1 交換位置。同時，i 增加並向右移動一個位置。變數的狀態現在如下所示：

```
items:    [0, 3, 1, 7, 6, 2, 5, 4]
indices:   0  1  2  3  4  5  6  7
                    ^
i = 3               i     ^
j = 5                     j
```

索引 j 處的值（即 2）小於或等於 pivot 值（即 4），因此交換 i 和 j 處的值，7 和 2 交換位置。同時，i 增加並向右移動一個位置。變數的狀態現在如下所示：

```
items:    [0, 3, 1, 2, 6, 7, 5, 4]
indices:   0  1  2  3  4  5  6  7
                       ^
i = 4                  i     ^
j = 6                        j
```

索引 j 處的值（即 6）不小於或等於 pivot 值（即 4），因此不用交換。變數的狀態現在如下所示：

```
items:    [0, 3, 1, 2, 6, 7, 5, 4]
indices:   0  1  2  3  4  5  6  7
                       ^
i = 4                  i        ^
j = 7                           j
```

我們已經到達分區的末端了。索引 j 位於 pivot 值（它永遠是範圍中最右邊的值），因此我們最後一次交換 i 和 j 以確保 pivot 不在分區的右半部，6 和 4 交換位置。變數的狀態現在如下所示：

```
items:   [0, 3, 1, 2, 4, 7, 5, 6]
indices:  0  1  2  3  4  5  6  7
                      ^
i = 4                 i        ^
j = 7                          j
```

請注意 i 索引的情況：由於交換的緣故，該索引將永遠收到「小於 pivot 值」的值；然後 i 索引向右移動以接收未來小於 pivot 值的值。因此，i 索引左側的所有數值均小於或等於 pivot，而 i 索引右側的所有數值均大於 pivot。

當我們在左右分區遞迴呼叫 quicksort() 時，整個過程就會重複。當我們繼續對這兩半塊進行分區（然後將二分之一分區出來的四分之一透過更多遞迴 quicksort() 呼叫再進一步分區，依此類推），整個陣列最終就會呈現排序好的狀態。

當我們執行這些程式時，輸出顯示了對 [0, 7, 6, 3, 1, 2, 5, 4] 這個 list 進行排序的過程。每一行的句點是用來幫助對齊輸出的：

```
quicksort() called on this range: [0, 7, 6, 3, 1, 2, 5, 4]
................The full list is: [0, 7, 6, 3, 1, 2, 5, 4]
....................The pivot is: 4
....After swapping, the range is: [0, 3, 1, 2, 4, 7, 5, 6]
Recursively calling quicksort on: [0, 3, 1, 2] and [7, 5, 6]

quicksort() called on this range: [0, 3, 1, 2]
................The full list is: [0, 3, 1, 2, 4, 7, 5, 6]
....................The pivot is: 2
....After swapping, the range is: [0, 1, 2, 3]
Recursively calling quicksort on: [0, 1] and [3]

quicksort() called on this range: [0, 1]
................The full list is: [0, 1, 2, 3, 4, 7, 5, 6]
....................The pivot is: 1
....After swapping, the range is: [0, 1]
Recursively calling quicksort on: [0] and []

quicksort() called on this range: [0]
................The full list is: [0, 1, 2, 3, 4, 7, 5, 6]
```

```
quicksort() called on this range: []
................The full list is: [0, 1, 2, 3, 4, 7, 5, 6]

quicksort() called on this range: [3]
................The full list is: [0, 1, 2, 3, 4, 7, 5, 6]

quicksort() called on this range: [7, 5, 6]
................The full list is: [0, 1, 2, 3, 4, 7, 5, 6]
....................The pivot is: 6
....After swapping, the range is: [5, 6, 7]
Recursively calling quicksort on: [5] and [7]

quicksort() called on this range: [5]
................The full list is: [0, 1, 2, 3, 4, 5, 6, 7]

quicksort() called on this range: [7]
................The full list is: [0, 1, 2, 3, 4, 5, 6, 7]

Sorted: [0, 1, 2, 3, 4, 5, 6, 7]
```

快速排序是一種常用的排序演算法，因為它實作起來很簡單，而且速度很快。另一種常用的排序演算法是合併排序，它也很快，而且使用遞迴。我們接下來會介紹這個演算法。

# 合併排序：將小堆撲克牌合併成較大的排序堆

電腦科學家 John von Neumann 於 1945 年開發了「合併排序」（merge sort）。它使用「分合方法」（divide-merge approach）：每次遞迴呼叫 `mergeSort()` 都會將未排序的 list 分成兩半，直到它們被縮減為長度為 `0` 或 `1` 的 list。然後，當遞迴呼叫回傳時，這些較小的 list 將按排序順序合併在一起，當最後一個遞迴呼叫回傳時，整個 list 會是已排序的。

例如，切分步驟將一個 list（例如 `[2, 9, 8, 5, 3, 4, 7, 6]`）分成兩個 list（例如 `[2, 9, 8, 5]` 和 `[3 , 4 , 7, 6]`），再傳遞給兩個遞迴函數呼叫。在基本情況下，list 已被切分為零個或一個項目的 list；沒有任何內容或只有一個項目的 list，就是自然排序。遞迴呼叫回傳後，程式碼將這些小的已排序 list 合併到較大的排序 list 中，直到最終對整個 list 進行了排序。圖 5-3 展示了在撲克牌上使用合併排序的一個例子。

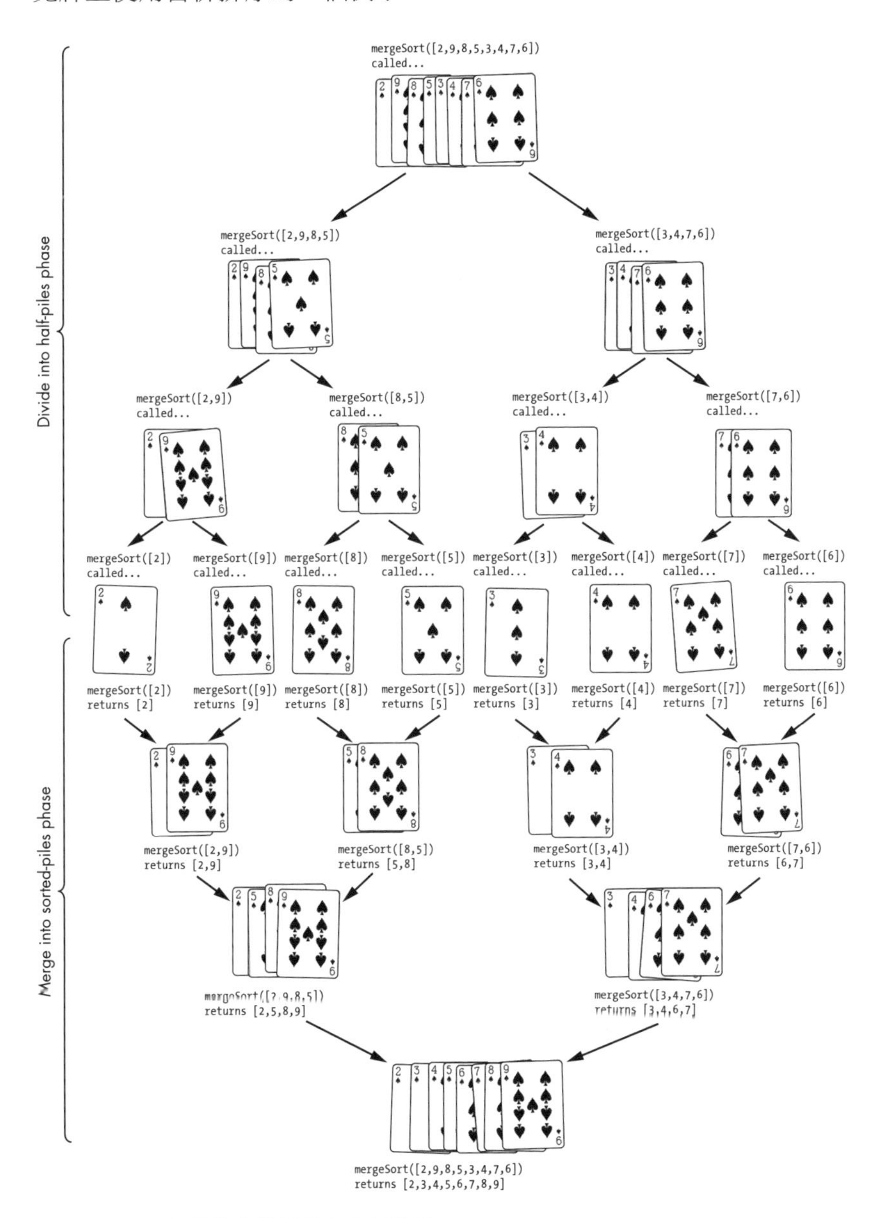


**圖 5-3：**合併排序的切分和合併階段。

例如，在切分階段結束時，我們有八個單一數字的 list：[2]、[9]、[8]、[5]、[3]、[4]、[7]、[6]。只有一個數字的 list 當然是已排列的。將兩個已排序 list 合併為一個較大的已排序 list 涉及到兩個動作：「查看兩個較小 list 的開頭」然後「將較小的值加到較大的 list 中」。圖 5-4 顯示了合併 [2, 9] 和 [5, 8] 的範例。在合併階段重複執行此操作，直到最終，原始 mergeSort() 呼叫將完整 list 按排序順序回傳。

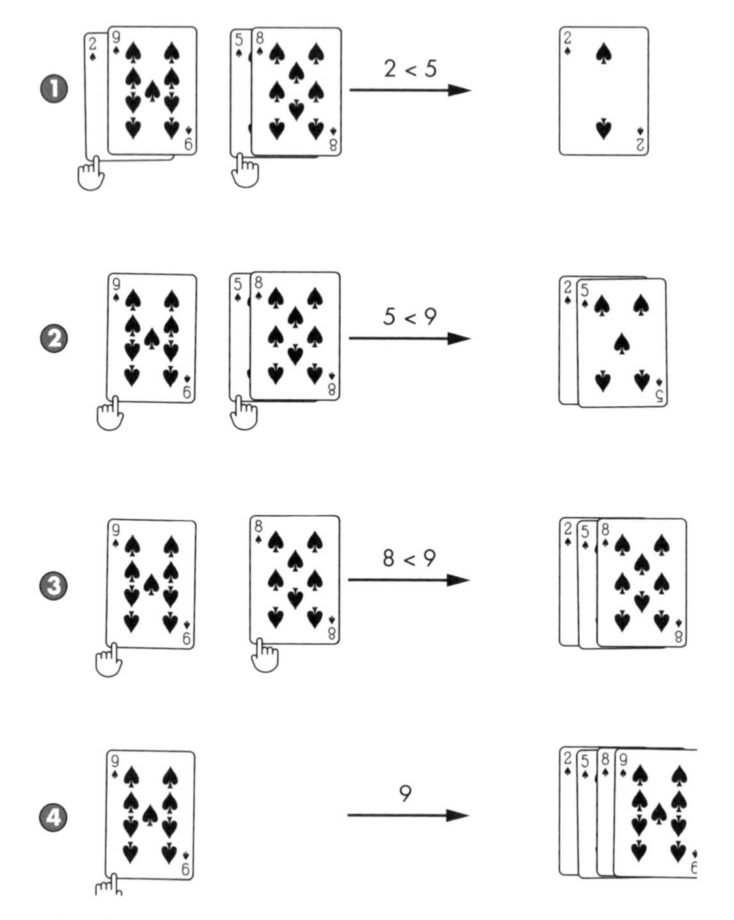


**圖 5-4**：合併步驟比較較小排序 list 開頭的兩個值，並將它們移至較大的已排序 list 中。合併四張卡片只需要四個步驟。

讓我們問問關於合併排序演算法的三個遞迴演算法問題：

➲ **基本情況是什麼？**

一個包含零個或一個項目的待排序 list，其項目已經按順序排列。

➲ **傳遞給遞迴函數呼叫的引數是什麼？**

由待排序的原始 list 左半部和右半部組成的 list。

➲ **這個引數如何逐漸趨近於基本情況？**

傳遞給遞迴呼叫的 list 是原始 list 大小的一半，因此最終會變成包含零個或一個項目的 list。

以下 Python 程式 mergeSort.py 中的 mergeSort() 函數，將 list 中項目的值按升序排序：

```
import math

def mergeSort(items):
    print('.....mergeSort() called on:', items)

    # BASE CASE - Zero or one item is naturally sorted:
    if len(items) == 0 or len(items) == 1:
        return items ❶

    # RECURSIVE CASE - Pass the left and right halves to mergeSort():
    # Round down if items doesn't divide in half evenly:
    iMiddle = math.floor(len(items) / 2) ❷

    print('................Split into:', items[:iMiddle], 'and',
items[iMiddle:])

    left = mergeSort(items[:iMiddle]) ❸
    right = mergeSort(items[iMiddle:])

    # BASE CASE - Returned merged, sorted data:
    # At this point, left should be sorted and right should be
    # sorted. We can merge them into a single sorted list.
    sortedResult = []
    iLeft = 0
    iRight = 0
    while (len(sortedResult) < len(items)):
        # Append the smaller value to sortedResult.
        if left[iLeft] < right[iRight]: ❹
```

```
                sortedResult.append(left[iLeft])
                iLeft += 1
            else:
                sortedResult.append(right[iRight])
                iRight += 1

            # If one of the pointers has reached the end of its list,
            # put the rest of the other list into sortedResult.
            if iLeft == len(left):
                sortedResult.extend(right[iRight:])
                break
            elif iRight == len(right):
                sortedResult.extend(left[iLeft:])
                break

    print('The two halves merged into:', sortedResult)

    return sortedResult # Returns a sorted version of items.

myList = [2, 9, 8, 5, 3, 4, 7, 6]
myList = mergeSort(myList)
print(myList)
```

mergeSort.html 程式包含了相同效果的 JavaScript 程式碼：

```
<script type="text/javascript">
function mergeSort(items) {
    document.write("<pre>" + ".....mergeSort() called on: [" +
    items.join(", ") + "]</pre>");

    // BASE CASE - Zero or one item is naturally sorted:
    if (items.length === 0 || items.length === 1) { // BASE CASE
        return items; ❶
    }

    // RECURSIVE CASE - Pass the left and right halves to mergeSort():
    // Round down if items doesn't divide in half evenly:
    let iMiddle = Math.floor(items.length / 2); ❷

    document.write("<pre>................Split into: [" + items.slice(0,
iMiddle).join(", ") +
    "] and [" + items.slice(iMiddle).join(", ") + "]</pre>");

    let left = mergeSort(items.slice(0, iMiddle)); ❸
    let right = mergeSort(items.slice(iMiddle));

    // BASE CASE - Returned merged, sorted data:
```

```
    // At this point, left should be sorted and right should be
    // sorted. We can merge them into a single sorted list.
    let sortedResult = [];
    let iLeft = 0;
    let iRight = 0;
    while (sortedResult.length < items.length) {
        // Append the smaller value to sortedResult.
        if (left[iLeft] < right[iRight]) { ❹
            sortedResult.push(left[iLeft]);
            iLeft++;
        } else {
            sortedResult.push(right[iRight]);
            iRight++;
        }

        // If one of the pointers has reached the end of its list,
        // put the rest of the other list into sortedResult.
        if (iLeft == left.length) {
            Array.prototype.push.apply(sortedResult, right.slice(iRight));
            break;
        } else if (iRight == right.length) {
            Array.prototype.push.apply(sortedResult, left.slice(iLeft));
            break;
        }
    }

    document.write("<pre>The two halves merged into: [" + sortedResult.join(",
") +
    "]</pre>");

    return sortedResult; // Returns a sorted version of items.
}

let myList = [2, 9, 8, 5, 3, 4, 7, 6];
myList = mergeSort(myList);
document.write("<pre>[" + myList.join(", ") + "]</pre>");
</script>
```

mergeSort() 函數（以及對 mergeSort() 函數的所有遞迴呼叫）處理了未排序 list 並回傳已排序 list。此函數的第一步是檢查基本情況，也就是僅包含零個或一個項目❶的 list。此 list 是已排序的，因此該函數會直接回傳 list。

否則，該函數會決定 list 的中間索引 ❷，我們就會知道要在哪裡拆分為左半 list 和右半 list，並傳遞給兩個遞迴函數呼叫 ❸。遞迴函數呼叫會回傳已排序 list，我們將其儲存在左變數和右變數。

下一步是將這兩個已排序的 list 合併為一個名為 sortedResult 的已排序的完整 list。我們將為左右 list 維護兩個索引，名為 iLeft 和 iRight。在迴圈中，兩個值當中較小的值 ❹ 被加到 sortedResult，並且其索引變數（iLeft 或 iRight）會遞增。如果 iLeft 或 iRight 到達其 list 的結尾處，則另一半 list 中的剩餘項目將被加到 sortedResult 中。

讓我們來看看合併步驟的範例，假設遞迴呼叫回傳 [2, 9] 給 left、[5, 8] 給 right。由於這兩個 list 是 mergeSort() 呼叫回傳的，因此我們永遠可以假設它們已排序。我們必須將它們合併到 sortedResult 中的一個已排序 list，以便讓目前的 mergeSort() 呼叫可以回傳給它的呼叫者。

iLeft 索引和 iRight 索引從 0 開始。我們比較 left[iLeft]（即 2）和 right[iRight]（即 5）的值，找出較小的那個：

```
sortedResult = []
      left: [2, 9]   right: [5, 8]
   indices:  0  1           0  1
 iLeft = 0   ^
iRight = 0                  ^
```

由於 left[iLeft] 的值 2 是兩個值當中較小的一個，因此我們將它加到 sortedResult 並將 iLeft 從 0 增加到 1。變數的狀態現在如下所示：

```
sortedResult = [2]
      left: [2, 9]   right: [5, 8]
   indices:  0  1           0  1
 iLeft = 1      ^
iRight = 0                  ^
```

再次比較 left[iLeft] 和 right[iRight]，我們發現 9 和 5 中，right[iRight] 的 5 較小。程式碼將 5 加到 sortedResult 並將 iRight 從 0 增加到 1。變數的狀態現在如下：

```
sortedResult = [2, 5]
      left: [2, 9]   right: [5, 8]
```

```
   indices:  0  1              0  1
  iLeft = 1     ^
 iRight = 1                    ^
```

再比較一次 left[iLeft] 和 right[iRight]，我們發現 9 和 8 中，right[iRight] 的 8 較小。程式碼將 8 加到 sortedResult 並將 iRight 從 0 增加到 1。現在變數的狀態如下：

```
sortedResult = [2, 5, 8]
      left: [2, 9]   right: [5, 8]
   indices:  0  1              0  1
  iLeft = 1     ^
 iRight = 2                        ^
```

由於 iRight 現在為 2 而且等於 right 右半 list 的長度，因此 left 中從 iLeft 索引到末尾的剩餘項目被加到 sortedResult，因為 right 沒有更多項目可供比較。這使得 sortedResult 排序結果為 [2, 5, 8, 9]，也就是它需要回傳的已排序 list。每次呼叫 mergeSort() 時都會執行此合併步驟，以產生最終的已排序 list。

當我們執行 mergeSort.py 和 mergeSort.html 程式時，輸出顯示了對 [2, 9, 8, 5, 3, 4, 7, 6] 這個 list 進行排序的過程：

```
.....mergeSort() called on: [2, 9, 8, 5, 3, 4, 7, 6]
................Split into: [2, 9, 8, 5] and [3, 4, 7, 6]
.....mergeSort() called on: [2, 9, 8, 5]
................Split into: [2, 9] and [8, 5]
.....mergeSort() called on: [2, 9]
................Split into: [2] and [9]
.....mergeSort() called on: [2]
.....mergeSort() called on: [9]
The two halves merged into: [2, 9]
.....mergeSort() called on: [8, 5]
................Split into: [8] and [5]
.....mergeSort() called on: [8]
.....mergeSort() called on: [5]
The two halves merged into: [5, 8]
The two halves merged into: [2, 5, 8, 9]
.....mergeSort() called on: [3, 4, 7, 6]
................Split into: [3, 4] and [7, 6]
.....mergeSort() called on: [3, 4]
................Split into: [3] and [4]
.....mergeSort() called on: [3]
.....mergeSort() called on: [4]
```

```
The two halves merged into: [3, 4]
.....mergeSort() called on: [7, 6]
...............Split into: [7] and [6]
.....mergeSort() called on: [7]
.....mergeSort() called on: [6]
The two halves merged into: [6, 7]
The two halves merged into: [3, 4, 6, 7]
The two halves merged into: [2, 3, 4, 5, 6, 7, 8, 9]
[2, 3, 4, 5, 6, 7, 8, 9]
```

從輸出中可以看到，該函數將 [2, 9, 8, 5, 3, 4, 7, 6] 這個 list 切分為 [2, 9, 8, 5] 和 [3, 4, 7, 6 ]，並將它們傳遞給遞迴 mergeSort() 呼叫。第一個 list 進一步分為 [2, 9] 和 [8, 5]。[2, 9] list 再進一步分為 [2] 和 [9]，由於僅有單一值的 list 無法再劃分，代表我們已經達到了基本情況，然後它們會合併成已排序的順序 [2, 9]。此函數接著將 list [8, 5] 分為 [8] 和 [5]，到達基本情況，然後再合併成 [5, 8]。

[2, 9] 和 [5, 8] 這兩個 list 都是已排序的。請記住，mergeSort() 並不是單純將 list 連接起來變成 [2, 9, 5, 8]，這樣並不是按照順序排列。相反的，該函數將它們「合併」到已排序 list [2, 5, 8, 9] 中。等到原始 mergeSort() 呼叫回傳時，它回傳的完整 list 已經完全排序好了。

# 對整數陣列求和

我們已經在第 3 章中介紹過使用「頭尾技巧」對整數陣列求和，在本章中，我們將使用各個擊破的策略。由於加法的結合律（associative property）意味著 1 + 2 + 3 + 4 等同於 (1 + 2) 加 (3 + 4)，因此我們可以將一個大數字陣列分成兩個較小的數字陣列來求和。

這麼做的好處是，對於需要處理的較大資料集，我們可以把子問題分配到不同的電腦上，讓它們一起平行運作，這樣就不用等到陣列的前半部求和完成，才能讓另一台電腦開始執行後半部分求和操作。這是各個擊破技術的一大優勢，因為 CPU 並沒有變得更快，但我們可以讓多個 CPU 同時運作。

關於求和函數的遞迴演算法，讓我們問問三個問題：

➲ **基本情況是什麼？**

包含零個數字的陣列（我們會回傳 0）或是一個數字的陣列（我們會回傳該數字）。

➲ **傳遞給遞迴函數呼叫的引數是什麼？**

數字陣列的左半部或右半部。

➲ **這個引數如何逐漸趨近於基本情況？**

數字陣列的大小每次都會減半，最後變成包含零個或一個數字的陣列。

Python 程式 sumDivConq.py 在 sumDivConq() 函數中實作了數字相加的各個擊破策略：

Python
```
def sumDivConq(numbers):
    if len(numbers) == 0: # BASE CASE
      ❶ return 0
    elif len(numbers) == 1: # BASE CASE
      ❷ return numbers[0]
    else: # RECURSIVE CASE
      ❸ mid = len(numbers) // 2
        leftHalfSum = sumDivConq(numbers[0:mid])
        rightHalfSum = sumDivConq(numbers[mid:len(numbers) + 1])
      ❹ return leftHalfSum + rightHalfSum

nums = [1, 2, 3, 4, 5]
print('The sum of', nums, 'is', sumDivConq(nums))
nums = [5, 2, 4, 8]
print('The sum of', nums, 'is', sumDivConq(nums))
nums = [1, 10, 100, 1000]
print('The sum of', nums, 'is', sumDivConq(nums))
```

以下 sumDivConq.html 程式包含相同效果的 JavaScript 程式碼：

JavaScript
```
<script type="text/javascript">
function sumDivConq(numbers) {
    if (numbers.length === 0) { // BASE CASE
      ❶ return 0;
    } else if (numbers.length === 1) { // BASE CASE
      ❷ return numbers[0];
    } else { // RECURSIVE CASE
      ❸ let mid = Math.floor(numbers.length / 2);
        let leftHalfSum = sumDivConq(numbers.slice(0, mid));
        let rightHalfSum = sumDivConq(numbers.slice(mid, numbers.length + 1));
```

```
        ❹ return leftHalfSum + rightHalfSum;
    }
}

let nums = [1, 2, 3, 4, 5];
document.write('The sum of ' + nums + ' is ' + sumDivConq(nums) + "<br />");
nums = [5, 2, 4, 8];
document.write('The sum of ' + nums + ' is ' + sumDivConq(nums) + "<br />");
nums = [1, 10, 100, 1000];
document.write('The sum of ' + nums + ' is ' + sumDivConq(nums) + "<br />");
</script>
```

該程式的輸出是：

```
The sum of [1, 2, 3, 4, 5] is 15
The sum of [5, 2, 4, 8] is 19
The sum of [1, 10, 100, 1000] is 1111
```

sumDivConq() 函數首先檢查 numbers 陣列中是否有零個或一個數字的情況。這些簡單的基本情況很容易求和，因為它們不需要加法：直接回傳 0 ❶ 或陣列中的唯一數字 ❷。除此之外都算是遞迴情況；陣列的中間索引會被算出 ❸，以便對數字陣列的左半部和右半部個別進行遞迴呼叫。這兩個回傳值的總和成為目前 sumDivConq() 呼叫的回傳值 ❹。

由於加法的關聯性質，沒有理由必須由一台電腦將數字陣列依序相加。我們的程式在同一台電腦上執行所有操作，但對於大型陣列或比加法更複雜的計算，我們的程式可以將一半發送到其他電腦來完成。這個問題可以劃分成相似的子問題，強烈暗示了可以採取遞迴方法。

# Karatsuba 乘法

乘法運算子 * 使乘法在 Python 和 JavaScript 等高階程式語言中變得很簡單，但低階硬體需要一種更原始的運算方法來執行乘法。我們可以只使用加法和迴圈來將兩個整數相乘，例如，在以下 Python 程式碼中計算 5678 * 1234 乘法：

```
>>> x = 5678
>>> y = 1234
>>> product = 0
```

```
>>> for i in range(x):
...     product += y
...
>>> product
7006652
```

但是，此程式碼對於大整數無法有效擴展。「Karatsuba 乘法」是 Anatoly Karatsuba 於 1960 年發現的一種快速遞迴演算法，它可以使用加法、減法以及預先計算所有單位數乘積的乘法表來乘以整數。這個乘法表稱為「查詢表」（lookup table），如圖 5-5 所示。

我們的演算法不需要乘以個位數，因為它只需在表中找到它們。透過使用記憶體來儲存預先計算的值，可以增加記憶體使用量以減少 CPU 執行時間。

| | 0 | 1 | 2 | 3 | 4 | 5 | 6 | 7 | 8 | 9 |
|---|---|---|---|---|---|---|---|---|---|---|
| 0 | 0 | 0 | 0 | 0 | 0 | 0 | 0 | 0 | 0 | 0 |
| 1 | 0 | 1 | 2 | 3 | 4 | 5 | 6 | 7 | 8 | 9 |
| 2 | 0 | 2 | 4 | 6 | 8 | 10 | 12 | 14 | 16 | 18 |
| 3 | 0 | 3 | 6 | 9 | 12 | 15 | 18 | 21 | 24 | 27 |
| 4 | 0 | 4 | 8 | 12 | 16 | 20 | 24 | 28 | 32 | 36 |
| 5 | 0 | 5 | 10 | 15 | 20 | 25 | 30 | 35 | 40 | 45 |
| 6 | 0 | 6 | 12 | 18 | 24 | 30 | 36 | 42 | 48 | 54 |
| 7 | 0 | 7 | 14 | 21 | 28 | 35 | 42 | 49 | 56 | 63 |
| 8 | 0 | 8 | 16 | 24 | 32 | 40 | 48 | 56 | 64 | 72 |
| 9 | 0 | 9 | 18 | 27 | 36 | 45 | 54 | 63 | 72 | 81 |

**圖 5-5：查詢表（例如所有個位數字的乘積表）可以使我們的程式免於重複計算，因為電腦將預先計算的值儲存在記憶體中以供未來檢索。**

我們將用 Python 或 JavaScript 等高階語言實作 Karatsuba 乘法，就好像 * 運算子不存在一樣。我們的 `karasuba()` 函數接受兩個整數引數 `x` 和 `y`，進行相乘運算。Karatsuba 演算法有五個步驟，前三個步驟會將 `x` 和 `y` 分解成較小的整數，然後將它們作為引數傳遞給 `karatsuba()` 函數。當 `x` 和 `y` 引數都是個位數時，就是基本情況，在這種情況下，可以在預先計算的查詢表中找到它們的乘積。

我們也定義了四個變數：a 和 b 分別為 x 的其中一半數字，c 和 d 分別為 y 的其中一半數字，如圖 5-6 所示。假設 x 為 5678、y 為 1234，則 a 為 56，b 為 78，c 為 12，d 為 34。

**圖 5-6：要相乘的整數 x 和 y 被切分成兩半：「a、b」和「c、d」。**

以下是 Karatsuba 演算法的五個步驟：

1. 從乘法查詢表或遞迴呼叫 karatsuba() 中將 a 和 c 相乘。
2. 從乘法查詢表或遞迴呼叫 karatsuba() 中將 b 和 d 相乘。
3. 從乘法查詢表或遞迴呼叫 karatsuba() 中將 a + c 和 b + d 相乘。
4. 計算步驟 3– 步驟 2– 步驟 1。
5. 將步驟 1 和步驟 4 的結果補（pad）零，然後將它們新增至步驟 2。

步驟 5 的結果是 x 和 y 的積。本節稍後將解釋如何用零填充步驟 1 和步驟 4 結果的細節。

讓我們問問關於 karasuba() 函數的三個遞迴演算法問題：

➲ **基本情況是什麼？**

將個位數相乘，可以透過預先計算好的查詢表來完成。

➲ **傳遞給遞迴函數呼叫的引數是什麼？**

從 x 和 y 引數匯出的 a、b、c、d 值。

➲ **這個引數如何逐漸趨近於基本情況？**

由於 a、b、c、d 分別是 x 和 y 數字的一半，而且它們本身用於下一個遞迴呼叫的 x 和 y 引數，因此遞迴呼叫的引數會越來越接近基本情況的個位數需求。

我們的 Karatsuba 乘法在 Python 的實作如以下 karatsubaMultiplication.py 程式：

```
import math

# Create a lookup table of all single-digit multiplication products:
MULT_TABLE = {} ❶
for i in range(10):
    for j in range(10):
        MULT_TABLE[(i, j)] = i * j

def padZeros(numberString, numZeros, insertSide):
    """Return a string padded with zeros on the left or right side."""
    if insertSide == 'left':
        return '0' * numZeros + numberString
    elif insertSide == 'right':
        return numberString + '0' * numZeros

def karatsuba(x, y):
    """Multiply two integers with the Karatsuba algorithm. Note that
    the * operator isn't used anywhere in this function."""
    assert isinstance(x, int), 'x must be an integer'
    assert isinstance(y, int), 'y must be an integer'
    x = str(x)
    y = str(y)

    # At single digits, look up the products in the multiplication table:
    if len(x) == 1 and len(y) == 1: # BASE CASE
        print('Lookup', x, '*', y, '=', MULT_TABLE[(int(x), int(y))])
        return MULT_TABLE[(int(x), int(y))]

    # RECURSIVE CASE
    print('Multiplying', x, '*', y)

    # Pad with prepended zeros so that x and y are the same length:
    if len(x) < len(y): ❷
        # If x is shorter than y, pad x with zeros:
        x = padZeros(x, len(y) - len(x), 'left')
    elif len(y) < len(x):
        # If y is shorter than x, pad y with zeros:
        y = padZeros(y, len(x) - len(y), 'left')
    # At this point, x and y have the same length.

    halfOfDigits = math.floor(len(x) / 2) ❸

    # Split x into halves a & b, split y into halves c & d:
    a = int(x[:halfOfDigits])
    b = int(x[halfOfDigits:])
    c = int(y[:halfOfDigits])
    d = int(y[halfOfDigits:])
```

```
    # Make the recursive calls with these halves:
    step1Result = karatsuba(a, c) ❹ # Step 1: Multiply a & c.
    step2Result = karatsuba(b, d) # Step 2: Multiply b & d.
    step3Result = karatsuba(a + b, c + d) # Step 3: Multiply a + b & c + d.

    # Step 4: Calculate Step 3 - Step 2 - Step 1:
    step4Result = step3Result - step2Result - step1Result ❺

    # Step 5: Pad these numbers, then add them for the return value:
    step1Padding = (len(x) - halfOfDigits) + (len(x) - halfOfDigits)
    step1PaddedNum = int(padZeros(str(step1Result), step1Padding, 'right'))

    step4Padding = (len(x) - halfOfDigits)
    step4PaddedNum = int(padZeros(str(step4Result), step4Padding, 'right'))

    print('Solved', x, 'x', y, '=', step1PaddedNum + step2Result +
step4PaddedNum)

    return step1PaddedNum + step2Result + step4PaddedNum ❻

# Example: 1357 x 2468 = 3349076
print('1357 * 2468 =', karatsuba(1357, 2468))
```

相同效果的 JavaScript 程式如下 karasubaMultiplication.html 中：

```
<script type="text/javascript">

// Create a lookup table of all single-digit multiplication products:
let MULT_TABLE = {}; ❶
for (let i = 0; i < 10; i++) {
    for (let j = 0; j < 10; j++) {
        MULT_TABLE[[i, j]] = i * j;
    }
}

function padZeros(numberString, numZeros, insertSide) {
    // Return a string padded with zeros on the left or right side.
    if (insertSide === "left") {
        return "0".repeat(numZeros) + numberString;
    } else if (insertSide === "right") {
        return numberString + "0".repeat(numZeros);
    }
}

function karatsuba(x, y) {
    // Multiply two integers with the Karatsuba algorithm. Note that
```

```
    // the * operator isn't used anywhere in this function.
    console.assert(Number.isInteger(x), "x must be an integer");
    console.assert(Number.isInteger(y), "y must be an integer");
    x = x.toString();
    y = y.toString();

    // At single digits, look up the products in the multiplication table:
    if ((x.length === 1) && (y.length === 1)) { // BASE CASE
        document.write("Lookup " + x.toString() + " * " + y.toString() + " = "
+
        MULT_TABLE[[parseInt(x), parseInt(y)]] + "<br />");
        return MULT_TABLE[[parseInt(x), parseInt(y)]];
    }

    // RECURSIVE CASE
    document.write("Multiplying " + x.toString() + " * " + y.toString() +
    "<br />");

    // Pad with prepended zeros so that x and y are the same length:
    if (x.length < y.length) { ❷
        // If x is shorter than y, pad x with zeros:
        x = padZeros(x, y.length - x.length, "left");
    } else if (y.length < x.length) {
        // If y is shorter than x, pad y with zeros:
        y = padZeros(y, x.length - y.length, "left");
    }
    // At this point, x and y have the same length.

    let halfOfDigits = Math.floor(x.length / 2); ❸

    // Split x into halves a & b, split y into halves c & d:
    let a = parseInt(x.substring(0, halfOfDigits));
    let b = parseInt(x.substring(halfOfDigits));
    let c = parseInt(y.substring(0, halfOfDigits));
    let d = parseInt(y.substring(halfOfDigits));

    // Make the recursive calls with these halves:
    let step1Result = karatsuba(a, c); ❹ // Step 1: Multiply a & c.
    let step2Result = karatsuba(b, d); // Step 2: Multiply b & d.
    let step3Result = karatsuba(a + b, c + d); // Step 3: Multiply a + b & c + d.

    // Step 4: Calculate Step 3 - Step 2 - Step 1:
    let step4Result = step3Result - step2Result - step1Result; ❺

    // Step 5: Pad these numbers, then add them for the return value:
    let step1Padding = (x.length - halfOfDigits) + (x.length - halfOfDigits);
    let step1PaddedNum = parseInt(padZeros(step1Result.toString(),
```

```
step1Padding, "right"));

    let step4Padding = (x.length - halfOfDigits);
    let step4PaddedNum = parseInt(padZeros((step4Result).toString(),
step4Padding, "right"));

    document.write("Solved " + x + " x " + y + " = " +
    (step1PaddedNum + step2Result + step4PaddedNum).toString() + "<br />");

    return step1PaddedNum + step2Result + step4PaddedNum; ❻
}

// Example: 1357 x 2468 = 3349076
document.write("1357 * 2468 = " + karatsuba(1357, 2468).toString() + "<br
/>");
</script>
```

當你執行此程式碼時，輸出如下所示：

```
Multiplying 1357 * 2468
Multiplying 13 * 24
Lookup 1 * 2 = 2
Lookup 3 * 4 = 12
Lookup 4 * 6 = 24
Solved 13 * 24 = 312
Multiplying 57 * 68
Lookup 5 * 6 = 30
Lookup 7 * 8 = 56
Multiplying 12 * 14
Lookup 1 * 1 = 1
Lookup 2 * 4 = 8
Lookup 3 * 5 = 15
Solved 12 * 14 = 168
Solved 57 * 68 = 3876
Multiplying 70 * 92
Lookup 7 * 9 = 63
Lookup 0 * 2 = 0
Multiplying 7 * 11
Lookup 0 * 1 = 0
Lookup 7 * 1 = 7
Lookup 7 * 2 = 14
Solved 07 * 11 = 77
Solved 70 * 92 = 6440
Solved 1357 * 2468 = 3349076
1357 * 2468 = 3349076
```

該程式的第一部分發生在呼叫 karasuba() 之前。我們的程式需要在 MULT_TABLE 變數 ❶ 中建立乘法查詢表。通常，查詢表會直接在原始程式碼中寫死（hardcoded），從 MULT_TABLE[[0, 0]] = 0 到 MULT_TABLE[[9, 9]] = 81。不過，為了減少輸入量，我們將使用巢狀的 for 迴圈來產生每個乘積。存取 MULT_TABLE[[m, n]] 會得出整數 m 和 n 的乘積。

我們的 karasuba() 函數也依賴一個名為 padZeros() 的輔助函數，該函數會在字串的左側或右側額外補零。這種補零做法是在 Karasuba 演算法的第五步驟中完成的，例如，padZeros("42", 3, "left") 回傳字串 00042，而 padZeros("99", 1, "right") 回傳字串 990。

karatsuba() 函數本身會先檢查基本情況，其中 x 和 y 是個位數字。可以使用查詢表將它們相乘，並立即回傳它們的乘積。其他的狀況都是遞迴情況。

我們需要將 x 和 y 整數轉換為字串並調整它們，使它們包含相同的位元數。如果其中一個數字比另一個短，則會在其左側補零。例如，假設 x 是 13、y 是 2468，我們的函數會呼叫 padZeros()，x 就可以置換為 0013。這是必需的，因為我們隨後建立 a、b、c、d 變數，每個變數都包含 x 和 y 的一半位數 ❷。a 和 c 變數必須有相同的位數，Karatsuba 演算法才能運作，b 和 d 變數也是如此。

請注意，我們使用除法和無條件捨去（rounding down）來計算 x 的位元數的一半是多少 ❸。這些數學運算與乘法一樣複雜，而且可能沒辦法在我們用來實作 Karatsuba 演算法的低階硬體上運行。在實際實作中，我們可以使用另一個查詢表來找出這些值：HALF_TABLE = [0, 0, 1, 1, 2, 2, 3, 3...]，依此類推。查詢 HALF_TABLE[n] 將計算出 n 的一半，並無條件捨去，這樣，我們的程式就不用每次都進行除法和捨去進位。除了極大的天文數字之外，只需要包含 100 個項目的陣列就可以處理幾乎所有數字了。但我們的程式是為了展示，所以我們只使用 / 運算子和內建的捨去函數（rounding function）。

一旦這些變數設定正確，我們就可以開始進行遞迴函數呼叫 ❹。前三個步驟涉及引數 a 和 b、c 和 d 的遞迴呼叫，最後是 a + b 和 c + d。第四步將前三步的結果相減 ❺。第五步將第一步和第四步的結果在右側補零，然後將它們與第二步的結果相加 ❻。

## Karatsuba 演算法背後的代數

這些步驟可能看起來很神奇，所以讓我們深入研究一下代數，看看它們為何有效。我們以 1,357 作為 x、2,468 作為 y，這是兩個要相乘的整數。同時也考慮一個新變數 n，表示 x 或 y 的位數。由於 a 是 13，b 是 57，我們可以將原始 x 計算為 $10^{n/2} \times a + b$，即 $10^2 \times 13 + 57$ 或 1,300 + 57，或 1,357。同樣地，y 與 $10^{n/2} \times c + d$ 相同。

這表示 x × y 的乘積 = $(10^{n/2} \times a + b) \times (10^{n/2} \times c + d)$。透過一些代數運算，我們可以將這個方程式改寫為 $x \times y = 10^n \times ac + 10^{n/2} \times (ad + bc) + bd$。對於我們的範例數字，這表示 1,357 × 2,468 = 10,000 × (13 × 24) + 100 × (13 × 68 + 57 × 24) + (57 × 68)。此等式兩邊的計算結果均為 3,349,076。

我們將 xy 的乘法分解為 ac、ad、bc 和 bd 的乘法。這構成了遞迴函數的基礎：用較小數字的乘法（記住，a、b、c 和 d 是 x 或 y 的數字的一半位數）來定義 x 和 y 的乘法，就會接近基本情況的個位數乘法。我們可以使用查詢表執行「個位數的乘法」，這樣就不用實際進行乘法運算。

所以，我們需要遞迴計算 ac（Karatsuba 演算法的第一步）和 bd（第二步）。第三步還需要計算 (a + b)(c + d)，可以改寫為 ac + ad + bc + bd。我們已經從前兩步中得到了 ac 和 bd，因此減去它們就得到了 ad + bc。這表示我們只需要一次乘法（和一次遞迴呼叫）來計算 (a + b)(c + d)，而不是進行兩次乘法來計算 ad + bc。我們原始方程式的 $10^{n/2} \times (ad + bc)$ 部分需要 ad + bc 。

乘以 10 的 $10^n$ 和 $10^{n/2}$ 次方，可以透過補零來完成：例如，10,000 × 123 是 1,230,000（在 123 後面補四個 0），因此，不需要對這些乘法進行遞迴呼叫。最後，x × y 的乘法可以分解為用三個遞迴呼叫來乘以三個較小的乘積：`karatsuba(a, c)`、`karatsuba(b, d)` 和 `karatsuba((a + b), (c + d))`。

透過仔細研究本節，你可以了解 Karatsuba 演算法背後的代數。我無法理解的是，Anatoly Karatsuba，不過是名年僅 23 歲的學生，究竟是怎麼在不到一週的時間內設計出這個演算法的。

# 結論

將問題分為較小的自相似問題是遞迴的核心，使得這些各個擊破的演算法特別適合遞迴技術。在本章中，我們建立了第 3 章程式的各個擊破版本，用於對陣列中的數字求和，該版本的其中一個好處是，將問題劃分為多個子問題後，可以將子問題分配給其他電腦平行處理。

二元搜尋演算法透過重複將搜尋範圍縮小一半來搜尋已排序的陣列。線性搜尋是從開頭開始搜尋並搜索整個陣列，而二元搜尋則是利用陣列的排序順序來瞄準它正在尋找的目標。因此，以搜尋效能顯著提升的角度來看，為了使用二元搜尋而對未排序的陣列進行排序，是值得這樣做的。

我們在本章中介紹了兩種流行的排序演算法：快速排序和合併排序。快速排序根據 pivot 值將陣列分成兩個分區。然後，演算法遞迴地對這兩個分區進行分區，重複該過程，直到分區的大小僅有單一項目，此時分區及其中的項目已按順序排列。合併排序採用相反的方法，演算法首先將陣列拆分為較小的陣列，然後將較小的陣列合併按順序排序。

最後，我們介紹了 Karatsuba 乘法，這是一種在乘法運算子 * 不可用時執行整數乘法的遞迴演算法。這會出現在不提供內建乘法指令的低階硬體程式設計中。Karatsuba 演算法將兩個整數的乘法分解為三個較小整數的乘法，為了將基本情況的個位數相乘，演算法將 0 × 0 到 9 × 9 之間的每個乘積儲存在查詢表中。

本章中的演算法，是資訊科學系所大一新生修習的資料結構和演算法課程的一部分。在下一章中，我們將繼續研究其他演算法計算最重要的部分：計算排列和組合的演算法。

# 延伸閱讀

YouTube 的 Computerphile 頻道有關於快速排序的影片（網址：https://youtu.be/XE4VP_8Y0BU），以及關於合併排序的影片（網址：https://youtu.be/kgBjXUE_Nwc）。如果你想要更全面的課程，免費的「Algorithmic Toolbox」線上課程涵蓋了許多大一資料結構和演算法課程的相同主題，包括二元搜尋、快速排序和合併排序，你可以在 https://www.coursera.org/learn/algorithmic-toolbox 註冊這個 Coursera 課程。

在大 O 演算法分析課程中，排序演算法經常被相互比較，你可以在我的書《*Beyond the Basic Stuff withPython*》（No Starch Press, 2020）的第 13 章中閱讀到這些內容，參閱線上閱讀本章的連結：https://inventwithpython.com/beyond。Python 開發人員 Ned Batchelder，在 2018 年 PyCon 演說中描述了 Big O 以及「程式碼如何隨著資料成長而變慢」，同名影片網址為：https://youtu.be/duvZ-2UK0fc。

各個擊破演算法很有用，因為它們通常可以在多台電腦上平行執行。Guy Steele Jr. 就此主題發表了名為「Four Solutions to a Trivial Problem（小問題的四種解決方案）」的 Google TechTalk 演講，你可以在 https://youtu.be/ftcIcn8AmSY 觀看這個內容。

Tim Roughgarden 教授為史丹佛大學製作了有關 Karatsuba 乘法的教學影片，網址為 https://youtu.be/JCbZayFr9RE。

為了幫助你理解快速排序和合併排序，請取得一幅撲克牌或簡單地在索引卡上寫下數字，然後根據這兩種演算法的規則練習手動排序。這種離線方法可以幫助你記住快速排序的「pivot 和分區」以及合併排序的「分治」法。

# 練習題

透過回答以下問題來測試你的理解能力：

1. 與第 3 章的頭尾求和演算法相比，本章的各個擊破求和演算法有何好處？
2. 如果書架上的 50 本書進行二元搜尋需要 6 步，那麼找尋兩倍數量的圖書需要多少步？
3. 二元搜尋演算法可以搜尋未排序的陣列嗎？
4. 分區和排序是一樣的嗎？
5. 快速排序的分區步驟會發生什麼事？
6. 快速排序中的 pivot 值是多少？
7. 快速排序的基本情況是什麼？
8. `quicksort()` 函數有多少次遞迴呼叫？
9. 陣列 `[0, 3, 1, 2, 5, 4, 7, 6]` 為何沒有以 pivot 值為 `4` 進行正確分區？
10. 合併排序的基本情況是什麼？
11. `mergeSort()` 函數有多少次遞迴呼叫？
12. 合併排序演算法將陣列 `[12, 37, 38, 41, 99]` 和 `[2, 4, 14, 42]` 進行排序時，結果陣列為何？
13. 何謂查詢表？
14. 在整數 x 和 y 相乘的 Karatsuba 演算法中，a、b、c 和 d 變數儲存什麼？
15. 關於本章所介紹的每一種遞迴演算法，請回答遞迴解法的三個問題：
    (a) 基本情況是什麼？
    (b) 傳遞給遞迴函數呼叫的引數是什麼？
    (c) 這個引數如何逐漸趨近於基本情況？

然後重新建立本章中的遞迴演算法，不要查看原始程式碼。

# 練習專案

請練習為以下每個任務編寫一個函數：

1. 建立 `karatsuba()` 函數的一個版本，其中該函數具有從 0 × 0 到 999 × 999 的乘積乘法查詢表（不是 0 × 0 到 9 × 9）。粗略估計計算 `karatsuba(12345678, 87654321)` 10,000 次，比較使用這個更大的查詢表與原始查詢表所需的時間。如果仍然執行得太快而無法測量的話，請將迭代次數增加到 100,000、1,000,000 或更多次（提示：對於此計時測試，你應該刪除或註解掉 `karatsuba()` 函數內的 `print()` 和 `document.write()` 呼叫）。
2. 建立一個函數，對大型整數陣列執行 10,000 次線性搜尋。粗略估計這需要多長時間，如果程式執行得太快，請將迭代次數增加到 100,000 或 1,000,000 次。將此與第二個函數在執行相同數量的二元搜尋之前對陣列進行一次排序所需的時間進行比較。

# 6

# 排列組合

涉及「排列」（permutation）和「組合」（combination）的問題，特別適用於遞迴。這些在「集合論」（set theory）中很常見，集合論是數學邏輯的一個分支，用來處理物件集合的選擇、排列和操作。

在短期記憶中處理小集合很簡單。我們可以輕鬆地想出每一個可能的順序（即「排列」）或一組三、四個物件的組合。在更大的集合中排序和組合項目需要相同的處理程序，但很快就會變成人類大腦不可能完成的任務。此時，當我們向集合新增更多物件時，引進電腦來處理組合爆炸（combinatorial explosion）就變得切實可行了。

從本質上來說，計算大群的排列和組合涉及了計算較小群的排列和組合。這使得這些計算適用於遞迴。在本章中，我們將研究用於產生字串中所有可能字元排列和組合的遞迴演算法，並對此進行擴展，以產生對稱括號的所有可能組合（左括號的順序與右括號正確配對）。最後，我們將計算集合的冪集（power set）——即某個集合中所有可能子集合的集合。

本章中的許多遞迴函數都有一個名為 indent 的引數。實際的遞迴演算法不使用它，反而是用於偵錯輸出（debugging output），以便你查看哪個層級的遞迴產生了輸出。在每次遞迴呼叫時，縮排都會增加一個空格，並在偵錯輸出中呈現為句點，以便輕鬆計算縮排層級。

# 集合論的術語

本章沒有像數學或電腦科學教科書那樣完整地涵蓋集合論，但它涵蓋的內容足以證明從解釋該學科的基本術語開始是合理的，因為這樣做將使本章後面的內容更容易理解。「集合」（set）是唯一物件的集合，稱為「元素」（element）或「成員」（member）。例如，字母 A、B 和 C 形成一組三個字母的集合。在數學（以及 Python 程式碼語法）中，集合寫在大括號內，物件之間用逗號分隔：{A, B, C}。

對一個集合來說，順序並不重要；集合 {A,B,C} 與 {C,B,A} 是相同的集合。集合具有不同的元素，這表示沒有重複項：{A, C, A, B} 中有重複的 A，因此不是集合。

如果一個集合僅包含另一個集合的成員，則該集合是另一個集合的「子集合」（subset）。例如，{A, C} 和 {B, C} 都是 {A, B, C} 的子集合，但 {A, C, D} 不是它的子集合。相反的，{A, B, C} 是 {A, C} 和 {B, C} 的「超集合」（superset），因為它包含它們的所有元素。「空集合」（empty set）{ } 是不包含任何成員的集合，它被視為每個可能集合的子集合。

子集合也可以包含另一個集合的所有元素。例如，{A, B, C} 是 {A, B, C} 的子集合。但「真子集合」（proper subset）或「嚴格子集合」（strict subset）是不包含集合所有元素的子集合。沒有集合是其自身的真子集合：因此 {A, B, C} 是 {A, B, C} 的子集合，但不是 {A, B, C} 的真子集合。所有其他子集合都是真子集合。圖 6-1 顯示了集合 {A, B, C} 及其一些子集合的圖形表示。

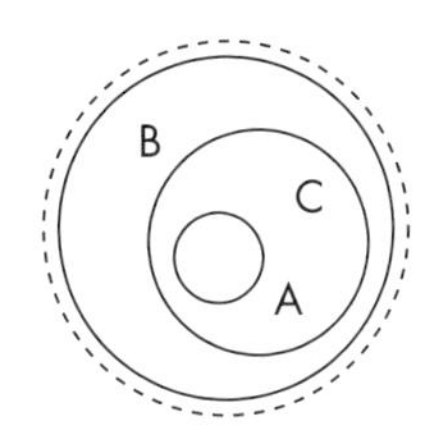


**圖 6-1**：虛線內的集合 {A, B, C} 及其實線內的一些子集合 {A, B, C}、{A, C} 和 { }。圓圈代表集合，字母代表元素。

集合的「排列」（permutation）是集合中所有元素的特定順序。例如，集合 {A, B, C} 有六種排列：ABC、ACB、BAC、BCA、CAB 和 CBA。我們將這些排列稱為「無重複排列」（permutation without repetition）或「無置換排列」（permutation without replacement），因為每個元素在排列中出現的次數不會超過一次。

「組合」（combination）是集合中元素的選擇；更正式一點的說法是，「k- 組合」就是一個集合中 k 個元素的子集合。與排列不同，組合沒有順序，例如，集合 {A, B, C} 的「2- 組合」是 {A, B}、{A, C} 和 {B, C}。集合 {A, B, C} 的「3- 組合」是 {A, B, C}。

術語「n 選 k」（n choose k）是指可以從 n 個元素的集合中選擇的 k 個元素的可能組合（不重複）數量（有些數學家使用「n 選 r」這個術語）。這個概念與元素本身無關，只與元素的數量有關。例如，4 選 2 等於 6，因為有六種方法可以從四個元素（如 {A, B, C, D}）的集合中選取兩個元素：{A, B}、{A, C}、{A, D}、{B, C}、{B, D} 和 {C, D}。同時，3 選 3 等於 1，因為在一組三個元素（如 {A, B, C}）的集合中只有一個「3- 組合」；即 {A, B, C} 本身。「n 選 k」的計算公式為 (n!) / (k! × (n – k)!)。回想一下，n! 是階乘的表示法：5! 是 5 × 4 × 3 × 2 × 1。

術語「n 複選 k」（n multichoose k）指的是可以從 n 個元素的集合中選擇「具有 k 個元素重複」的可能組合數量。由於「k- 組合」是集合，且集合沒有重複元素，因此「k- 組合」沒有重複。當我們使用具有重複元素的 k 組合時，我們將它們稱為「具有重複的 k- 組合」（k-combination with repetition）。

請記住，無論是否有重複，你都可以將「排列」視為集合中所有元素的某種排列，而「組合」則是從集合中無序選擇某些元素。「排列」有順序並使用集合中的所有元素，而「組合」沒有順序並使用集合中任意數量的元素。為了更加充分理解這些術語，表 6-1 顯示了集合 {A, B, C} 的排列和組合（有重複和沒有重複）之間的差異。

表 6-1：集合 {A, B, C} 所有可能的排列和組合（有重複和沒有重複）

| | 排列 | 組合 |
|---|---|---|
| 沒有重複 | ABC, ACB, BAC, BCA, CAB | (None), A, B, C, AB, AC, BC, ABC |
| 有重複 | AAA, AAB, AAC, ABA, ABB, ABC, ACA, ACB, ACC, BAA, BAB, BAC, BBA, BBB, BBC, BCA, BCB, BCC, CAA, CAB, CAC, CBA, CBB, CBC, CCA, CCB, CCC | (None), A, B, C, AA, AB, AC, BB, BC, CC, AAA, AAB, AAC, ABB, ABC, ACC, BBB, BBC, BCC, CCC |

令人驚訝的是，當我們在集合中增加元素時，排列和組合的數量增長得如此之快。這種「組合爆炸」（combinatorial explosion）可由表 6-2 中的公式捕獲，例如，一組 10 個元素的集合有 10! 或 3,628,800 種可能的排列，但一組兩倍數量的元素有 20! 或 2,432,902,008,176,640,000 種排列。

**表 6-2：計算一組 n 個元素的集合可能的排列和組合（有重複與沒重複）數量**

| | Permutations | Combinations |
|---|---|---|
| Without repetition | $n!$ | $2^n$ |
| With repetition | $n^n$ | 2n choose n, or $(2n)! / (n!)^2$ |

請注意，不重複的排列永遠與集合的大小相同。例如，{A, B, C} 的排列總是為三個字母長：ABC、ACB、BAC 等。然而，具有重複的排列可以是任意長度。表 6-1 顯示了從 AAA 到 CCC，{A, B, C} 的三字母排列，但你也可以使用從 AAAAA 到 CCCCC 重複範圍的五字母排列。重複 n 個元素（長度

為 k 個）的排列數為 $n^k$，表 6-2 將其列為 $n^n$，表示具有重複且長度也是 n 個元素的排列。

順序對於排列很重要，但對於組合則不然。雖然 AAB、ABA 和 BAA 被視為具有重複的相同組合，但它們被視為具有重複的三個獨立排列。

## 找到所有不重複的排列：婚禮座位表

想像一下，你必須為一個具有微妙社交要求的婚宴安排座位表。有些賓客互相討厭對方，而有些賓客則要求坐在有影響力的賓客附近。座位安排在長方桌，是排成一列的，而不是一個圓圈。查看每一種可能的賓客順序——不具重複的賓客排列——將有助於你安排座位。不重複是因為每一位賓客只會在座位表上出現一次。

讓我們使用 Alice、Bob 和 Carol 或 {A, B, C} 的簡單範例。圖 6-2 顯示了這三位婚禮嘉賓所有六種可能的排列。

有一種方法可以確定不重複的排列數量，就是使用「頭尾遞迴策略」。我們從集合中選擇一個元素作為頭部，然後得到其餘元素（構成尾部）的每一種排列，並且將頭部放置在每一種排列中每個可能的位置上。

在我們的 ABC 範例中，我們將從 Alice（A）作為頭部開始，Bob 和 Carol（BC）作為尾部。{B,C} 的排列是 BC 和 CB（關於如何得到 BC 和 CB 將在下一段中解釋，所以現在先把這個問題放在一邊）。我們將把 A 放在 BC 中每個可能的位置上。也就是說，將 Alice 放在 Bob 之前（ABC），將 Alice 放在 Bob 和 Carol 之間（BAC），將 Alice 放在 Carol 之後（BCA），這會建立 ABC、BAC 和 BCA 三種排列。我們再將 A 放在 CB 中每個可能的位置，這會建立 ACB、CAB 和 CBA。以上總共建立了六種 Alice、Bob 和 Carol 在接待桌的座位排列。現在，我們可以選擇衝突最少的座位安排（如果你想要有個難忘的婚宴，就選擇最多衝突的座位安排吧）。

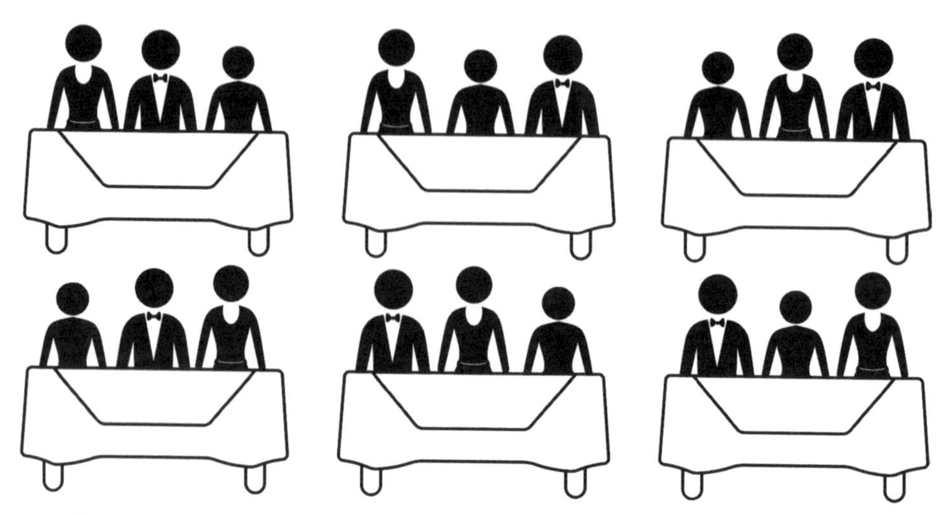

圖 6-2：宴席上三位參加婚禮的賓客所有六種可能的座位排列。

當然，為了得到 {B, C} 的每個排列，我們需要以 B 為頭部、C 為尾部遞迴地重複這個過程。單一字元的排列是字元本身；這是我們的基本情況。透過將頭部 B 放在 C 中每個可能的位置，我們得到了上一段內容中使用的 BC 和 CB 排列。請記住，雖然順序對於集合並不重要（因為 {B, C} 與 {C, B} 相同），但對於排列卻很重要（BC 不是 CB 的重複項）。

我們的遞迴排列函數接受字串作為引數，並回傳一個所有可能排列的字串陣列。讓我們針對此函數的遞迴演算法提出三個問題：

- **基本情況是什麼？**

  單一字串或空字串的引數，它會回傳僅包含該字串的陣列。

- **傳遞給遞迴函數呼叫的引數是什麼？**

  字串引數缺少一個字元。對每個缺失的字元進行單獨的遞迴呼叫。

- **這個引數如何逐漸趨近於基本情況？**

  字串的大小漸漸縮小，最終變成單字元字串。

遞迴排列演算法在 permutations.py 中實作如下：

```
def getPerms(chars, indent=0):
    print('.' * indent + 'Start of getPerms("' + chars + '")')
    if len(chars) == 1: ❶
        # BASE CASE
        print('.' * indent + 'When chars = "' + chars + '" base case returns',
chars)
        return [chars]

    # RECURSIVE CASE
    permutations = []
    head = chars[0] ❷
    tail = chars[1:]
    tailPermutations = getPerms(tail, indent + 1)
    for tailPerm in tailPermutations: ❸
        print('.' * indent + 'When chars =', chars, 'putting head', head, 'in
all places in', tailPerm)
        for i in range(len(tailPerm) + 1): ❹
            newPerm = tailPerm[0:i] + head + tailPerm[i:]
            print('.' * indent + 'New permutation:', newPerm)
            permutations.append(newPerm)
    print('.' * indent + 'When chars =', chars, 'results are', permutations)
    return permutations

print('Permutations of "ABCD":')
print('Results:', ','.join(getPerms('ABCD')))
```

在 permutations.html 中有一個相同效果的 JavaScript 程式：

```
<script type="text/javascript">
function getPerms(chars, indent) {
    if (indent === undefined) {
        indent = 0;
    }
    document.write('.'.repeat(indent) + 'Start of getPerms("' + chars + '")<br
/>');
    if (chars.length === 1) {  ❶
        // BASE CASE
        document.write('.'.repeat(indent) + "When chars = \"" + chars +
        "\" base case returns " + chars + "<br />");
        return [chars];
    }
    // RECURSIVE CASE
    let permutations = [];
    let head = chars[0]; ❷
    let tail = chars.substring(1);
```

```
    let tailPermutations = getPerms(tail, indent + 1);
    for (tailPerm of tailPermutations) { ❸
        document.write('.'.repeat(indent) + "When chars = " + chars +
        " putting head " + head + " in all places in " + tailPerm + "<br />");
        for (let i = 0; i < tailPerm.length + 1; i++) { ❹
            let newPerm = tailPerm.slice(0, i) + head + tailPerm.slice(i);
            document.write('.'.repeat(indent) + "New permutation: " + newPerm
+ "<br />");
            permutations.push(newPerm);
        }
    }
    document.write('.'.repeat(indent) + "When chars = " + chars +
    " results are " + permutations + "<br />");
    return permutations;
}

document.write("<pre>Permutations of \"ABCD\":<br />");
document.write("Results: " + getPerms("ABCD") + "</pre>");
</script>
```

這些程式的輸出如下：

```
Permutations of "ABCD":
Start of getPerms("ABCD")
.Start of getPerms("BCD")
..Start of getPerms("CD")
...Start of getPerms("D")
...When chars = "D" base case returns D
..When chars = CD putting head C in all places in D
..New permutation: CD
..New permutation: DC
..When chars = CD results are ['CD', 'DC']
.When chars = BCD putting head B in all places in CD
.New permutation: BCD
.New permutation: CBD
.New permutation: CDB
.When chars = BCD putting head B in all places in DC
.New permutation: BDC
.New permutation: DBC
.New permutation: DCB
.When chars = BCD results are ['BCD', 'CBD', 'CDB', 'BDC', 'DBC', 'DCB']
--snip--
When chars = ABCD putting head A in all places in DCB
New permutation: ADCB
New permutation: DACB
New permutation: DCAB
New permutation: DCBA
```

```
When chars = ABCD results are ['ABCD', 'BACD', 'BCAD', 'BCDA', 'ACBD', 'CABD',
'CBAD', 'CBDA', 'ACDB','CADB', 'CDAB', 'CDBA', 'ABDC', 'BADC', 'BDAC', 'BDCA',
'ADBC', 'DABC', 'DBAC', 'DBCA', 'ADCB', 'DACB', 'DCAB', 'DCBA']
Results: ABCD,BACD,BCAD,BCDA,ACBD,CABD,CBAD,CBDA,ACDB,CADB,CDAB,CDBA,ABDC,
BADC,BDAC,BDCA,ADBC,DABC,DBAC,DBCA,ADCB,DACB,DCAB,DCBA
```

當呼叫 getPerms() 時，首先它會檢查基本情況 ❶。如果 chars 字串只有一個字元，則它只能有一種排列：也就是 chars 字串本身。該函數以陣列形式回傳該字串。

否則，在遞迴情況下，函數將 chars 引數的第一個字元拆分為 head 變數，其餘字元為 tail 變數 ❷。該函數遞迴呼叫 getPerms() 以取得 tail 中字串的所有排列。第一個 for 迴圈 ❸ 會迭代每個排列，第二個 for 迴圈 ❹ 透過將 head 字元放置在字串中每個可能的位置來建立新的排列。

例如，如果 ABCD 作為 chars 引數呼叫 getPerms()，則 head 為 A，tail 為 BCD。getPerms('BCD') 呼叫回傳尾部排列的陣列，['BCD', 'CBD', 'CDB', 'BDC', 'DBC', 'DCB']。第一個 for 迴圈從 BCD 排列開始，第二個 for 迴圈將 A 字串放在 head 中每個可能的位置，因而產生 ABCD、BACD、BCAD、BCDA。對剩餘的尾部排列重複此操作，然後 getPerms() 函數會回傳整個 list。

# 使用巢狀迴圈來取得排列：一種不太理想的方法

假設我們有一個簡易的自行車鎖，如圖 6-3 所示，是四位數字的組合密碼。該組合有 10,000 種可能的數字排列（0000 到 9999），但只有一種可以解鎖（稱之為「密碼鎖 combination lock」；但是在這種情況下，將它們稱為「帶有重複鎖的排列」會更準確，因為順序很重要）。

現在假設我們有一個更簡單的鎖，只有五個字母 A 到 E。我們可以計算出可能的組合數為 $5^4$，或 5 × 5 × 5 × 5，或 625。在 k 個字元的密碼鎖中，每個字元從一組 n 個可能性中選擇，組合總數是 nk。但取得組合本身的 list 有點複雜。

**圖 6-3**：四位數密碼的自行車鎖有 $10^4$ 種或 10,000 種可能的重複排列（照片由 Shaun Fisher 提供，CC BY 2.0 授權）。

取得重複排列的一種方法是使用「巢狀迴圈」，即一個迴圈巢狀內嵌在另一個迴圈中。內部迴圈走訪集合中的每個元素，而外部迴圈在重複內部迴圈時執行相同的操作。建立所有可能的 k 字元排列（從 n 個可能性的集合中選擇每個字元）需要 k 個巢狀迴圈。

例如，nestedLoopPermutations.py 包含了產生 {A, B, C, D, E} 所有三種組合的程式碼：

*Python*

```python
for a in ['A', 'B', 'C', 'D', 'E']:
    for b in ['A', 'B', 'C', 'D', 'E']:
        for c in ['A', 'B', 'C', 'D', 'E']:
            for d in ['A', 'B', 'C', 'D', 'E']:
                print(a, b, c, d)
```

nestedLoopPermutations.html 包含了相同效果的 JavaScript 程式：

*JavaScript*

```javascript
<script>
for (a of ['A', 'B', 'C', 'D', 'E']) {
    for (b of ['A', 'B', 'C', 'D', 'E']) {
        for (c of ['A', 'B', 'C', 'D', 'E']) {
            for (d of ['A', 'B', 'C', 'D', 'E']) {
                document.write(a + b + c + d + "<br />")
            }
        }
    }
```

```
}
</script>
```

這些程式的輸出如下所示：

```
A A A A
A A A B
A A A C
A A A D
A A A E
A A B A
A A B B
--snip--
E E E C
E E E D
E E E E
```

使用四個巢狀迴圈來產生排列的問題在於，它僅適用於恰好是四個字元的排列。巢狀迴圈無法產生任意長度的排列，因此，我們需要使用遞迴函數，如下一節所述。

你可以透過本章中的範例記住重複排列和不重複排列之間的差異。「不」重複的排列會走訪集合中元素的所有可能順序，就像前面的婚禮賓客座位表範例一樣。「有」重複的排列會走訪密碼鎖的所有可能組合；順序很重要，相同的元素可以出現多次。

## 重複排列：密碼破解

想像一下，你收到來自近日身故記者的一份敏感加密文件。在最後一則訊息中，這名記者表明這份文件裡有一位無良億萬富翁的逃稅記錄，他們沒有解密文件的密碼，但很確定密碼的長度剛好是四個字元，而且可能的字元是數字 2、4、8 以及字母 J、P、B。此外，這些字元可以重覆出現，例如，可能的密碼為 JPB2、JJJJ 和 2442。

要根據這個資訊產生一份所有可能的四字元密碼 list，你需要透過重複集合 { J, P, B, 2, 4, 8} 來取得所有可能的四元素排列。四字元密碼的每一個都可以是六個可能的字元之一，進而產生 6 × 6 × 6 × 6、或 $6^4$ 或 1,296 種可能的排列。我們想要產生 { J, P, B, 2, 4, 8} 的排列，而不是組合，因為順序很重要，JPB2 與 B2JP 是不同的密碼。

讓我們問問關於排列函數的三個遞迴演算法問題。我們將使用更具描述性的名稱 permLength 來代替 k：

### ➲ 基本情況是什麼？

permLength 引數為 0，代表一個長度為零的排列，prefix 引數現在包含完整的排列，因此 prefix 應在陣列中回傳。

### ➲ 傳遞給遞迴函數呼叫的引數是什麼？

用於生成排列字元的 chars 字串、初始長度為 chars 的 permLength 引數、以空白字串開頭的 prefix 引數。遞迴呼叫會遞減 permLength 引數，同時將 chars 中的字元附加到 prefix 引數。

### ➲ 這個引數如何逐漸趨近於基本情況？

最終，permLength 引數遞減至 0。

具有重複的遞迴排列演算法在以下的 permutationsWithRepetition.py 中實作：

```
def getPermsWithRep(chars, permLength=None, prefix=''):
    indent = '.' * len(prefix)
    print(indent + 'Start, args=("' + chars + '", ' + str(permLength) + ', "'
+ prefix + '")')
    if permLength is None:
        permLength = len(chars)

    # BASE CASE
    if (permLength == 0): ❶
        print(indent + 'Base case reached, returning', [prefix])
        return [prefix]

    # RECURSIVE CASE
    # Create a new prefix by adding each character to the current prefix.
    results = []
    print(indent + 'Adding each char to prefix "' + prefix + '".')
    for char in chars:
        newPrefix = prefix + char ❷

        # Decrease permLength by one because we added one character to the
```

```
prefix.
        results.extend(getPermsWithRep (chars, permLength - 1, newPrefix)) ❸
    print(indent + 'Returning', results)
    return results


print('All permutations with repetition of JPB123:')
print(getPermsWithRep('JPB123', 4))
```

permutationsWithRepetition.html 中有相同效果的 JavaScript 程式：

```
<script type="text/javascript">
function getPermsWithRep(chars, permLength, prefix) {
    if (permLength === undefined) {
        permLength = chars.length;
    }
    if (prefix === undefined) {
        prefix = "";
    }
    let indent = ".".repeat(prefix.length);
    document.write(indent + "Start, args=(\"" + chars + "\", " + permLength +
    ", \"" + prefix + "\")<br />");

    // BASE CASE
    if (permLength === 0) { ❶
        document.write(indent + "Base case reached, returning " + [prefix] +
"<br />");
        return [prefix];
    }

    // RECURSIVE CASE
    // Create a new prefix by adding each character to the current prefix.
    let results = [];
    document.write(indent + "Adding each char to prefix \"" + prefix + "\".<br
/>");
    for (char of chars) {
        let newPrefix = prefix + char; ❷

        // Decrease permLength by one because we added one character to the
prefix.
        results = results.concat(getPermsWithRep(chars, permLength - 1,
newPrefix)); ❸
    }
    document.write(indent + "Returning " + results + "<br />");
    return results;
}
```

```
document.write("<pre>All permutations with repetition of JPB123:<br />");
document.write(getPermsWithRep('JPB123', 4) + "</pre>");
</script>
```

這些程式的輸出如下所示：

```
All permutations with repetition of JPB123:
Start, args=("JPB123", 4, "")
Adding each char to prefix "".
.Start, args=("JPB123", 3, "J")
.Adding each char to prefix "J".
..Start, args=("JPB123", 2, "JJ")
..Adding each char to prefix "JJ".
...Start, args=("JPB123", 1, "JJJ")
...Adding each char to prefix "JJJ".
....Start, args=("JPB123", 0, "JJJJ")
....Base case reached, returning ['JJJJ']
....Start, args=("JPB123", 0, "JJJP")
....Base case reached, returning ['JJJP']
--snip--
Returning ['JJJJ', 'JJJP', 'JJJB', 'JJJ1', 'JJJ2', 'JJJ3',
'JJPJ', 'JJPP', 'JJPB', 'JJP1', 'JJP2', 'JJP3', 'JJBJ', 'JJBP',
'JJBB', 'JJB1', 'JJB2', 'JJB3', 'JJ1J', 'JJ1P', 'JJ1B', 'JJ11',
'JJ12', 'JJ13', 'JJ2J', 'JJ2P', 'JJ2B', 'JJ21', 'JJ22', 'JJ23',
'JJ3J', 'JJ3P', 'JJ3B', 'JJ31', 'JJ32', 'JJ33', 'JPJJ',
--snip--
```

getPermsWithRep() 函數有一個 prefix 字串引數，預設以空白字串開頭。呼叫函數時，它首先檢查基本情況❶。如果 permLength（排列的長度）為 0，則回傳帶有 prefix 的陣列。

否則，在遞迴情況下，函數為 chars 引數中的每個字元建立一個新的 prefix❷以傳遞給遞迴 getPerms WithRep() 呼叫。此遞迴呼叫傳遞 permLength - 1 作為 permLength 引數。

permLength 引數從排列的長度開始，每次遞迴呼叫減 1❸。prefix 引數從空白字串開始，每次遞迴呼叫加 1 個字元。因此，當達到 k == 0 的基本情況時，prefix 字串就是 k 的完整排列長度。

例如，讓我們考慮呼叫 getPermsWithRep('ABC', 2) 的情況。prefix 引數預設為空白字串。此函數進行遞迴呼叫，將 ABC 的每個字元連接到空白 prefix 字串作為新 prefix。呼叫 getPermsWithRep('ABC', 2) 會進行以下三個遞迴呼叫：

- `getPermsWithRep('ABC', 1, 'A')`
- `getPermsWithRep('ABC', 1, 'B')`
- `getPermsWithRep('ABC', 1, 'C')`

這三個呼叫中，每一個都會進行自己的三個遞迴呼叫，但會為 `permLength` 傳遞 `0` 而不是 `1`。基本情況發生在 `permLength == 0` 時，因此它們會回傳它們的 prefix。這就是全部九個排列的生成方式。`getPermsWithRep()` 函數以相同的方式產生較大集合的排列。

## 透過遞迴取得 K 組合

回想一下，順序對於組合來說並不像排列那麼重要。然而，產生集合的所有「k- 組合」有點棘手，因為你不希望演算法產生重複項：如果你從集合 {A, B, C} 建立「2- 組合」AB，但不希望也建立了 BA，因為 BA 與 AB 是相同的「2- 組合」。

為了弄清楚如何編寫遞迴程式碼來解決這個問題，讓我們看看樹如何直觀地描述生成集合的所有 k 組合。圖 6-4 顯示了包含集合 {A, B, C, D} 中所有組合的樹。

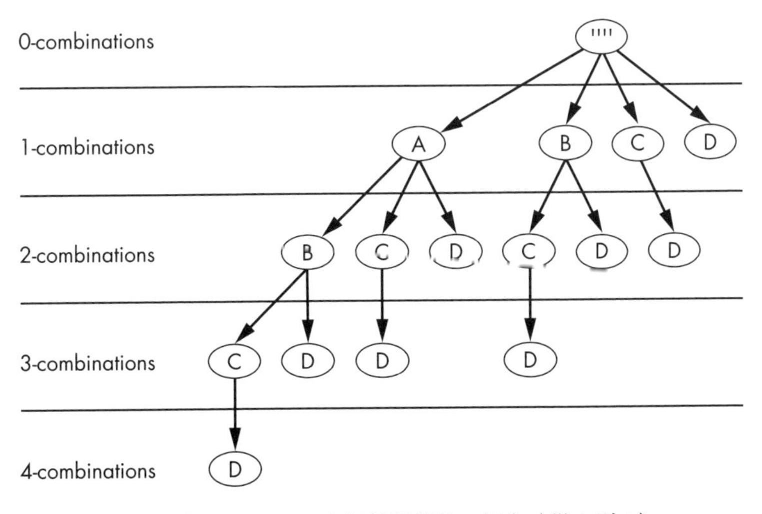


**圖 6-4：樹狀顯示集合 {A, B, C, D} 中每個可能的 k 組合（從 0 到 4）。**

例如，要從這棵樹中收集「3- 組合」，請從最上面的根節點開始，對「3- 組合」層級進行「深度優先樹走訪」，同時記住根節點到底部之間每個節點的字母（深度優先搜尋已在第 4 章中討論過）。我們的第一個「3- 組合」將從根到「1- 組合」層級中的 A，然後向下到「2- 組合」層級中的 B，然後到「3- 組合」層級中的 C，以完整的「3- 組合」ABC 作為結束。下一個組合，我們從根走訪到 A、B、D，得到組合 ABD；再繼續以同樣做法得出 ACD 和 BCD。我們的樹在「3- 組合」層級有四個節點，而 {A、B、C、D} 的四個「3- 組合」為 ABC、ABD、ACD 和 BCD。

請注意，我們是以空白字串作為根節點來建立圖 6-4 中的樹。這代表 0 組合層級，它適用於集合中選擇「0- 組合」的所有組合；它只是一個空字串。根的子節點都是集合中的元素，在我們的例子中，它們就是 {A, B, C, D} 中的所有四個元素。雖然集合本身沒有順序，但在產生這棵樹時，我們需要保持使用集合的 ABCD 順序。這是因為每個節點的子節點都由 ABCD 字串中該節點後面的字母組成：所有 A 節點都有子節點 B、C 和 D；所有 B 節點都有子節點 C 和 D；所有 C 節點都有一個 D 子節點；且所有 D 節點都沒有子節點。

雖然它與遞迴組合函數沒有直接關係，但也要注意每個層級「k- 組合」數量的模式：

- 「0- 組合」和「4- 組合」層級都有一種組合：分別是空字串和 ABCD。
- 「1- 組合」與「3- 組合」層級都有四種組合：分別為 A、B、C、D 和 ABC、ABD、ACD、BCD。
- 中間的「2- 組合」層級最多，有六種組合：AB、AC、AD、BC、BD、CD。

組合數量增加、在中間達到峰值然後減少的原因是，「k- 組合」是彼此的鏡像。例如，「1- 組合」是由未被「3- 組合」選擇的元素所組成的：

- 「1- 組合」A 是「3- 組合」BCD 的鏡像。
- 「1- 組合」B 是「3- 組合」ACD 的鏡像。
- 「1- 組合」C 是「3- 組合」ABD 的鏡像。

- 「1- 組合」D 是「3- 組合」ABC 的鏡像。

我們將建立一個名為 `getCombos()` 的函數，它接受兩個引數：「包含了組合字母的字元字串」及「組合 `k` 的大小」。回傳值是字串 `chars` 的組合字串陣列，每個字串的長度為 `k`。

我們將使用帶有 `chars` 引數的頭尾技巧，例如，假設我們呼叫 `getCombos('ABC', 2)` 來取得 {A, B, C} 中的所有「2- 組合」。此函數將把 `A` 設為頭部，將 `BC` 設為尾部。圖 6-5 顯示了從 {A, B, C} 中選擇「2- 組合」的樹。

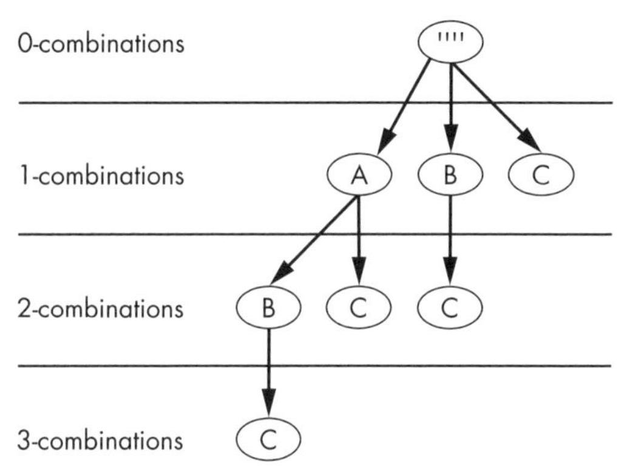


**圖 6-5：樹狀顯示集合 {A, B, C} 中每種可能的「2- 組合」。**

讓我們問問三個遞迴演算法問題：

**➲ 基本情況是什麼？**

第一個基本情況是 `k` 引數為 `0`，這表示要取得「0- 組合」，無論是什麼字元，它永遠是空白字串的陣列。如果 `chars` 是空白字串，則出現第二種情況，這是一個空陣列，因為無法從空白字串進行任何可能的組合。

**➲ 傳遞給遞迴函數呼叫的引數是什麼？**

對於第一次遞迴呼叫，傳遞 `chars` 的尾部和 `k - 1`。對於第二次遞迴呼叫，傳遞 `chars` 的尾部和 `k`。

**➲ 這個引數如何逐漸趨近於基本情況？**

由於遞迴呼叫遞減 k 並從 chars 引數中刪除頭部，因此最終 k 引數遞減到 0 或 chars 引數變為空白字串。

combinations.py 中生成組合的 Python 程式碼：

```python
def getCombos(chars, k, indent=0):
    debugMsg = '.' * indent + "In getCombos('" + chars + "', " + str(k) + ")"
    print(debugMsg + ', start.')
    if k == 0:
        # BASE CASE
        print(debugMsg + " base case returns ['']")
        # If k asks for 0-combinations, return '' as the selection of
        # zero letters from chars.
        return ['']
    elif chars == '':
        # BASE CASE
        print(debugMsg + ' base case returns []')
        return [] # A blank chars has no combinations, no matter what k is.

    # RECURSIVE CASE
    combinations = []
❶   # First part, get the combos that include the head:
    head = chars[:1]
    tail = chars[1:]
    print(debugMsg + " part 1, get combos with head '" + head + "'")
❷   tailCombos = getCombos(tail, k - 1, indent + 1)
    print('.' * indent + "Adding head '" + head + "' to tail combos:")
    for tailCombo in tailCombos:
        print('.' * indent + 'New combination', head + tailCombo)
        combinations.append(head + tailCombo)

❸   # Second part, get the combos that don't include the head:
    print(debugMsg + " part 2, get combos without head '" + head + "')")
❹   combinations.extend(getCombos(tail, k, indent + 1))

    print(debugMsg + ' results are', combinations)
    return combinations

print('2-combinations of "ABC":')
print('Results:', getCombos('ABC', 2))
```

combinations.html 中相同效果的 JavaScript 程式：

```javascript
<script type="text/javascript">
function getCombos(chars, k, indent) {
    if (indent === undefined) {
```

```
        indent = 0;
    }
    let debugMsg = ".".repeat(indent) + "In getCombos('" + chars + "', " + k +
")";
    document.write(debugMsg + ", start.<br />");
    if (k == 0) {
        // BASE CASE
        document.write(debugMsg + " base case returns ['']<br />");
        // If k asks for 0-combinations, return '' as the selection of zero
letters from chars.
        return [""];
    } else if (chars == "") {
        // BASE CASE
        document.write(debugMsg + " base case returns []<br />");
        return []; // A blank chars has no combinations, no matter what k is.
    }

    // RECURSIVE CASE
    let combinations = [];
    // First part, get the combos that include the head: ❶
    let head = chars.slice(0, 1);
    let tail = chars.slice(1, chars.length);
    document.write(debugMsg + " part 1, get combos with head '" + head + "'<br
/>");
    let tailCombos = getCombos(tail, k - 1, indent + 1); ❷
    document.write(".".repeat(indent) + "Adding head '" + head + "' to tail
combos:<br />");
    for (tailCombo of tailCombos) {
        document.write(".".repeat(indent) + "New combination " + head +
tailCombo + "<br />");
        combinations.push(head + tailCombo);
    }
    // Second part, get the combos that don't include the head: ❸
    document.write(debugMsg + " part 2, get combos without head '" + head +
"')<br />");
    combinations = combinations.concat(getCombos(tail, k, indent + 1)); ❹

    document.write(debugMsg + " results are " + combinations + "<br />");
    return combinations;
}

document.write('<pre>2-combinations of "ABC":<br />');
document.write("Results: " + getCombos("ABC", 2) + "<br /></pre>");
</script>
```

這些程式的輸出如下：

```
2-combinations of "ABC":
In getCombos('ABC', 2), start.
In getCombos('ABC', 2) part 1, get combos with head 'A'
.In getCombos('BC', 1), start.
.In getCombos('BC', 1) part 1, get combos with head 'B'
..In getCombos('C', 0), start.
..In getCombos('C', 0) base case returns ['']
.Adding head 'B' to tail combos:
.New combination B
.In getCombos('BC', 1) part 2, get combos without head 'B')
..In getCombos('C', 1), start.
..In getCombos('C', 1) part 1, get combos with head 'C'
...In getCombos('', 0), start.
...In getCombos('', 0) base case returns ['']
..Adding head 'C' to tail combos:
..New combination C
..In getCombos('C', 1) part 2, get combos without head 'C')
...In getCombos('', 1), start.
...In getCombos('', 1) base case returns []
..In getCombos('C', 1) results are ['C']
.In getCombos('BC', 1) results are ['B', 'C']
Adding head 'A' to tail combos:
New combination AB
New combination AC
In getCombos('ABC', 2) part 2, get combos without head 'A')
.In getCombos('BC', 2), start.
.In getCombos('BC', 2) part 1, get combos with head 'B'
..In getCombos('C', 1), start.
..In getCombos('C', 1) part 1, get combos with head 'C'
...In getCombos('', 0), start.
...In getCombos('', 0) base case returns ['']
..Adding head 'C' to tail combos:
..New combination C
..In getCombos('C', 1) part 2, get combos without head 'C')
...In getCombos('', 1), start.
...In getCombos('', 1) base case returns []
..In getCombos('C', 1) results are ['C']
.Adding head 'B' to tail combos:
.New combination BC
.In getCombos('BC', 2) part 2, get combos without head 'B')
..In getCombos('C', 2), start.
..In getCombos('C', 2) part 1, get combos with head 'C'
...In getCombos('', 1), start.
...In getCombos('', 1) base case returns []
..Adding head 'C' to tail combos:
```

```
..In getCombos('C', 2) part 2, get combos without head 'C')
...In getCombos('', 2), start.
...In getCombos('', 2) base case returns []
..In getCombos('C', 2) results are []
.In getCombos('BC', 2) results are ['BC']
In getCombos('ABC', 2) results are ['AB', 'AC', 'BC']
Results: ['AB', 'AC', 'BC']
```

每個 getCombos() 函數呼叫都會對演算法的兩個部分進行兩次遞迴呼叫。對於我們的 getCombos('ABC', 2) 範例，第一部分 ❶ 是取得包含頭部 A 的所有組合。在樹中，這將產生「1- 組合」層級中 A 節點「下」的所有組合。

我們可以將 tail 和 k - 1 傳遞給第一個遞迴函數呼叫來完成此操作：getCombos('BC', 1) ❷。我們將 A 新增至此遞迴函數呼叫回傳的每個組合中。讓我們使用信念飛躍原則，並假設 getCombos() 正確地回傳「k- 組合」的 list ['B', 'C']，即使我們還沒有完成編寫它。現在，我們有了包含頭部 A 的所有「k- 組合」，以陣列形式儲存結果：['AB', 'AC']。

第二部分 ❸ 取得不包含頭部 A 的所有組合。在樹中，這會產生「1- 組合」層級中 A 節點「右側」的所有組合。我們可以透過將 tail 和 k 傳遞給第二個遞迴函數呼叫來完成此操作：getCombos('BC', 2)。這將會回傳 ['BC']，因為 BC 是 BC 的唯一「2- 組合」。

getCombos('ABC', 2) 的兩個遞迴呼叫 ['AB', 'AC'] 和 ['BC'] 的結果連結在一起並回傳 ['AB', 'AC', 'BC'] ❹。getCombos() 函數以相同的方式產生較大集合的組合。

# 取得平衡括號的所有組合

如果每個左括號後面都緊跟著一個右括號，則字串具有「平衡括號」（balanced parentheses）。例如，'()()' 和 '(())' 是兩個成對平衡括號的字串，但 ')(()' 和 '(()' 不是平衡的。這些字串也稱為「Dyck 詞」（Dyck word），以數學家 Walther von Dyck 命名的。

有一個常見的程式實作面試問題是，在給定成對括號數量的情況下，編寫一個產生平衡括號所有可能組合的遞迴函數。例如，getBalancedParens(3)

呼叫應回傳 ['((()))', '(()())', '(())()', '()(())', '()()()']。請注意，呼叫 getBalancedParens(n) 會回傳長度為 2n 個字元的字串，因為每個字串由 n 對括號組成。

我們可以透過尋找成對括號字元的所有排列，來嘗試解決這個問題，只不過這會導致平衡和不平衡的括號字串。即使我們稍後會過濾掉無效字串，n 對括號仍存在著 2n! 個排列數。這個演算法太慢了，完全不實用。

那麼，不如實作一個遞迴函數來產生所有平衡括號的字串。我們的 getBalancedParens() 函數接受成對括號數量的整數，並回傳一個平衡括號字串的 list。該函數透過遞迴呼叫，不斷新增左括號或右括號來建立這些字串，條件是：只在還有剩餘的左括號可用時，才可以新增左括號；而當目前已新增的左括號多於右括號時，才可以新增右括號。

我們將使用名為 openRem 和 closeRem 的函數參數，追蹤剩餘可用的左括號和右括號數量。目前正在建構的字串是另一個名為 current 的函數參數，其用途與 permutationsWithRepetition 程式中的 prefix 參數類似。第一個基本情況發生在 openRem 和 closeRem 均為 0、且沒有更多括號需要新增到目前字串時。第二個基本情況發生在兩個遞迴情況新增左括號和 / 或右括號（如果可能）後收到平衡括號字串 list 之後。

讓我們問問關於 getBalanced Parens() 函數的三個遞迴演算法問題：

- **基本情況是什麼？**

  當要加入正在建構字串的剩餘左括號和右括號的數量達到 0 時。在遞迴情況完成後，總是會出現第二個基本情況。

- **傳遞給遞迴函數呼叫的引數是什麼？**

  成對括號的總數（pairs）、要新增的左括號和右括號的剩餘數量（openRem 和 closeRem）以及目前正在建構的字串（current）。

- **這個引數如何逐漸趨近於基本情況？**

  當我們為 current 新增更多左括號和右括號時，我們將減少 openRem 和 closeRem 引數，直到它們變成 0。

BalancedParentheses.py 檔案包含平衡括號遞迴函數的 Python 程式碼：

```
def getBalancedParens(pairs, openRem=None, closeRem=None, current='',
indent=0):
    if openRem is None: ❶
        openRem = pairs
    if closeRem is None:
        closeRem = pairs

    print('.' * indent, end='')
    print('Start of pairs=' + str(pairs) + ', openRem=' +
    str(openRem) + ', closeRem=' + str(closeRem) + ', current="' + current +
'"')
    if openRem == 0 and closeRem == 0: ❷
        # BASE CASE
        print('.' * indent, end='')
        print('1st base case. Returning ' + str([current]))
        return [current] ❸

    # RECURSIVE CASE
    results = []
    if openRem > 0: ❹
        print('.' * indent, end='')
        print('Adding open parenthesis.')
        results.extend(getBalancedParens(pairs, openRem - 1, closeRem,
        current + '(', indent + 1))
    if closeRem > openRem: ❺
        print('.' * indent, end='')
        print('Adding close parenthesis.')
        results.extend(getBalancedParens(pairs, openRem, closeRem - 1,
        current + ')', indent + 1))

    # BASE CASE
    print('.' * indent, end='')
    print('2nd base case. Returning ' + str(results))
    return results ❻

print('All combinations of 2 balanced parentheses:')
print('Results:', getBalancedParens(2))
```

BalancedParentheses.html 檔案包含與此程式相同效果的 JavaScript：

```
<script type="text/javascript">
function getBalancedParens(pairs, openRem, closeRem, current, indent) {
    if (openRem === undefined) { ❶
        openRem = pairs;
    }
```

```
    if (closeRem === undefined) {
        closeRem = pairs;
    }
    if (current === undefined) {
        current = "";
    }
    if (indent === undefined) {
        indent = 0;
    }

    document.write(".".repeat(indent) + "Start of pairs=" +
    pairs + ", openRem=" + openRem + ", closeRem=" +
    closeRem + ", current=\"" + current + "\"<br />");
    if (openRem === 0 && closeRem === 0) { ❷
        // BASE CASE
        document.write(".".repeat(indent) +
        "1st base case. Returning " + [current] + "<br />");
        return [current]; ❸
    }

    // RECURSIVE CASE
    let results = [];
    if (openRem > 0) { ❹
        document.write(".".repeat(indent) + "Adding open parenthesis.<br />");
        Array.prototype.push.apply(results, getBalancedParens(
        pairs, openRem - 1, closeRem, current + '(', indent + 1));
    }
    if (closeRem > openRem) { ❺
        document.write(".".repeat(indent) + "Adding close parenthesis.<br
/>");
        results = results.concat(getBalancedParens(
        pairs, openRem, closeRem - 1, current + ')', indent + 1));
    }

    // BASE CASE
    document.write(".".repeat(indent) + "2nd base case. Returning " + results
+ "<br />");
    return results; ❻
}

document.write(<pre>"All combinations of 2 balanced parentheses:<br />");
document.write("Results: ", getBalancedParens(2), "</pre>");
</script>
```

這些程式的輸出如下所示：

```
All combinations of 2 balanced parentheses:
Start of pairs=2, openRem=2, closeRem=2, current=""
Adding open parenthesis.
.Start of pairs=2, openRem=1, closeRem=2, current="("
.Adding open parenthesis.
..Start of pairs=2, openRem=0, closeRem=2, current="(("
..Adding close parenthesis.
...Start of pairs=2, openRem=0, closeRem=1, current="(()"
...Adding close parenthesis.
....Start of pairs=2, openRem=0, closeRem=0, current="(())"
....1st base case. Returning ['(())']
...2nd base case. Returning ['(())']
..2nd base case. Returning ['(())']
.Adding close parenthesis.
..Start of pairs=2, openRem=1, closeRem=1, current="()"
..Adding open parenthesis.
...Start of pairs=2, openRem=0, closeRem=1, current="()("
...Adding close parenthesis.
....Start of pairs=2, openRem=0, closeRem=0, current="()()"
....1st base case. Returning ['()()']
...2nd base case. Returning ['()()']
..2nd base case. Returning ['()()']
.2nd base case. Returning ['(())', '()()']
2nd base case. Returning ['(())', '()()']
Results: ['(())', '()()']
```

getBalancedParens() 函數❶在由使用者呼叫時需要一個引數，即成對括號的數量。但是，它需要將引數中的附加資訊傳遞給其遞迴呼叫，其中包括剩餘要增加的左括號數量（openRem）、剩餘要增加的右括號數量（closeRem）以及目前正在建構的平衡括號字串（current）。openRem 和 closeRem 都以與 pairs 引數相同的值開始，而 current 以空白字串開始。indent 引數僅用於偵錯輸出，以顯示程式的遞迴函數呼叫層級。

函數首先檢查剩餘要增加的左括號數量和右括號數量❷。如果兩者都為 0，則我們已經到達第一個基本情況，而且 current 中的字串已完成。由於 getBalancedParens() 函數回傳字串 list，因此我們將 current 放入 list 中並回傳❸。

否則，該函數將繼續執行遞迴情況。如果仍可能有剩餘左括號❹，則函數呼叫 getBalancedParens()，並將左括號新增至目前引數。如果剩餘的右括號多

於左括號 ❺，則函數呼叫 `getBalancedParens()` 並將右括號新增至目前引數。此檢查可確保不會新增不配對的右括號，因為這會造成字串不平衡，例如 ()) 中的第二個右括號即是如此。

在這些遞迴情況之後是無條件的基本情況，它會回傳從兩個遞迴函數呼叫回傳的所有字串（當然，還有這些遞迴函數呼叫進行的遞迴函數呼叫…等等）❻。

## 冪集：找出集合的所有子集合

集合的「冪集」（power set）是指該集合中每個可能子集合的集合。例如，{A, B, C} 的冪集為 {{ }, {A}, {B}, {C}, {A, B}, {A, C}, {B, C}, { A, B, C}}。這相當於一個集合的每個可能「k- 組合」的集合，畢竟 {A, B, C} 的冪集包含所有的 0- 組合、1- 組合、2- 組合和 3- 組合。

如果你想尋找一個「需要產生集合的冪集」的真實案例，那就想像一位求職面試官要求你生成一個集合的冪集吧，因為現實生活中（包括你正在面試的工作）幾乎不可能遇到需要這種操作的情況。

為了找到集合的每個冪集，我們可以重複使用現有的 getCombos() 函數，並使用每個可能的 k 引數重複呼叫它。https://nostarch.com/recursive-book-recursion 上可下載資源檔案中的 powerSetCombinations.py 和 powerSetCombinations.html 程式採用了上述方法。

然而，我們可以使用更有效的方式來產生冪集。我們考慮 {A, B} 的冪集，即 {{A, B}, {A}, {B}, { }}。現在假設我們在集合中添加一個元素 C，想要產生 {A, B, C} 的冪集。我們已經產生了 {A, B} 冪集中的四個集合；此外，我們還有這四個相同的集合，但加入了元素 C：{{A, B, C}, {A, C}, {B, C}, {C}}。表 6-3 顯示了對一個集合新增更多元素如何為其冪集增加更多集合的模式。

表 6-3：冪集如何隨著新元素（粗體）加入冪集而成長

| Set with new element | New sets to the power set | Complete power set |
| --- | --- | --- |
| { } | { } | {{ }} |
| {A} | {A} | {{ }, **{A}**} |
| {A, B} | {B}, {A, B} | {{ }, {A}, **{B}**, **{A, B}**} |
| {A, B, C} | {C}, {A, C}, {B, C}, {A, B, C} | {{ }, {A}, {B}, **{C}**, {A, B}, **{A, C}**, **{B, C}**, **{A, B, C}**} |
| {A, B, C, D} | {D}, {A, D}, {B, D}, {C, D}, {A, B, D}, {A, C, D}, {B, C, D}, {A, B, C, D} | {{ }, {A}, {B}, {C}, **{D}**, {A, B}, {A, C}, **{A, D}**, {B, C}, **{B, D}**, **{C, D}**, {A, B, C}, {A, B, D}, {A, C, D}, **{B, C, D}**, **{A, B, C, D}**} |

較大集合的冪集與較小集合的冪集類似，這暗示我們可以建立一個遞迴函數來產生它們。基本情況是一個空集合，它的冪集是僅包含空集合的集合。我們可以對這個遞迴函數使用頭尾技巧。對於我們新增的每個新元素，我們希望取得尾巴的冪集以新增到我們的完整冪集，也會將頭部元素新增到尾部冪集中的每個集合中。以上這些，共同構成了 chars 引數的完整冪集。

關於我們的冪集演算法，讓我們問問三個遞迴演算法問題：

- **基本情況是什麼？**

  如果 chars 是空白字串（空集合），則函數回傳僅包含空白字串的陣列，因為空集合是空集合的唯一子集合。

- **傳遞給遞迴函數呼叫的引數是什麼？**

  字元尾部被傳遞。

- **這個引數如何逐漸趨近於基本情況？**

  由於遞迴呼叫從 chars 引數中刪除了頭部，因此最終 chars 引數變成空白字串。

getPowerSet() 遞迴函數在 powerSet.py 中的實作如下：

*Python*
```
def getPowerSet(chars, indent=0):
    debugMsg = '.' * indent + 'In getPowerSet("' + chars + '")'
    print(debugMsg + ', start.')

  ❶ if chars == '':
        # BASE CASE
        print(debugMsg + " base case returns ['']")
        return ['']

    # RECURSIVE CASE
    powerSet = []
    head = chars[0]
    tail = chars[1:]

    # First part, get the sets that don't include the head:
    print(debugMsg, "part 1, get sets without head '" + head + "'")
  ❷ tailPowerSet = getPowerSet(tail, indent + 1)

    # Second part, get the sets that include the head:
    print(debugMsg, "part 2, get sets with head '" + head + "'")
    for tailSet in tailPowerSet:
        print(debugMsg, 'New set', head + tailSet)
      ❸ powerSet.append(head + tailSet)

    powerSet = powerSet + tailPowerSet
    print(debugMsg, 'returning', powerSet)
  ❹ return powerSet

print('The power set of ABC:')
print(getPowerSet('ABC'))
```

以下 powerSet.html 具有相同效果的 JavaScript 程式碼：

```
<script type="text/javascript">
function getPowerSet(chars, indent) {
    if (indent === undefined) {
        indent = 0;
    }
    let debugMsg = ".".repeat(indent) + 'In getPowerSet("' + chars + '")';
    document.write(debugMsg + ", start.<br />");

    if (chars == "") { ❶
        // BASE CASE
        document.write(debugMsg + " base case returns ['']<br />");
        return [''];
    }
```

```
    // RECURSIVE CASE
    let powerSet = [];
    let head = chars[0];
    let tail = chars.slice(1, chars.length);

    // First part, get the sets that don't include the head:
    document.write(debugMsg +
    " part 1, get sets without head '" + head + "'<br />");
    let tailPowerSet = getPowerSet(tail, indent + 1); ❷

    // Second part, get the sets that include the head:
    document.write(debugMsg +
    " part 2, get sets with head '" + head + "'<br />");
    for (tailSet of tailPowerSet) {
        document.write(debugMsg + " New set " + head + tailSet + "<br />");
        powerSet.push(head + tailSet); ❸
    }

    powerSet = powerSet.concat(tailPowerSet);
    document.write(debugMsg + " returning " + powerSet + "<br />");
    return powerSet; ❹
}

document.write("<pre>The power set of ABC:<br />")
document.write(getPowerSet("ABC") + "<br /></pre>");
</script>
```

程式輸出以下內容：

```
The power set of ABC:
In getPowerSet("ABC"), start.
In getPowerSet("ABC") part 1, get sets without head 'A'
.In getPowerSet("BC"), start.
.In getPowerSet("BC") part 1, get sets without head 'B'
..In getPowerSet("C"), start.
..In getPowerSet("C") part 1, get sets without head 'C'
...In getPowerSet(""), start.
...In getPowerSet("") base case returns ['']
..In getPowerSet("C") part 2, get sets with head 'C'
..In getPowerSet("C") New set C
..In getPowerSet("C") returning ['C', '']
.In getPowerSet("BC") part 2, get sets with head 'B'
.In getPowerSet("BC") New set BC
.In getPowerSet("BC") New set B
.In getPowerSet("BC") returning ['BC', 'B', 'C', '']
In getPowerSet("ABC") part 2, get sets with head 'A'
```

```
In getPowerSet("ABC") New set ABC
In getPowerSet("ABC") New set AB
In getPowerSet("ABC") New set AC
In getPowerSet("ABC") New set A
In getPowerSet("ABC") returning ['ABC', 'AB', 'AC', 'A', 'BC', 'B', 'C', '']
['ABC', 'AB', 'AC', 'A', 'BC', 'B', 'C', '']
```

getPowerSet() 函數接受一個引數：字串 chars，其中包含原始集合的字元。當 chars 是空白字串 ❶（表示空集合）時，會出現基本情況。回想一下，冪集是原始集合的所有子集合的集合，因此，空集合的冪集只是包含空集合的集合，因為空集合是空集合的唯一子集合。這就是基本情況回傳 [''] 的原因。

遞迴情況分為兩部分。第一部分是取得字元尾端的冪集。我們將使用信念飛躍原則，假設對 getPowerSet() 的呼叫正確回傳尾部的冪集 ❷，即使此時我們仍在編寫 getPowerSet() 的程式碼。

為了形成完整的字元冪集，遞迴情況的第二部分透過將頭部新增到每個尾部冪集 ❸ 來形成新的集合。連同第一部分中的集合，形成要回傳的字元冪集在函數 ❹ 的末尾。

# 結論

「排列」和「組合」是許多程式設計師甚至不知道應該如何開始處理的兩個問題領域。雖然對於常見的程式設計問題來說，遞迴通常是一種過於複雜的解決方案，但它非常適合用來處理本章中任務的複雜性。

本章先簡要介紹了集合論，為我們的遞迴演算法執行的資料結構奠定了基礎。集合是一組不同元素的集合，而子集合則是由一個集合中的所有元素、部分元素組成或甚至沒有元素。雖然集合的元素沒有順序，但排列是集合中元素的特定順序。組合沒有順序，是集合中部分或全部元素的特定選擇。集合的 k- 組合是從集合中選擇 k 個元素的子集合。

排列和組合可以包括僅出現一次的元素，我們稱之為無重複的排列或組合；也可以出現重複的元素，我們稱之為有重複的排列或組合。這兩種排列或組合是透過不同的演算法實作的。

本章也解決了程式實作面試中常用的平衡括號問題。我們的演算法從一個空白字串開始，並新增左括號和右括號來建立平衡括號的字串；這種方法涉及回溯到較早的字串，因而使得遞迴成為一種理想的技術。

最後，本章介紹了用於生成冪集的遞迴函數，即一個集合中所有可能的 k- 組合的集合。我們為此建立的遞迴函數，比起針對每個可能大小的子集合重複呼叫組合函數更有效率得多。

# 延伸閱讀

生成排列和組合，只不過是你在排列組合以及集合論這個數理邏輯領域可以應用的一小部分而已。以下維基百科文章提供了有關這些主題的大量詳細資訊，每個文章中再連結出去的維基百科文章也有許多可參考資訊：

- https://en.wikipedia.org/wiki/Set_theory
- https://en.wikipedia.org/wiki/Combination
- https://en.wikipedia.org/wiki/Permutation

Python 標準函式庫在其 `itertools` 模組中提供了排列、組合和其他演算法的實作，關於此模組的詳細說明請參見 https://docs.python.org/3/library/itertools.html。

統計學和機率數學課程中也涵蓋了排列和組合。可汗學院（Khan Academy）關於計數、排列和組合的單元課程，請參見以下連結：

- https://www.khanacademy.org/math/statistics-probability/counting-permutations-and-combinations

# 練習題

透過回答以下問題來測試你的理解能力：

1. 集合的元素有特定的順序嗎？排列呢？組合呢？
2. 一個包含 n 個元素的集合有多少種排列（不重複）？
3. 一個包含 n 個元素的集合有多少種組合（不重複）？
4. {A, B, C} 是 {A, B, C} 的子集合嗎？
5. 「n 選 k」的計算公式（從 n 個元素的集合中選出 k 個元素的可能組合數）是什麼？
6. 判斷下列哪些是排列或組合，有或沒有重複：
   a. AAA, AAB, AAC, ABA, ABB, ABC, ACA, ACB, ACC, BAA, BAB, BAC, BBA, BBB, BBC, BCA, BCB, BCC, CAA, CAB, CAC, CBA, CBB, CBC, CCA, CCB, CCC
   b. ABC, ACB, BAC, BCA, CAB
   c. (None), A, B, C, AB, AC, BC, ABC
   d. (None), A, B, C, AA, AB, AC, BB, BC, CC, AAA, AAB, AAC, ABB, ABC, ACC, BBB, BBC, BCC, CCC
7. 畫一個樹狀圖，可用來產生集合 {A,B,C,D} 的所有可能組合。
8. 回答本章中每一種遞迴演算法的遞迴解決方案三個問題：：
   (a) 基本情況是什麼？
   (b) 傳遞給遞迴函數呼叫的引數是什麼？
   (c) 這個引數如何逐漸趨近於基本情況？

然後重新建立本章中的遞迴演算法，不要查看原始程式碼。

# 練習專案

請練習為以下任務編寫一個函數：

1. 本章中的置換函數對字串值中的字元進行操作。請修改它，使集合由串列（在 Python 中）或陣列（在 JavaScript 中）表示，而且元素可以是任何資料類型的值。例如，你的新函數應該能夠產生整數值的排列，而不是字串。
2. 本章中的組合函數對字串值中的字元進行操作。請修改它，使集合由串列（在 Python 中）或陣列（在 JavaScript 中）表示，而且元素可以是任何資料類型的值。例如，你的新函數應該能夠產生整數值的組合，而不是字串。

# 7

# 記憶化與動態規劃

在本章中，我們將探討「記憶化」（memoization），一種讓遞迴演算法運作得更快的技術；也會討論什麼是「記憶化」、應該如何應用，以及它在函數式程式設計（functional programming）和動態規劃（dynamic programming）領域的用處。我們將使用第 2 章中的費波那契演算法來示範我們編寫的記憶化程式碼，以及可以在 Python 標準函式庫中找到的記憶化功能，也會了解為什麼記憶化不能應用於每個遞迴函數。

# 記憶化

「記憶化」（memoization）是一種技術，用來記住函數提供給特定引數（argument）的回傳值。例如，如果有人讓我求 720 的平方根（這個數字乘以自身就會得到 720），我就得坐下來幾分鐘（或者呼叫 JavaScript 中的 `Math.sqrt(720)` 或 Python 中的 `math. sqrt(720)`）用紙筆來計算才能得出：26.832815729997478。如果幾秒鐘後他們再問我一次，我不必重複計算，因為我已經有了答案。記憶化透過快取（cache）先前計算的結果，增加了記憶體使用量，進而縮短執行時間。

將「記憶化」（memoization）與「記憶 / 背誦」（memorization）混為一談，是現代多數人所犯的錯誤（你可以做一份備忘錄提醒自己兩者的差異）。

## 由上而下的動態規劃

記憶化是「動態規劃」（dynamic programming）中的一種常見策略，而動態規劃是將大問題分解為重疊子問題的一種電腦程式技術。聽起來很像我們已經見過的普通遞迴，主要差異在於動態規劃使用具有重複遞迴情況的遞迴；而這些就是「重疊」的子問題。

例如，讓我們考慮第 2 章中的遞迴費波那契演算法。進行遞迴 `fibonacci(6)` 函數呼叫，將依序呼叫 `fibonacci(5)` 和 `fibonacci(4)`；接著，`fibonacci(5)` 將會呼叫 `fibonacci(4)` 和 `fibonacci(3)`。費波那契演算法的子問題是重疊的，因為 `fibonacci(4)` 呼叫和許多其他呼叫都是重複的，這使得產生費波那契數成為一個動態規劃問題。

這裡存在效率低下的問題：多次執行相同的計算是不必要的，因為 `fibonacci(4)` 將永遠回傳相同的值，即整數 `3`。相反的，如果遞迴函數的引數是 `4`，我們的程式可以只記住此函數應立即回傳 3。

圖 7-1 顯示了所有遞迴呼叫的樹狀圖，包括可以用記憶化來進行最佳化的冗餘函數呼叫。另一方面，快速排序和合併排序都是遞迴的各個擊破演算法，但它們的子問題並不重疊；它們是獨一無二的。動態規劃技術不適用於這些排序演算法。

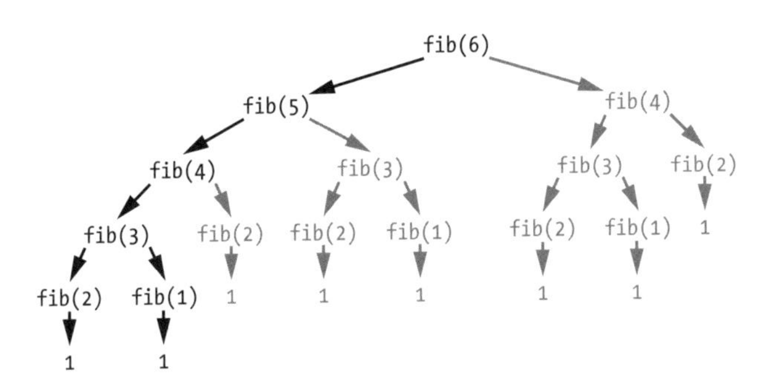


**圖 7-1**：從 fibonacci(6) 開始進行遞迴函數呼叫的樹狀圖。冗餘函數呼叫以灰色表示。

進行動態規劃的其中一種方法是記憶（memoize）遞迴函數，記住先前的計算以供將來的函數呼叫。如果我們可以重複使用先前的回傳值，重疊的子問題就會變得很簡單。

將遞迴與記憶化結合使用稱為「由上而下的動態規劃」（top-down dynamic programming），這個過程會將一個大問題劃分成較小的重疊子問題。另一種對比技術是「由下而上的動態規劃」（bottom-up dynamic programming），它從較小的子問題（通常與基本情況相關）開始，然後「逐步建立」原始大問題的解決方案。迭代費波那契演算法從第一個和第二個費波那契數的基本情況開始，它是由下而上的動態規劃範例；由下而上的方法不使用遞迴函數。

請注意，沒有所謂「由上而下的遞迴」或「由下而上的遞迴」這種東西，這是很常用但並不正確的術語。所有的遞迴本來就是由上而下的了，所以「由上而下的遞迴」說法有點多此一舉；況且，並沒有由下而上的方法會使用遞迴，因此「由下而上的遞迴」並不存在。

## 函數式程式設計中的記憶化

並非所有函數都可以記憶化。要了解箇中原因，我們必須討論「函數式程式設計」（functional programming），這是一種程式設計方法，強調編寫不修改全域變數或任何外部狀態（例如硬碟上的檔案、網際網路連接或資料庫內容）的函數。有一些程式語言，例如 Erlang、Lisp 和 Haskell，大量採用了函數式程式設計的概念進行設計。不過，幾乎任何程式語言都可以應用函數式程式設計的特性，包括 Python 和 JavaScript。

函數式程式設計包括確定性和非確定性函數、副作用和純函數的概念。簡介中提到的 sqrt() 函數是一個「確定性」（deterministic）函數，因為當傳遞相同的引數時，它總是會回傳相同的值。而 Python 的 random.randint() 函數則是「非確定性」（nondeterministic）函數，因為它會回傳隨機整數，即使傳遞相同的引數，它也可能會回傳不同的值。回傳目前時間的 time.time() 函數也是非確定性的，因為時間不斷向前走。

「副作用」（side effect）是指，函數對其自身程式碼和局部變數之外的任何內容所做的任何更改。為了說明這一點，我們建立一個 subtract() 函數來實作 Python 的減法運算子（-）：

Python
```
>>> def subtract(number1, number2):
...     return number1 - number2
...
>>> subtract(123, 987)
-864
```

這個 subtract() 函數沒有副作用，呼叫此函數不會影響程式碼以外的任何內容。我們無法從程式或電腦的狀態判斷 subtract() 函數之前是否被呼叫過一次、兩次或一百萬次。函數可能會修改函數內部的局部變數，但這些變更僅限於函數的內部，並不會影響到程式的其餘部分。

現在考慮一個 addToTotal() 函數，它將數字引數新增到名為 TOTAL 的全域變數中：

Python
```
>>> TOTAL = 0
>>> def addToTotal(amount):
...     global TOTAL
...     TOTAL += amount
...     return TOTAL
...
>>> addToTotal(10)
10
>>> addToTotal(10)
20
>>> TOTAL
```

20

addToTotal() 函數確實有副作用，因為它修改了函數外部存在的元素：TOTAL 全域變數。

副作用可能不僅僅是全域變數的變更，還包括更新或刪除檔案、在螢幕上印出文字、打開資料庫連接、向伺服器進行身分驗證或函數之外的任何其他資料操作。函數呼叫回傳後留下的任何痕跡都是副作用。

如果函數是確定性的而且沒有副作用，則被稱為「純函數」（pure function）。只有純函數應該被記憶化。在接下來的小節中，當我們記憶化遞迴費波那契函數和 doNotMemoize 程式的非純函數（impure function）時，你就會知道原因了。

## 記憶化遞迴費波那契演算法

讓我們記憶化第 2 章中的遞迴費波那契函數。請記住，這個函數的效率非常低：在我的電腦上，遞迴 fibonacci(40) 呼叫需要花上 57.8 秒來計算。另一方面，fibonacci(40) 的迭代版本對於我的程式碼分析器來說實在是太快了：0.000 秒。

記憶化可以大大加快函數的遞迴版本。例如，圖 7-2 顯示了原始 fibonacci() 函數和記憶化的 fibonacci() 函數對前 20 個費波那契數的呼叫次數；原始的非記憶化函數正在執行大量不必要的計算。

原始 fibonacci() 函數（上）的函數呼叫數量急劇增加，但記憶化的 fibonacci() 函數（下）的函數呼叫數量僅緩慢增長。

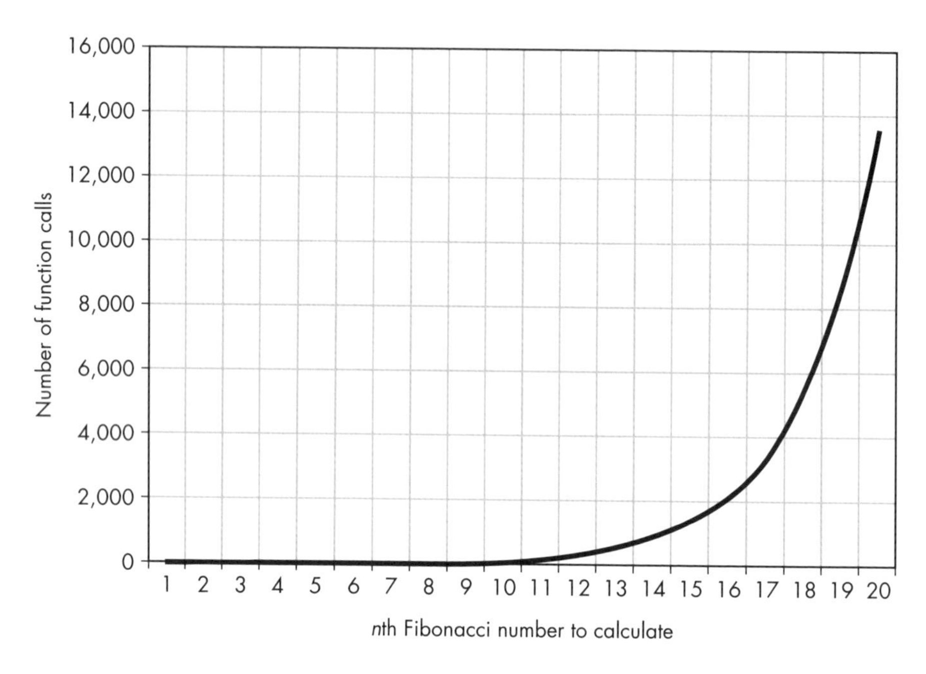


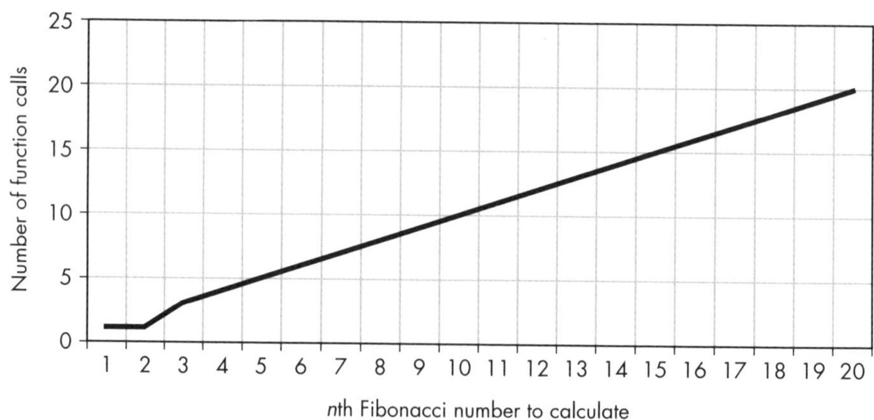


**圖 7-2：原始 fibonacci() 函數（上）的函數呼叫數量急劇增加，但記憶化的 fibonacci() 函數（下）的函數呼叫數量僅緩慢增長。**

記憶化費波那契演算法的 Python 版本位於 fibonacci ByRecursionMemoized.py 中。第 2 章中原始 fibonacciByRecursion.html 程式的新增部分已用粗體標示：

```
fibonacciCache = {} 1 # Create the global cache.

def fibonacci(nthNumber, indent=0):
    global fibonacciCache
    indentation = '.' * indent
    print(indentation + 'fibonacci(%s) called.' % (nthNumber))

    if nthNumber in fibonacciCache:
        # If the value was already cached, return it.
        print(indentation + 'Returning memoized result: %s' %
(fibonacciCache[nthNumber]))
        return fibonacciCache[nthNumber] ❷

    if nthNumber == 1 or nthNumber == 2:
        # BASE CASE
        print(indentation + 'Base case fibonacci(%s) returning 1.' %
(nthNumber))
        fibonacciCache[nthNumber] = 1 3 # Update the cache.
        return 1
    else:
        # RECURSIVE CASE
        print(indentation + 'Calling fibonacci(%s) (nthNumber - 1).' %
(nthNumber - 1))
        result = fibonacci(nthNumber - 1, indent + 1)

        print(indentation + 'Calling fibonacci(%s) (nthNumber - 2).' %
(nthNumber - 2))
        result = result + fibonacci(nthNumber - 2, indent + 1)

        print('Call to fibonacci(%s) returning %s.' % (nthNumber, result))
        fibonacciCache[nthNumber] = result ❹ # Update the cache.
        return result

print(fibonacci(10))
print(fibonacci(10)) ❺
```

記憶費波那契演算法的 JavaScript 版本位於 fibonacciByRecursionMemoized.html 中。第 2 章中原始 fibonacciByRecursion.html 程式的新增部分已用粗體標示：

JavaScript

```
<script type="text/javascript">

❶ let fibonacciCache = {}; // Create the global cache.

function fibonacci(nthNumber, indent) {
    if (indent === undefined) {
```

```
        indent = 0;
    }
    let indentation = '.'.repeat(indent);
    document.write(indentation + "fibonacci(" + nthNumber + ") called.
<br />");

    if (nthNumber in fibonacciCache) {
        // If the value was already cached, return it.
         document.write(indentation +
         "Returning memoized result: " + fibonacciCache[nthNumber] +
"<br />");
      ❷ return fibonacciCache[nthNumber];
    }

    if (nthNumber === 1 || nthNumber === 2) {
        // BASE CASE
        document.write(indentation +
        "Base case fibonacci(" + nthNumber + ") returning 1.<br />");
      ❸ fibonacciCache[nthNumber] = 1; // Update the cache.
        return 1;
    } else {
        // RECURSIVE CASE
        document.write(indentation +
        "Calling fibonacci(" + (nthNumber - 1) + ") (nthNumber - 1).<br />");
        let result = fibonacci(nthNumber - 1, indent + 1);

        document.write(indentation +
        "Calling fibonacci(" + (nthNumber - 2) + ") (nthNumber - 2).<br />");
        result = result + fibonacci(nthNumber - 2, indent + 1);

        document.write(indentation + "Returning " + result + ".<br />");
      ❹ fibonacciCache[nthNumber] = result; // Update the cache.
        return result;
    }
}

document.write("<pre>");
document.write(fibonacci(10) + "<br />");
❺ document.write(fibonacci(10) + "<br />");
document.write("</pre>");
</script>
```

如果將此程式的輸出與第 2 章中的原始遞迴費波那契程式的輸出進行比較，你會發現它簡短得多，這反映出實作相同結果所需的計算量大幅減少：

```
fibonacci(10) called.
```

```
Calling fibonacci(9) (nthNumber - 1).
.fibonacci(9) called.
.Calling fibonacci(8) (nthNumber - 1).
..fibonacci(8) called.
..Calling fibonacci(7) (nthNumber - 1).
--snip--
.......Calling fibonacci(2) (nthNumber - 1).
........fibonacci(2) called.
........Base case fibonacci(2) returning 1.
.......Calling fibonacci(1) (nthNumber - 2).
........fibonacci(1) called.
........Base case fibonacci(1) returning 1.
Call to fibonacci(3) returning 2.
......Calling fibonacci(2) (nthNumber - 2).
.......fibonacci(2) called.
.......Returning memoized result: 1
--snip--
Calling fibonacci(8) (nthNumber - 2).
.fibonacci(8) called.
.Returning memoized result: 21
Call to fibonacci(10) returning 55.
55
fibonacci(10) called.
Returning memoized result: 55
55
```

為了記憶化這個函數，我們將在名為 fibonacciCache ❶的全域變數中建立一個字典（在 Python 中）或物件（在 JavaScript 中）。它的鍵是為 nthNumber 參數傳遞的引數，它的值是 fibonacci() 函數根據該引數所回傳的整數。每個函數呼叫首先檢查其第 nthNumber 引數是否已在快取中。如果是，則回傳快取的回傳值❷，否則，函數將正常運作（儘管它也在函數回傳❸❹之前將結果新增到快取中）。

記憶化函數有效地擴展了費波那契演算法中基本情況的數量。原始基本情況僅適用於第一個和第二個費波那契數：它們立即回傳 1。但每次遞迴情況回傳一個整數時，它都會成為所有未來使用該引數的 fibonacci() 呼叫基本情況。結果已經在 fibonacciCache 中，可以立即回傳。如果你之前已經呼叫過 fibonacci(99) 一次，那麼它就跟 fibonacci(1) 和 fibonacci(2) 一樣成為基本情況。換句話說，記憶化透過增加基本情況的數量來提高具有重疊子問題的遞迴函數效能。請注意，當我們的程式第二次嘗試尋找第十個費波那契數時❺，它立即回傳記憶化的結果：55。

請記住，雖然記憶化可以減少遞迴演算法進行的冗餘函數呼叫數量，但它不一定會減少呼叫堆疊上框架物件的增長。記憶化並不能防止發生堆疊溢出的錯誤，因此要再強調一次，你最好放棄遞迴演算法，而採用更直接的迭代演算法。

## Python 的 functools 模組

若打算對每一個想要記憶化的函數實作快取，你需要新增全域變數和程式碼來管理它，這恐怕會是件十分繁鎖的工作。Python 的標準函式庫有一個 `functools` 模組，其中有一個名為 `@lru_cache()` 的函數裝飾器（decorator），可以自動記憶化它裝飾的函數。在 Python 語法中，可以將 `@lru_cache()` 加到函數的 `def` 敘述句之前的行。

快取可以設定記憶體的大小限制。裝飾器名稱中的「lru」代表「最近最少使用的」（least recently used）快取置換策略，這表示當達到快取限制時，最近最少使用的項目將被新項目取代。儘管還有其他快取置換策略可以滿足不同的軟體要求，但 LRU 演算法簡單且快速。

fibonacciFunctools.py 程式示範了 `@lru _cache()` 裝飾器的使用。第 2 章中原始 fibonacciByRecursion.py 程式的新增部分已以粗體標示：

*Python*
```
import functools

@functools.lru_cache()
def fibonacci(nthNumber):
    print('fibonacci(%s) called.' % (nthNumber))
    if nthNumber == 1 or nthNumber == 2:
        # BASE CASE
        print('Call to fibonacci(%s) returning 1.' % (nthNumber))
        return 1
    else:
        # RECURSIVE CASE
        print('Calling fibonacci(%s) (nthNumber - 1).' % (nthNumber - 1))
        result = fibonacci(nthNumber - 1)

        print('Calling fibonacci(%s) (nthNumber - 2).' % (nthNumber - 2))
        result = result + fibonacci(nthNumber - 2)

        print('Call to fibonacci(%s) returning %s.' % (nthNumber, result))
```

```
        return result

print(fibonacci(99))
```

相較於在 fibonacciByRecursionMemoized.py 中實作我們自己的快取所需增加的部分，使用 Python 的 @lru_cache() 裝飾器要簡單得多。在正常情況下，用遞迴演算法計算 fibonacci(99) 要耗費好幾百年；但有了記憶化，我們的程式就能在幾毫秒內顯示 218922995834555169026 結果。

記憶化對於具有重疊子問題的遞迴函數來說是一種很有用的技術，不過它也可以應用於任何純函數來加快執行時間，但會消耗電腦記憶體。

# 當你記憶化非純函數時會發生什麼事？

你不應該將 @lru_cache 加到非純函數中，因為這表示它們是不確定的或具有副作用。記憶化藉由跳過函數中的程式碼並回傳先前快取的回傳值來節省時間，這對於純函數來說很好，但在非純函數可能會導致各種錯誤。

在非確定性函數中，例如回傳目前時間的函數，記憶化會導致函數回傳不正確的結果。對於具有副作用的函數，例如將文字印到螢幕上，記憶化會導致函數跳過預期的副作用。doNotMemoize.py 程式示範了當 @lru_cache 函數裝飾器（上一節有說明）記憶化這些非純函數時會發生什麼事：

Python
```python
import functools, time, datetime

@functools.lru_cache()
def getCurrentTime():
    # This nondeterministic function returns different values each time
    # it's called.
    return datetime.datetime.now()

@functools.lru_cache()
def printMessage():
    # This function displays a message on the screen as a side effect.
    print('Hello, world!')

print('Getting the current time twice:')
print(getCurrentTime())
print('Waiting two seconds...')
```

```
time.sleep(2)
print(getCurrentTime())

print()

print('Displaying a message twice:')
printMessage()
printMessage()
```

當你執行程式時，輸出如下所示：

```
Getting the current time twice:
2022-07-30 16:25:52.136999
Waiting two seconds...
2022-07-30 16:25:52.136999

Displaying a message twice:
Hello, world!
```

請注意，第二次呼叫 `getCurrentTime()` 回傳的結果與第一次呼叫相同，儘管是隔了兩秒後進行呼叫。`printMessage()` 的兩次呼叫中，只有第一次呼叫會在螢幕上顯示 `Hello, world!` 訊息。

這些 bug 很微妙，因為它們不會導致明顯的當機，而是會導致函數行為不正確。無論你如何記憶化你的函數，請務必要徹底測試它們。

# 結論

記憶化（不是記憶 / 背誦）是一種最佳化技術，它藉由記住相同計算先前的結果來加速具有重疊子問題的遞迴演算法。記憶化是動態規劃領域的常用技術，它以使用更多電腦記憶體來換取更快的執行時間，使一些原本複雜棘手的遞迴函數變得可行。

然而，記憶化並不能防止堆疊溢出的錯誤產生。請記住，記憶化不能取代簡單的迭代解決方案。為了遞迴而使用遞迴的程式碼，並不會比非遞迴程式碼更優雅。

記憶化的函數必須是純粹的，也就是說，它們必須是具確定性的（每次給定相同的引數會回傳相同的值）而且沒有副作用（影響函數外部的電腦或程式的任何內容）。純函數通常用於函數式程式設計，這是一種大量使用遞迴的程式設計方法。

記憶化是透過為每個要記憶化的函數建立一個稱為「快取」的資料結構來進行實作。你可以自己寫這段程式碼，但 Python 有一個內建的 `@functools.lru_cache()` 裝飾器，可以自動記憶它裝飾的函數。

# 延伸閱讀

動態規劃演算法不僅僅是簡單地記憶化函數。這些演算法經常用於程式實作面試和程式設計競賽。Coursera 提供免費的「Dynamic Programming, Greedy Algorithms」課程，參考連結 https://www.coursera.org/learn/dynamic-programming-greedy-algorithms。freeCodeCamp 組織也在他們的平台上提供了一系列有關動態規劃的內容，參考連結 https://www.freecodecamp.org/news/learn-dynamic-programing-to-solve-coding-challenges。

如果你想進一步了解 LRU 快取和其他快取相關函數，functools 模組的官方 Python 文件可在 https://docs.python.org/3/library/functools.html 上找到。有關其他類型快取置換演算法的更多資訊，請參閱維基百科，網址：https://en.wikipedia.org/wiki/Cache_replacement_policies。

# 練習題

透過回答以下問題來測試你的理解能力：

1. 什麼是記憶化？
2. 動態規劃問題與常規遞迴問題有何不同？
3. 函數式程式設計強調什麼？
4. 函數必須具備哪兩個特質才能成為純函數？
5. 回傳目前日期和時間的函數是確定性函數嗎？
6. 記憶化如何提升具有重疊子問題的遞迴函數效能？
7. 將 `@lru_cache()` 函數裝飾器新增至合併排序函數會提高其效能嗎？會或不會的原因為何？
8. 更改函數局部變數的值算不算是副作用的一個例子？
9. 記憶化可以防止堆疊溢出嗎？

# 8

# 尾部呼叫優化

在上一章中，我們介紹了使用記憶化來最佳化遞迴函數。本章則要探討一種稱為「尾部呼叫優化」（tail call optimization）的技術，這是編譯器（compiler）或直譯器（interpreter）為避免堆疊溢出而提供的功能。尾部呼叫優化也稱為「尾部呼叫消除」（tail call elimination）或「尾部遞迴消除」（tail recursion elimination）。

本章旨在解釋尾部呼叫優化，而不是支持這個做法，我甚至建議「千萬不要」使用尾部呼叫優化。正如你將看到的，為了使用尾部呼叫優化而重新排列函數的程式碼，通常會使其更難以理解。你應該將尾部呼叫優化視為一種駭客方案或臨時解決辦法，用在那些本來就不應該用遞迴演算法的情況下，好讓遞迴可以正常運作。請記住，複雜的遞迴解決方案不一定是優雅的解決方案，相反的，它是一種複雜的解決方案。簡單的程式問題應該用簡單的非遞迴方法來解決。

流行程式語言的許多實作甚至「不」提供尾部呼叫優化的功能，其中包括 Python、JavaScript 和 Java 的直譯器和編譯器。即便是這樣，你還是應該要熟悉尾部呼叫優化技術，當你遇到相關的程式碼專案工作時，才知道如何處理。

# 尾部遞迴和尾部呼叫優化如何運作

要利用尾部呼叫優化，函數必須使用「尾部遞迴」（tail recursion）。在尾部遞迴中，遞迴函數呼叫是遞迴函數的最後一個動作。在程式碼中，這看起來像是回傳遞迴呼叫結果的回傳敘述句。

要查看實際情況，請回想一下第 2 章中的 FactorialByRecursion.py 和 FactorialBy Recursion.html 程式，這些程式計算整數的階乘，例如，5! 等於 5 × 4 × 3 × 2 × 1，或 120。這些計算可以遞迴地執行，因為 `Factorial(n)` 等於 `n * Factorial(n - 1)`，其中 `n == 1` 的基本情況會回傳 `1`。

讓我們重寫這些程式以使用尾部遞迴。以下的 factorialTailCall.py 程式有一個使用尾部遞迴的 `factorial()` 函數：

Python
```python
def factorial(number, accum=1):
    if number == 1:
        # BASE CASE
        return accum
    else:
        # RECURSIVE CASE
        return factorial(number - 1, accum * number)

print(factorial(5))
```

請注意，`factorial()` 函數的遞迴情況以 `return` 敘述句結束，該敘述句回傳對 `Factorial()` 遞迴呼叫的結果。為了允許直譯器或編譯器實作尾部呼叫優化，遞迴函數執行的最後一個操作必須是回傳遞迴呼叫的結果。在進行遞迴呼叫和回傳敘述句之間不能出現任何指令。基本情況會回傳 `accum` 參數，這是累加器（accumulator），下一節會解釋說明。

要了解尾部呼叫優化的運作原理，請回想第 1 章中呼叫函數時發生的情況。首先，建立一個「框架物件」並將其儲存在呼叫堆疊上，如果這個函數呼叫，呼叫了另一個函數，則會建立另一個框架物件並將其放置在呼叫堆疊上第一個框架物件的上面。當函數回傳時，程式會自動從堆疊頂部刪除這個框架物件。

當過多的函數呼叫沒有回傳時，就會發生堆疊溢出，導致框架物件的數量超過呼叫堆疊的容量。對 Python 來說，這個容量是 1,000 個函數呼叫，對於 JavaScript 程式，這個容量大約是 10,000 個。雖然這些數量對於一般情況的程式來說綽綽有餘，但遞迴演算法可能會超出此限制並導致堆疊溢出，進而造成程式當機。

回想一下第 2 章內容，一個框架物件儲存了「函數呼叫中的局部變數」以及「函數完成時要回傳指令的回傳位址」。但是，如果函數遞迴情況下的最後一個操作是回傳遞迴函數呼叫的結果，則無需保留局部變數。該函數在遞迴呼叫後不執行任何涉及局部變數的操作，因此可以立即刪除目前的框架物件。下一個框架物件的回傳位址資訊，會跟已刪除的舊框架物件的回傳位址相同。

由於目前框架物件被刪除而不是保留在呼叫堆疊上，因此呼叫堆疊的大小永遠不會增長，也永遠不會導致堆疊溢出！

回想第一章，所有遞迴演算法都可以用堆疊和迴圈來實作。由於尾部呼叫優化消除了對呼叫堆疊的需要，因此我們可以有效地使用遞迴來模擬迴圈的迭代程式碼。然而，在本書前面我有說過，適合遞迴解決方案的問題涉及樹狀資料結構和回溯。如果沒有呼叫堆疊，尾部遞迴函數就不可能執行任何回溯工作。在我看來，每一種可以用尾部遞迴實作的演算法，改用迴圈實作會比較容易理解也更容易閱讀。只為了使用遞迴而使用遞迴，並不會讓程式變得更優雅。

# 尾部遞迴中的累加器

尾部遞迴的缺點是，它需要重新排列遞迴函數，才能讓最後一個操作回傳遞迴呼叫的回傳值，不過這會使我們的遞迴程式碼更加難以閱讀。事實上，本章的 factorialTailCall.py 和 factorialTailCall.html 程式中的 `factorial()` 函數，比第 2 章的 factorialByRecursion.py 和 factorialByRecursion.html 程式中的版本更難理解。

在尾部呼叫 Factorial() 函數的情況下，進行遞迴函數呼叫時，計算出的乘積後面會出現一個名為 Accum 的新參數，稱為「累加器」（accumulator）參數，它追蹤計算的部分結果，否則這些結果將儲存在局部變數中。並非所有尾部遞迴函數都使用累加器，但它們可以作為尾部遞迴在最終遞迴呼叫後無法使用局部變數的解決方法。請注意，在 factorialByRecursion.py 的 factorial() 函數中，「遞迴情況」是 return number * Factorial(number - 1)，乘法發生在 factorial(number - 1) 遞迴呼叫之後。accum 累加器取代了 number 局部變數。

此外也要注意，factorial() 的基本情況不再回傳 1；相反的，它會回傳 accum 累加器。當使用 number == 1 呼叫 factorial() 並達到基本情況時，accum 會儲存要回傳的最終結果。調整程式碼以使用尾部呼叫優化，通常會涉及更改基本情況以回傳累加器的值。

你可以將 factorial(5) 函數呼叫視為轉換成以下的 return，如圖 8-1 所示。

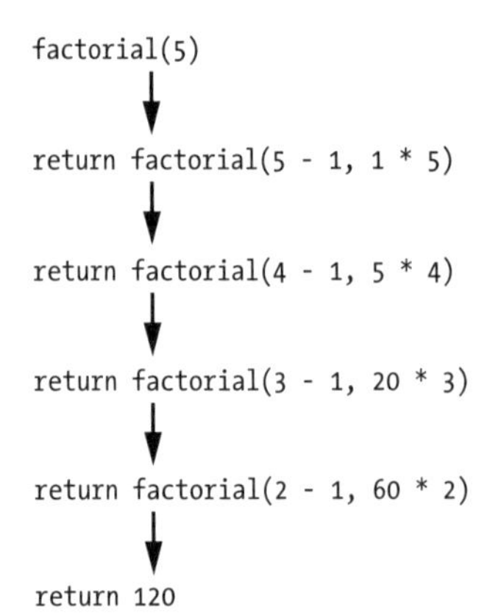


**圖 8-1**：factorial(5) 到整數 120 的變換過程。

將遞迴呼叫重新安排為函數中的最後一個操作並增加累加器，可能會使你的程式碼比典型的遞迴程式碼更難理解。但這並不是尾部遞迴的唯一缺點，我們將在下一節中看到。

## 尾部遞迴的局限性

尾部遞迴函數需要重新排列其程式碼，以使其適合編譯器或直譯器的尾部呼叫優化功能。然而，並非所有編譯器和直譯器都提供尾部呼叫優化的功能。值得注意的是，CPython（從 https://python.org 下載的 Python 直譯器）並沒有實作尾部呼叫優化。即使你將遞迴呼叫作為最後一個操作來編寫遞迴函數，在進行夠多的函數呼叫後，它仍然會導致堆疊溢出。

不僅如此，CPython 可能永遠不會將尾部呼叫優化作為一項功能。Python 程式語言的建立者 Guido van Rossum 解釋說，尾部呼叫優化會使程式更難偵錯。由於尾部呼叫優化從呼叫堆疊中刪除框架物件，進而刪除了框架物件可以提供的偵錯資訊。他還指出，一旦實作了尾部呼叫優化，Python 程式設計師會開始編寫依賴該功能的程式碼，而且他們的程式碼將無法在未實作尾部呼叫優化的非 CPython 直譯器上執行。

最後，我也認同，van Rossum 不同意「遞迴是日常程式設計很重要的部分」這個觀點。電腦科學家和數學家往往將遞迴推向「神壇」，但尾部呼叫優化只不過是一種暫時性的解決方案，為了使某些遞迴演算法真正可行，不會因為堆疊溢出而當掉。

雖然 CPython 不具有尾部呼叫優化功能，但並不表示實作 Python 語言的其他編譯器或解譯器不能進行尾部呼叫優化。除非尾部呼叫優化很明確是程式語言規範中的一部分，否則它就不是程式語言的功能，而是程式語言的獨立編譯器或直譯器功能。

缺乏尾部呼叫優化並不是只出現在 Python，Java 從版本 8 開始，編譯器也不支援尾部呼叫優化了。尾部呼叫優化是 ECMAScript 6 版本的 JavaScript 一部分；然而截至 2022 年，只有 Safari 網頁瀏覽器的 JavaScript 實作真正支援它。要確定你的程式語言編譯器或直譯器是否實作此功能，一種方法是編寫尾部遞迴階乘函數並嘗試計算 100,000 的階乘。如果程式當掉了，表示不會實作尾部呼叫優化。

就我個人而言，我的立場是永遠「不」應該使用尾部遞迴技術。如第 2 章所述，任何遞迴演算法都可以用迴圈和堆疊來實作。尾部呼叫優化透過有效地消除呼叫堆疊的使用來防止堆疊溢出，因此，所有尾部遞迴演算法都可以單獨用一個迴圈來實作。由於迴圈的程式碼比遞迴函數簡單得多，所以只要可以使用尾部呼叫優化，就應該使用迴圈。

此外，即使實作了尾部呼叫優化，也有潛在的問題。由於只有當函數的最後一個操作回傳遞迴呼叫的回傳值時才可能進行尾部遞迴，因此，對於需要兩次或多次遞迴呼叫的演算法來說，不可能進行尾部遞迴。例如，費波那契數列演算法呼叫 `fibonacci(n - 1)` 和 `fibonacci(n - 2)`。雖然可以對後面的遞迴呼叫執行尾部呼叫優化，但如果引數太大，第一個遞迴呼叫還是會造成堆疊溢出。

# 尾部遞迴的案例研究

讓我們檢查一下本書前面示範的一些遞迴函數，看看它們是否適合尾部遞迴。切記，由於 Python 和 JavaScript 實際上並未實作尾部呼叫優化，因此這些尾部遞迴函數仍然會導致堆疊溢出錯誤產生，這些案例研究僅用於示範。

## 尾部遞迴反轉字串

第一個例子是我們在第 3 章中寫的反轉字串程式。這個尾部遞迴函數的 Python 程式碼在 reverseStringTailCall.py 中，如下：

*Python*

```
❶ def rev(theString, accum=''):
      if len(theString) == 0:
          # BASE CASE
        ❷ return accum
      else:
          # RECURSIVE CASE
          head = theString[0]
          tail = theString[1:]
        ❸ return rev(tail, head + accum)

text = 'abcdef'
print('The reverse of ' + text + ' is ' + rev(text))
```

reverseStringTailCall.html 中相同效果的 JavaScript 如下：

*JavaScript*

```
<script type="text/javascript">
❶ function rev(theString, accum='') {
    if (theString.length === 0) {
        // BASE CASE
      ❷ return accum;
    } else {
        // RECURSIVE CASE
        let head = theString[0];
        let tail = theString.substring(1, theString.length);
      ❸ return rev(tail, head + accum);
    }
}

let text = "abcdef";
document.write("The reverse of " + text + " is " + rev(text) + "<br />");
</script>
```

對 reverseString.py 和 reverseString.html 中原始遞迴函數的轉換涉及添加一個累加器參數，這個累加器名為 `accum`，如果沒有為其傳遞引數，則預設為空白字串 ❶。同時我們將基本情況從 `return ''` 更改為 `return accum` ❷，並將遞迴情況從 `return rev(tail) + head`（在遞迴呼叫回傳後執行字串連接）變更為 `return rev(tail, head + accum)` ❸。你可以將 `rev('abcdef')` 函數呼叫視為轉換成以下 `return`，如圖 8-2 所示。

透過有效地使用累加器作為跨函數呼叫共享的局部變數，就可以讓 `rev()` 函數進行尾部遞迴。

```
rev('abcdef')
    ↓
return rev('bcdef', 'a' + '')
    ↓
return rev('cdef', 'b' + 'a')
    ↓
return rev('def', 'c' + 'ba')
    ↓
return rev('ef', 'd' + 'cba')
    ↓
return rev('f', 'e' + 'dcba')
    ↓
return rev('', 'f' + 'edcba')
    ↓
return 'fedcba'
```

**圖 8-2**：rev('abcdef') 對字串 fedcba 進行轉換的過程。

## 尾部遞迴找尋子字串

有些遞迴函數自然會使用尾部遞迴模式。查看第 2 章中 findSubstring.py 和 findSubstring.html 程式中的 findSubstringRecursive() 函數，你會注意到，遞迴情況的最後一個操作是回傳遞迴函數呼叫的值。無需調整即可使函數成為尾部遞迴。

## 尾部遞迴指數

同樣來自第 2 章的 exponentByRecursion.py 和 exponentByRecursion.html 程式，也不適合尾部遞迴。當 n 參數為偶數或奇數時，這些程式有兩種遞迴情況。這樣沒問題：只要所有遞迴情況都回傳遞迴函數呼叫的回傳值作為其最後一個操作，函數就可以使用尾部呼叫優化。

但是，請注意 Python 程式碼中的 n is even 遞迴情況：

*Python*
```
--snip--
    elif n % 2 == 0:
        # RECURSIVE CASE (when n is even)
        result = exponentByRecursion(a, n / 2)
        return result * result
--snip--
```

也請注意相同效果的 JavaScript 遞迴情況：

```javascript
--snip--
  } else if (n % 2 === 0) {
      // RECURSIVE CASE (when n is even)
      result = exponentByRecursion(a, n / 2);
      return result * result;
--snip--
```

此遞迴情況沒有將遞迴呼叫作為其最後一個操作。我們可以去除 result 局部變數，改為呼叫遞迴函數兩次，這會將遞迴情況簡化為以下步驟：

```
--snip--
return exponentByRecursion(a, n / 2) * exponentByRecursion(a, n / 2)
--snip--
```

然而，現在我們有兩個對 exponentByRecursion() 的遞迴呼叫，這不僅使演算法執行的計算量不必要地加倍了，而且函數執行的最後一個操作是將兩個回傳值相乘。這與遞迴費波那契演算法有同樣的問題：如果遞迴函數有多個遞迴呼叫，那麼這些遞迴呼叫中，至少有一個不能是該函數的最後一個操作。

## 尾部遞迴奇偶

要確定整數是奇數還是偶數，可以使用 % 餘數運算子。如果數字是偶數，則表達式 number % 2 == 0 將為 True；如果數字為奇數，則為 False。但是，如果你希望過度設計一個更「優雅」的遞迴演算法，可以在 isOdd.py 中實作以下 isOdd() 函數（isOdd.py 的其餘部分將在本節後面介紹）：

```python
def isOdd(number):
    if number == 0:
        # BASE CASE
        return False
    else:
        # RECURSIVE CASE
        return not isOdd(number - 1)
print(isOdd(42))
print(isOdd(99))
--snip--
```

isOdd.html 中相同效果的 JavaScript 如下：

JavaScript
```
<script type="text/javascript">

function isOdd(number) {
    if (number === 0) {
        // BASE CASE
        return false;
    } else {
        // RECURSIVE CASE
        return !isOdd(number - 1);
    }
}
document.write(isOdd(42) + "<br />");
document.write(isOdd(99) + "<br />");
--snip--
```

isOdd() 有兩個基本情況：當 number 引數為 0 時，函數回傳 False 以表示偶數；為簡單起見，我們的 isOdd() 實作僅適用於正整數。遞迴情況則回傳 isOdd(number - 1) 的相反值。

你可以透過一個範例來了解為什麼這樣做：當呼叫 isOdd(42) 時，函數無法確定 42 是偶數還是奇數，但確實知道答案與 41 是奇數還是偶數的答案相反。該函數將回傳 not isOdd(41)。此函數呼叫依序回傳 isOdd(40) 的相反布林值，依此類推，直到 isOdd(0) 回傳 False。遞迴函數呼叫的次數決定了在回傳最終回傳值之前、作用於回傳值的 not 運算子數量。

但是，此遞迴函數會導致大量引數出現堆疊溢出。呼叫 isOdd(100000) 會導致 100,001 次函數呼叫而不回傳——這遠遠超出了任何呼叫堆疊的容量。我們可以重新安排函數中的程式碼，使得遞迴情況的最後一個動作是回傳遞迴函數呼叫的結果，使函數尾部是遞迴的。我們在 isOdd.py 的 isOddTailCall() 中執行此操作，以下是 isOdd.py 程式的其餘部分：

Python
```
--snip--
def isOddTailCall(number, inversionAccum=False):
    if number == 0:
        # BASE CASE
        return inversionAccum
    else:
        # RECURSIVE CASE
        return isOddTailCall(number - 1, not inversionAccum)
```

```
print(isOddTailCall(42))
print(isOddTailCall(99))
```

相同效果的 JavaScript 程式碼列於以下 isOdd.html 的剩餘部分：

*JavaScript*
```
--snip--
function isOddTailCall(number, inversionAccum) {
    if (inversionAccum === undefined) {
        inversionAccum = false;
    }

    if (number === 0) {
        // BASE CASE
        return inversionAccum;
    } else {
        // RECURSIVE CASE
        return isOddTailCall(number - 1, !inversionAccum);
    }
}

document.write(isOdd(42) + "<br />");
document.write(isOdd(99) + "<br />");
</script>
```

此 Python 和 JavaScript 程式碼若是由支援尾部呼叫優化的直譯器執行，那麼呼叫 `isOddTailCall(100000)` 不會導致堆疊溢出。但即便如此，尾部呼叫優化還是比直接使用 `%` 餘數運算子來確定奇數或偶數要慢得多。

如果你認為使用遞迴（無論有或沒有尾部遞迴）來判斷正整數是否為奇數，是一種效率極差的做法，那麼，你想的一點都沒錯。遞迴跟迭代解決方案不同，它可能會因堆疊溢出而導致程式停止運行，即使添加尾部呼叫優化防止得了堆疊溢出，但是並不能修復不當使用遞迴帶來的效率缺陷。遞迴技術不一定比迭代解決方案更好或更複雜。尾部遞迴從來都不是比迴圈或其他簡單解決方案更好的方法。

# 結論

尾部呼叫優化是程式語言編譯器或直譯器的功能，可用於專門編寫為尾部遞迴的遞迴函數。尾部遞迴函數回傳遞迴函數呼叫的回傳值作為遞迴情況下的最後一個操作，這允許函數刪除目前框架物件、並防止呼叫堆疊隨著新的遞迴函數呼叫而增長。只要呼叫堆疊不增長，遞迴函數就不可能導致堆疊溢出。

尾部遞迴是一種暫時性的解決方法，可以讓某些遞迴演算法處理大型引數時不會當掉。但是，這種方法需要重新排列程式碼甚至可能新增累加器參數，恐怕會使你的程式碼更難理解。或許你會發現，相較於迭代演算法，選用遞迴演算法而犧牲了程式碼的可讀性並不值得。

# 延伸閱讀

Stack Overflow 網站詳細討論了尾部遞迴的基礎知識，參考連結：

- https://stackoverflow.com/questions/33923/what-is-tail-recursion

Van Rossum 在兩篇部落格文章中寫了他不使用尾部遞迴的決定，參考連結：

- https://neopythonic.blogspot.com.au/2009/04/tail-recursion-elimination.html
- https://neopythonic.blogspot.com.au/2009/04/final-words-on-tail-calls.html

Python 的標準函式庫包含一個名為 inspect 的模組，該模組可讓你在 Python 程式執行時查看呼叫堆疊上的框架物件。inspect 模組的官方文件可於 https://docs.python.org/3/library/inspect.html 找到，Doug Hellmann 的「Python 3 Module of the Week」部落格教學內容放在 https://pymotw.com/3/inspect 中。

# 練習題

透過回答以下問題來測試你的理解能力：

1. 尾部呼叫優化可以防止什麼？
2. 遞迴函數的最後一個動作必須做什麼才能讓函數成為尾部遞迴？
3. 所有編譯器和直譯器都實作尾部呼叫優化嗎？
4. 什麼是累加器？
5. 尾部遞迴的缺點是什麼？
6. 可以重寫快速排序演算法（第 5 章中介紹的）以使用尾部呼叫優化嗎？

# 9

# 繪製碎形

當然了，遞迴最有趣的應用是繪製碎形。「碎形」（Fractal）是在不同尺度上不斷重複自身的形狀，有時是很混亂的。碎形一詞是由「碎形幾何」（fractal geometry）的創始人 Benoit B. Mandelbrot 於 1975 年所創造，源自拉丁語「frāctus」，意思是「破碎」或「斷裂」，就像破碎的玻璃一樣。碎形包括了許多自然和人造的形狀，在大自然中，你可能會在樹、蕨葉、山脈、閃電、海岸線、河流網絡和雪花上看到碎形。數學家、程式設計師和藝術家可以根據一些遞迴規則創造出複雜的幾何形狀。

使用遞迴可以生成精緻的碎形藝術，程式碼行數卻出乎意料得少。本章會介紹 Python 內建的 `turtle` 模組，運用程式碼產生幾種常見的碎形。若要用 JavaScript 建立烏龜圖形，你可以使用 Greg Reimer 的 `jtg` 函式庫。為了簡單起見，本章僅介紹 Python 碎形繪圖程式，而不介紹相同功能的 JavaScript 程式，但還是有關於 JavaScript 函式庫 `jtg` 的內容。

# 烏龜圖形

「烏龜圖形」（Turtle graphic）是樂高程式語言（Logo）的功能，其設計宗旨在於幫助孩子學習程式設計概念，後來，該功能被多種語言和平台所重製。它的中心思想是一個叫做「烏龜」的物體。

這個烏龜有如一支可程式化的設計筆，在二維視窗中繪製線條。想像地上有一隻真實的烏龜拿著一支筆，當牠移動時，會在身後畫出一條線。烏龜可以調整筆的大小和顏色，或「提起筆」，這樣牠就不會在移動時畫畫。烏龜程式可以生成複雜的幾何圖形，如圖 9-1 所示。

當你將這些指令放入迴圈和函數中時，即使是小程式也可以建立出令人印象深刻的幾何圖畫。考慮以下 spiral.py 程式：

*Python*
```
import turtle
turtle.tracer(1, 0) # Makes the turtle draw faster.
for i in range(360):
    turtle.forward(i)
    turtle.left(59)
turtle.exitonclick() # Pause until user clicks in the window.
```

當你執行這個程式時，烏龜視窗會開啟。烏龜（以三角形表示）將沿著圖 9-1 的螺旋圖案移動。雖然不是碎形，但它是一幅美麗的圖畫。

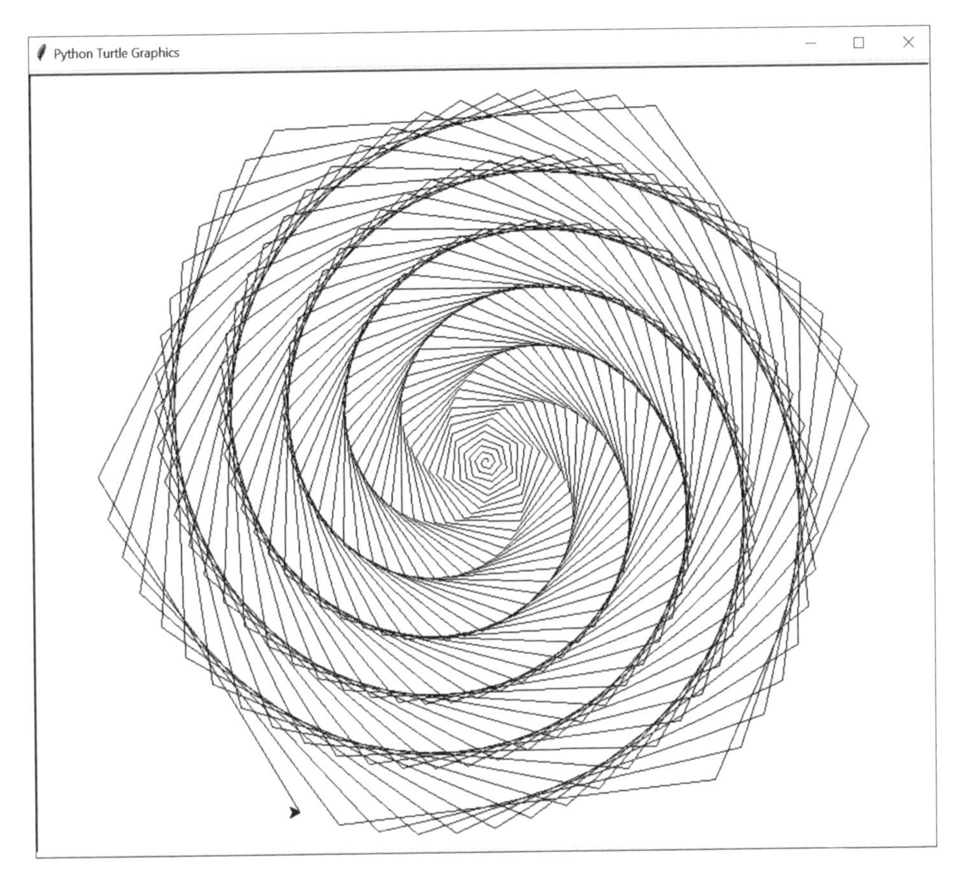


**圖 9-1**：程式使用 Python 的 `turtle` 模組繪製的螺旋圖。

烏龜圖形系統中的視窗使用直角座標（Cartesian）x 和 y 座標。水平 x 座標的數字向右增加、向左減少，而垂直 y 座標的數字向上增加、向下減少；這兩個座標合一起用可以為視窗中的任何點提供唯一的位址。預設情況下，原點（0, 0 處的 x, y 座標點）位於視窗的中心。

烏龜還有一個「航向」（heading），或稱方向，即 0 到 359 之間的數字（也就是一個圓被分成 360 度的概念）。在 Python 的 `turtle` 模組中，0 的航向朝東（朝向螢幕的右邊緣）並逆時針增加；航向 90 朝北，航向 180 朝西，航向 270 朝南。在 JavaScript 的 `jtg` 函式庫中，該方向被旋轉，使得 0 度朝北並順時針增加。圖 9-2 示範了 Python 的 `turtle` 模組和 JavaScript 的 `jtg` 函式庫的航向。

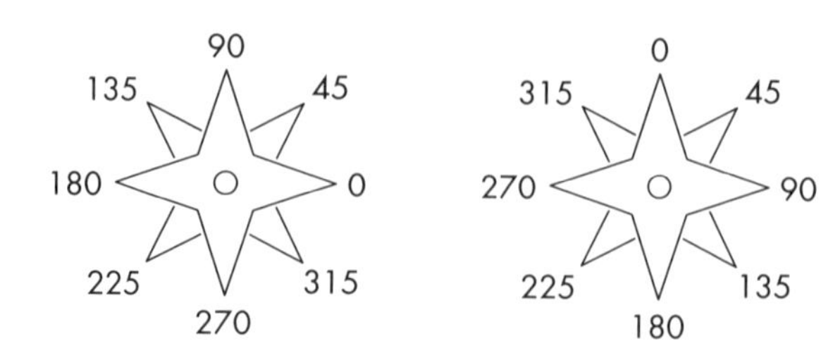


**圖 9-2**：Python 的 turtle 模組（左）和 JavaScript 的 jtg 函式庫（右）中的航向。

在 JavaScript 的 jtg 函式庫（https://inventwithpython.com/jtg）中，於頁面底部的文字欄位中輸入以下程式碼：

*JavaScript*
```
for (let i = 0; i < 360; i++) { t.fd(i); t.lt(59) }
```

這會在網頁的主要區域上繪製如圖 9-1 所示的相同螺旋圖。

# 基本的烏龜函數

烏龜圖形中最常用的函數可使烏龜改變方向，向前或向後移動。turtle.left() 和 turtle.right() 函數將烏龜從目前方向開始旋轉一定的角度，而 turtle.forward() 和 turtle.backward() 函數則根據烏龜的目前位置移動牠。

表 9-1 列出了烏龜的一些函數。第一欄的函數（以 turtle. 開頭）適用於 Python，第二欄的函數（以 t. 開頭）適用於 JavaScript。完整的 Python 文件可在 https://docs.python.org/3/library/turtle.html 上找到。在 JavaScript 的 jtg 軟體中，你可以按 F1 顯示說明畫面。

**表 9-1**：Python 的 turtle 模組和 JavaScript 的 jtg 函式庫中的烏龜函數

| Python | JavaScript | 描述 |
| --- | --- | --- |
| goto(x, y) | xy(x, y) | 將烏龜移到 x,y 座標。 |
| setheading(deg) | heading(deg) | 設定烏龜的航向。在 Python 中，0 度為東（右）。在 JavaScript 中，0 度為北（上）。 |
| forward(steps) | fd(steps) | 讓烏龜朝原本航向，向前移動幾步。 |
| backward(steps) | bk(steps) | 讓烏龜朝航向的相反方向，向前移動幾步。 |

| | | |
|---|---|---|
| left(deg) | lt(deg) | 將烏龜的航向轉向左側。 |
| right(deg) | rt(deg) | 將烏龜的航向轉向右側。 |
| penup() | pu() | 「提起筆」讓烏龜在移動時停止畫畫。 |
| pendown() | pd() | 「放下筆」讓烏龜在移動時開始畫畫。 |
| pensize(size) | thickness(size) | 更改烏龜繪製的線條粗細。預設值為 1。 |
| pencolor(color) | color(color) | 更改烏龜繪製的線條顏色。可以是常見顏色的字串，例如 red 或 white。預設是 black。 |
| xcor() | get.x() | 回傳烏龜目前的 x 位置。 |
| ycor() | get.y() | 回傳烏龜目前的 y 位置。 |
| heading() | get.heading() | 以 0 到 359 之間的浮點數形式回傳烏龜的目前航向。在 Python 中，0 度是東（右）。在 JavaScript 中，0 度是北（上）。 |
| reset() | reset() | 清除所有繪製的線條，並將烏龜移到原始位置和航向。 |

表 9-2 中所列的函數僅在 Python 的 turtle 模組中可用。

表 9-2：僅限於 Python 的 Turtle 函數

| Python | 說明 |
|---|---|
| begin_fill() | 開始繪製一個填滿的形狀。呼叫此函數後繪製的線條將指定填滿形狀的周長。 |
| end_fill() | 繪製從 turtle.begin_fill() 開始的填滿形狀。 |
| fillcolor(color) | 設定用於填滿形狀的顏色。 |
| hideturtle() | 隱藏代表烏龜的三角形符號。 |
| showturtle() | 顯示代表烏龜的三角形符號。 |
| tracer(drawingUpdates, delay) | 調整繪圖速度。傳遞 0 給 delay，將延遲設為 0，表示烏龜每繪製一條線會延遲 0 毫秒。傳遞給 DrawingUpdates 的數字越大，透過增加烏龜在每次模組更新畫面之前的繪圖數量，烏龜的繪圖速度就越快。 |
| update() | 將緩衝線（buffered line；本節稍後會解釋）繪製在螢幕上。在烏龜完成繪圖後呼叫此函數。 |

| | |
|---|---|
| setworldcoordinates (llx, lly, urx, ury) | 重新調整視窗顯示座標平面的部分。前兩個引數是視窗左下角的 x,y 座標，後兩個引數是視窗右上角的 x,y 座標。 |
| exitonclick() | 當使用者點擊任意位置時暫停程式並關閉視窗。如果程式結束時沒有這個函數，烏龜圖形視窗可能會在程式結束後立即關閉。 |

在 Python 的 turtle 模組中，線條會立即顯示在螢幕上，但是，這可能會減慢繪製幾千條線的程式的執行速度。但如果用「buffer」（緩衝）速度會更快——也就是推遲（先暫且不）顯示幾條線，然後再一次將它們顯示出來。

透過呼叫 turtle.tracer(1000, 0)，你可以指示 turtle 模組延遲顯示線條，直到你的程式建立了 1,000 條線後才顯示。在程式完成呼叫畫線的函數後，最後一次呼叫 turtle.update()，將所有剩餘的緩衝線顯示到螢幕上。如果你的程式仍然花費太長時間繪製一個圖像，請將更大的整數（例如 2000 或 10000）作為第一個引數傳遞給 turtle.tracer()。

## Sierpiński 三角形

最容易在紙上繪製的碎形是第 1 章中介紹過的「Sierpiński 三角形」。這種碎形由波蘭數學家 Wacław Sierpiński 於 1915 年提出的（甚至比「碎形」一詞還早出現），但這種圖案至少已存在有數百年歷史。

要建立 Sierpiński 三角形，首先要繪製一個等邊三角形——即邊長相等的三角形，如圖 9-3 最左側所示。然後在第一個三角形內畫一個倒置的等邊三角形，如圖 9-3 的第二個圖。如果你熟悉《薩爾達傳說》（Legend of Zelda）電玩遊戲，你就會畫出一個看起來像 Triforce（三角神力）的形狀。

**圖 9-3：等邊三角形（左）增加一個倒三角形後形成了 Sierpiński 三角形，並遞迴地增加更多三角形。**

當你繪製內部的倒三角形時，會發生一件有趣的事情。你形成了三個正面朝上的新等邊三角形，這三個三角形的內部還可以分別再繪製一個倒三角形，這將再建立九個三角形。這種遞迴在數學上可以永遠持續下去，儘管實際上你的筆無法一直繼續畫出更小的三角形來。

描述一個完整物件與其自身一部分相似的這種屬性，稱為「自相似性」（self-similarity）。遞迴函數可以產生這些物件，因為它們一次又一次地「呼叫」自身。實際上，這段程式碼最終必須達到基本情況，但從數學上來說，這些形狀具有無限的解析度：理論上，你可以無限放大這些形狀，它們仍具有相同的形狀結構。

讓我們寫一個遞迴程式來建立這個Sierpiński三角形。遞迴的`drawTriangle()`函數會繪製一個等邊三角形，然後遞迴地呼叫函數三次來繪製內部的等邊三角形，如圖9-4所示。`midpoint()`函數會找出與「傳遞給該函數的兩個點」距離等距的點。這很重要，因為內三角形會使用這些等距點作為其頂點。

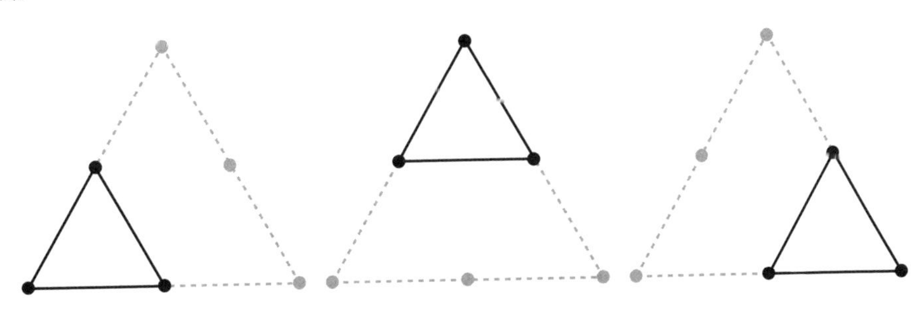

**圖 9-4：三個內三角形，中點（midpoint）以大圓點表示。**

請注意，程式呼叫 turtle.setworldcoordinates(0, 0, 700, 700)，使得 0, 0 原點位於視窗的左下角，右上角的 x、y 座標則為 700, 700。SierpińskiTriangle.py 的原始碼如下：

```
import turtle
turtle.tracer(100, 0) # Increase the first argument to speed up the drawing.
turtle.setworldcoordinates(0, 0, 700, 700)
turtle.hideturtle()

MIN_SIZE = 4 # Try changing this to decrease/increase the amount of recursion.

def midpoint(startx, starty, endx, endy):
    # Return the x, y coordinate in the middle of the four given parameters.
    xDiff = abs(startx - endx)
    yDiff = abs(starty - endy)
    return (min(startx, endx) + (xDiff / 2.0), min(starty, endy) + (yDiff /
2.0))

def isTooSmall(ax, ay, bx, by, cx, cy):
    # Determine if the triangle is too small to draw.
    width = max(ax, bx, cx) - min(ax, bx, cx)
    height = max(ay, by, cy) - min(ay, by, cy)
    return width < MIN_SIZE or height < MIN_SIZE

def drawTriangle(ax, ay, bx, by, cx, cy):
    if isTooSmall(ax, ay, bx, by, cx, cy):
        # BASE CASE
        return
    else:
        # RECURSIVE CASE
        # Draw the triangle.
        turtle.penup()
        turtle.goto(ax, ay)
        turtle.pendown()
        turtle.goto(bx, by)
        turtle.goto(cx, cy)
        turtle.goto(ax, ay)
        turtle.penup()

        # Calculate midpoints between points A, B, and C.
        mid_ab = midpoint(ax, ay, bx, by)
        mid_bc = midpoint(bx, by, cx, cy)
        mid_ca = midpoint(cx, cy, ax, ay)

        # Draw the three inner triangles.
        drawTriangle(ax, ay, mid_ab[0], mid_ab[1], mid_ca[0], mid_ca[1])
```

```
        drawTriangle(mid_ab[0], mid_ab[1], bx, by, mid_bc[0], mid_bc[1])
        drawTriangle(mid_ca[0], mid_ca[1], mid_bc[0], mid_bc[1], cx, cy)
        return

# Draw an equilateral Sierpinski triangle.
drawTriangle(50, 50, 350, 650, 650, 50)

# Draw a skewed Sierpinski triangle.
#drawTriangle(30, 250, 680, 600, 500, 80)

turtle.exitonclick()
```

執行此程式碼時，輸出如圖 9-5 所示。

**圖 9-5：標準的 Sierpiński 三角形。**

Sierpiński 三角形不必用等邊三角形來繪製，只要使用外三角形的中點來繪製內三角形，就可以使用任何類型的三角形。若註解掉第一個 `drawTriangle()` 呼叫，並且取消註解第二個呼叫（在 `# Draw a skewed Sierpiński Triangle.` 的註解底下），然後再次執行程式，輸出會如圖 9-6 所示。

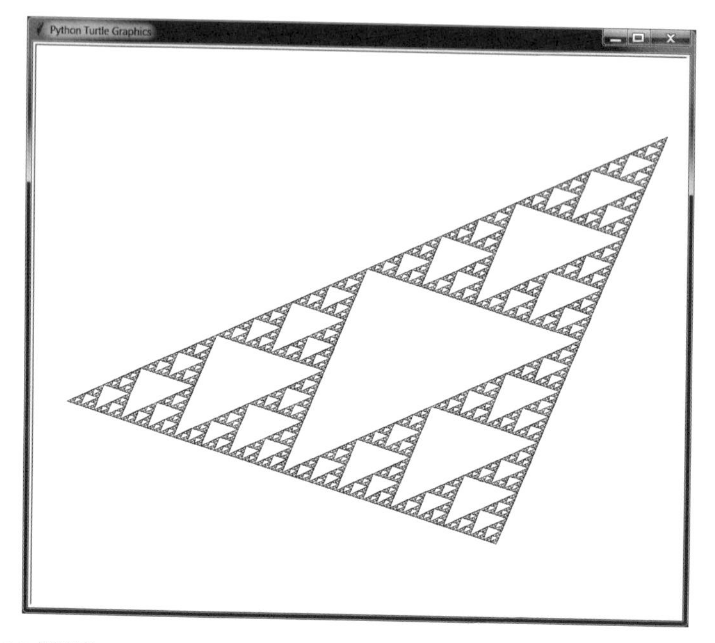


圖 9-6：傾斜的 Sierpiński 三角形。

drawTriangle() 函數有六個引數，分別對應三角形三個點的 x、y 座標。請嘗試使用不同的值來調整 Sierpiński 三角形的形狀。你也可以將 MIN_SIZE 常數改成更大的值，讓程式更快達到基本情況並減少繪製三角形的數量。

## Sierpiński 地毯

可以使用矩形來繪製類似 Sierpiński 三角形的碎形形狀，而這種圖案就稱為 Sierpiński 地毯。想像一下，將一個黑色矩形分割成 3 × 3 的網格，然後「剪掉」中心矩形。在網格周圍的八個矩形中重複此模式（pattern），當遞迴完成此操作時，你最終會得到如圖 9-7 所示的圖案。

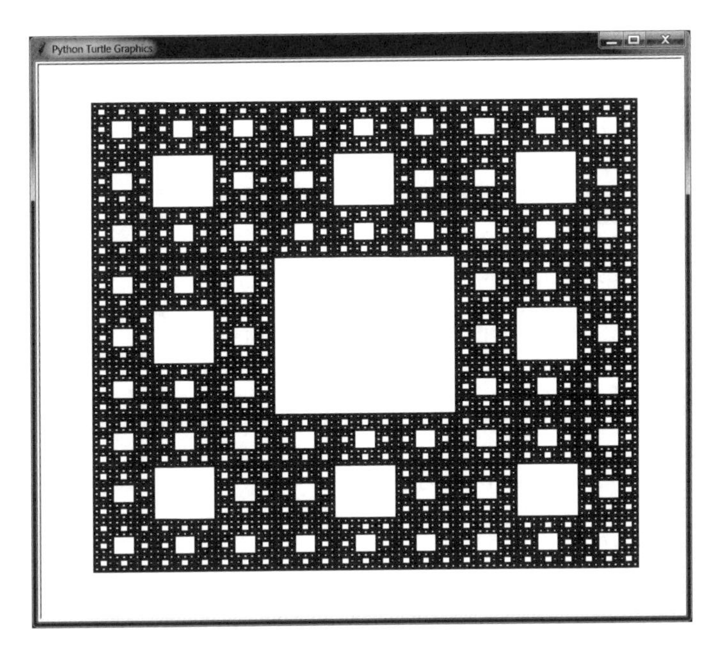


**圖 9-7**：Sierpiński 地毯。

繪製地毯的 Python 程式使用了 `turtle.begin_fill()` 和 `turtle.end_fill()` 函數來建立實心的填滿形狀。烏龜在這些呼叫之間所繪製的線條被用來繪製形狀，如圖 9-8 所示。

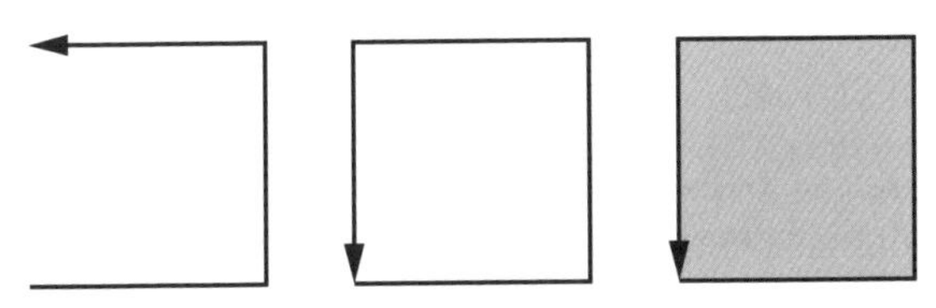

**圖 9-8**：呼叫 `turtle.begin_fill()`，繪製一個路徑，然後呼叫 `turtle.end_fill()` 建立填滿形狀。

當 3 × 3 的矩形邊長小於六步時，就達到了基本情況。你可以將 `MIN_SIZE` 常數改成更大的值，讓程式更快達到基本情況。SierpińskiCarpet.py 的原始碼如下：

```
import turtle
turtle.tracer(10, 0) # Increase the first argument to speed up the drawing.
turtle.setworldcoordinates(0, 0, 700, 700)
turtle.hideturtle()

MIN_SIZE = 6 # Try changing this to decrease/increase the amount of recursion.
DRAW_SOLID = True

def isTooSmall(width, height):
    # Determine if the rectangle is too small to draw.
    return width < MIN_SIZE or height < MIN_SIZE

def drawCarpet(x, y, width, height):
    # The x and y are the lower-left corner of the carpet.

    # Move the pen into position.
    turtle.penup()
    turtle.goto(x, y)

    # Draw the outer rectangle.
    turtle.pendown()
    if DRAW_SOLID:
        turtle.fillcolor('black')
        turtle.begin_fill()
    turtle.goto(x, y + height)
    turtle.goto(x + width, y + height)
    turtle.goto(x + width, y)
    turtle.goto(x, y)
    if DRAW_SOLID:
        turtle.end_fill()
    turtle.penup()

    # Draw the inner rectangles.
    drawInnerRectangle(x, y, width, height)

def drawInnerRectangle(x, y, width, height):
    if isTooSmall(width, height):
        # BASE CASE
        return
    else:
        # RECURSIVE CASE

        oneThirdWidth = width / 3
        oneThirdHeight = height / 3
        twoThirdsWidth = 2 * (width / 3)
        twoThirdsHeight = 2 * (height / 3)
```

```
        # Move into position.
        turtle.penup()
        turtle.goto(x + oneThirdWidth, y + oneThirdHeight)

        # Draw the inner rectangle.
        if DRAW_SOLID:
            turtle.fillcolor('white')
            turtle.begin_fill()
        turtle.pendown()
        turtle.goto(x + oneThirdWidth, y + twoThirdsHeight)
        turtle.goto(x + twoThirdsWidth, y + twoThirdsHeight)
        turtle.goto(x + twoThirdsWidth, y + oneThirdHeight)
        turtle.goto(x + oneThirdWidth, y + oneThirdHeight)
        turtle.penup()
        if DRAW_SOLID:
            turtle.end_fill()

        # Draw the inner rectangles across the top.
        drawInnerRectangle(x, y + twoThirdsHeight, oneThirdWidth,
oneThirdHeight)
        drawInnerRectangle(x + oneThirdWidth, y + twoThirdsHeight,
oneThirdWidth, oneThirdHeight)
        drawInnerRectangle(x + twoThirdsWidth, y + twoThirdsHeight,
oneThirdWidth, oneThirdHeight)

        # Draw the inner rectangles across the middle.
        drawInnerRectangle(x, y + oneThirdHeight, oneThirdWidth,
        oneThirdHeight)
        drawInnerRectangle(x + twoThirdsWidth, y + oneThirdHeight,
oneThirdWidth,
        oneThirdHeight)

        # Draw the inner rectangles across the bottom.
        drawInnerRectangle(x, y, oneThirdWidth, oneThirdHeight)
        drawInnerRectangle(x + oneThirdWidth, y, oneThirdWidth, oneThirdHeight)
        drawInnerRectangle(x + twoThirdsWidth, y, oneThirdWidth,
        oneThirdHeight)

drawCarpet(50, 50, 600, 600)
turtle.exitonclick()
```

你也可以將 DRAW_SOLID 常數設為 False 並執行程式。這將跳過對 turtle.begin_fill() 和 turtle.end_fill() 的呼叫，以便只繪製矩形的輪廓，如圖 9-9 所示。

嘗試將不同的引數傳遞給 `drawCarpet()`。前兩個引數是地毯左下角的 x, y 座標，後兩個引數是寬度和高度。你也可以將 `MIN_SIZE` 常數改為更大的值，讓程式更快達到基本情況並減少繪製矩形的數量。

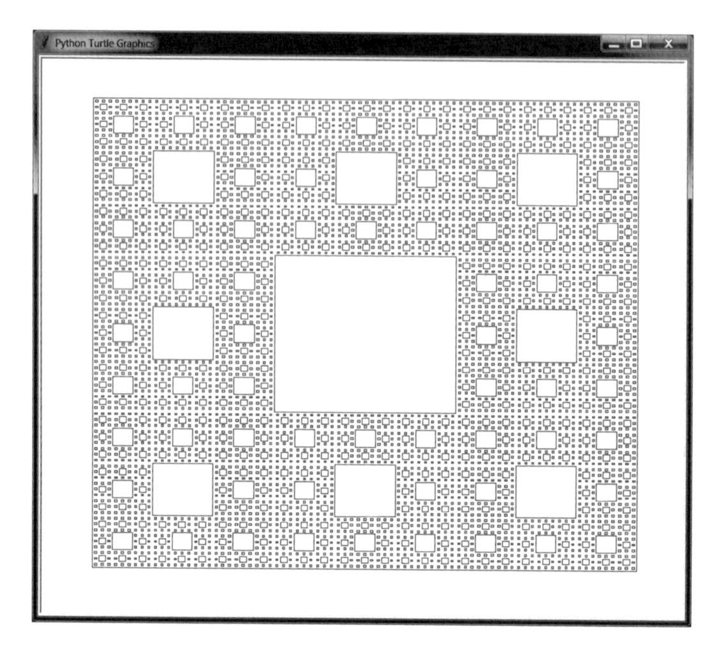


**圖 9-9**：Sierpinski 地毯，僅繪製了矩形的輪廓。

另一種 3D Sierpiński 地毯使用的是立方體而不是正方形，這種形式被稱為「Sierpiński 立方體」（Sierpiński cube）或「Menger 海綿」（Menger sponge），它是由數學家 Karl Menger 於 1926 年首次提出。圖 9-10 顯示了在電玩遊戲《麥塊》（Minecraft）中建立的 Menger 海綿。

圖 9-10：3D 的 Menger 海綿碎形。

## 碎形樹

雖然 Sierpiński 三角形和地毯等人工碎形是完全「自相似」的，但碎形可以包括不具有完美自相似性的形狀。數學家 Benoit B. Mandelbrot（他名字的中間字母縮寫 B 恰好可遞迴代表其全名 Benoit B. Mandelbrot）所設想的碎形幾何包括各種自然形狀，像是山脈、海岸線、植物、血管以及星系團等等，當你仔細檢查，會發現這些形狀由「更粗糙而複雜」的不規則形狀構成，很難用傳統幾何形狀的平滑曲線和直線來概括說明的。

舉個例子，我們可以使用遞迴來重現「碎形樹」（fractal tree），無論是完美自相似還是不完美自相似。生成樹需要建立一個具有兩個子分支的分支，這兩個子分支從父分支以預先設定的角度發出並以預先設定的長度減少。它們產生的 Y 形狀會遞迴地重複，以建立出一顆逼真的樹圖形，如圖 9-11 和 9-12 所示。

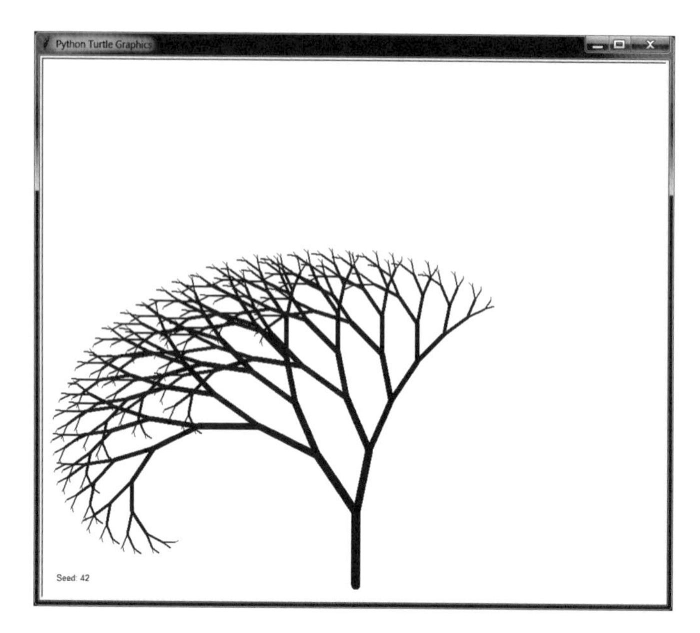


**圖 9-11**：左右分支使用一致的角度和長度所產生的完美自相似碎形樹。

電影和電玩遊戲可以使用此類遞迴演算法進行「程式生成」（procedural generation），也就是自動（而不是手動）建立樹、蕨類植物、花和其他植物等 3D 模型。使用演算法，電腦可以快速建立數百萬棵獨特的樹木並構成整片森林，讓人類 3D 藝術家的工作輕鬆多了。

**圖 9-12：** 使用隨機變更分支角度和長度建立更逼真的樹。

我們的碎形樹程式，每兩秒鐘顯示一棵隨機產生的新樹。fractalTree.py 的原始碼如下：

*Python*
```
import random
import time
import turtle
turtle.tracer(1000, 0) # Increase the first argument to speed up the drawing.
turtle.setworldcoordinates(0, 0, 700, 700)
turtle.hideturtle()

def drawBranch(startPosition, direction, branchLength):
    if branchLength < 5:
        # BASE CASE
        return

    # Go to the starting point & direction.
    turtle.penup()
    turtle.goto(startPosition)
    turtle.setheading(direction)

    # Draw the branch (thickness is 1/7 the length).
    turtle.pendown()
    turtle.pensize(max(branchLength / 7.0, 1))
```

```
        turtle.forward(branchLength)

        # Record the position of the branch's end.
        endPosition = turtle.position()
        leftDirection = direction + LEFT_ANGLE
        leftBranchLength = branchLength - LEFT_DECREASE
        rightDirection = direction - RIGHT_ANGLE
        rightBranchLength = branchLength - RIGHT_DECREASE

        # RECURSIVE CASE
        drawBranch(endPosition, leftDirection, leftBranchLength)
        drawBranch(endPosition, rightDirection, rightBranchLength)

seed = 0
while True:
    # Get pseudorandom numbers for the branch properties.
    random.seed(seed)
    LEFT_ANGLE      = random.randint(10,  30)
    LEFT_DECREASE   = random.randint( 8,  15)
    RIGHT_ANGLE     = random.randint(10,  30)
    RIGHT_DECREASE  = random.randint( 8,  15)
    START_LENGTH    = random.randint(80, 120)

    # Write out the seed number.
    turtle.clear()
    turtle.penup()
    turtle.goto(10, 10)
    turtle.write('Seed: %s' % (seed))

    # Draw the tree.
    drawBranch((350, 10), 90, START_LENGTH)
    turtle.update()
    time.sleep(2)

    seed = seed + 1
```

該程式產生了完美的自相似樹，因為 LEFT_ANGLE、LEFT_DECREASE、RIGHT_ANGLE 和 RIGHT_DECREASE 變數最初是隨機選擇的，但在所有遞迴呼叫中保持不變。random.seed() 函數為 Python 的隨機函數設定了種子值（seed value）。「隨機數種子值」（random number seed value）導致程式產生看似隨機的數字，但它對樹的每個分支都使用相同的隨機數序列；換句話說，每次執行程式時，相同的「種子」值都會重現相同的「樹」（我不會為我的雙關語道歉）。

若要查看實際效果，請在 Python 互動式 shell 中輸入以下內容：

```python
>>> import random
>>> random.seed(42)
>>> [random.randint(0, 9) for i in range(20)]
[1, 0, 4, 3, 3, 2, 1, 8, 1, 9, 6, 0, 0, 1, 3, 3, 8, 9, 0, 8]
>>> [random.randint(0, 9) for i in range(20)]
[3, 8, 6, 3, 7, 9, 4, 0, 2, 6, 5, 4, 2, 3, 5, 1, 1, 6, 1, 5]
>>> random.seed(42)
>>> [random.randint(0, 9) for i in range(20)]
[1, 0, 4, 3, 3, 2, 1, 8, 1, 9, 6, 0, 0, 1, 3, 3, 8, 9, 0, 8]
```

在本例中，我們將隨機種子設為 42。當我們產生 20 個隨機整數時，我們得到 1、0、4、3 等，而且還可以產生另外 20 個整數並繼續接收隨機整數。然而，如果將種子重置為 42 並再次產生 20 個隨機整數，它們將會是跟之前相同的「隨機」整數。

如果你想建立一棵更自然、更少自相似的樹，請用以下幾行程式碼置換「# Record the position of the branch's end.」註解後面的程式碼。這會為每一個遞迴呼叫產生新的隨機角度和分支長度，更接近樹木在大自然中的生長方式：

```python
    # Record the position of the branch's end.
    endPosition = turtle.position()
    leftDirection = direction + random.randint(10, 30)
    leftBranchLength = branchLength - random.randint(8, 15)
    rightDirection = direction - random.randint(10, 30)
    rightBranchLength = branchLength - random.randint(8, 15)
```

你可以使用 random.randint() 呼叫嘗試不同的範圍，或嘗試新增更多遞迴呼叫，而不是僅為兩個分支增加兩個遞迴呼叫。

## 英國的海岸有多長？ Koch 曲線和雪花

在我告訴你 Koch 曲線和雪花之前，請先思考這個問題：英國的海岸有多長？請看圖 9-13。左邊的地圖有一個粗略的測量值，海岸線長約 2,000 英里；但右邊的地圖有更精確的測量，它包含了海岸線曲折的每一個角落和縫隙，長度約為 2,800 英里。

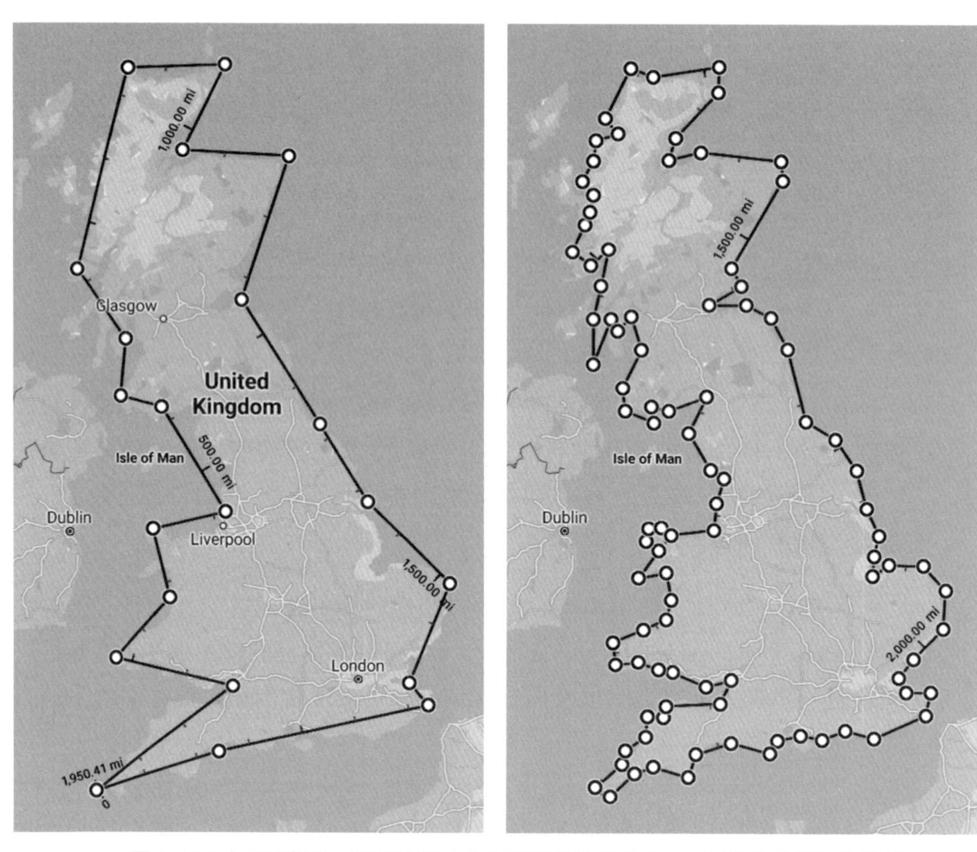


**圖 9-13：大不列顛島，粗略測量（左）和精確測量（右）。更精確地測量海岸線，其長度增加 800 英里（約 128 公里）。**

Mandelbrot 在關於碎形（例如英國海岸線）的關鍵見解是，你可以不斷地放大觀察，不管觀察尺度多細，地形的「粗糙特徵」都還是會存在。因此，隨著你的測量越來越精細，海岸線的長度也會越來越長。你會發現「海岸」沿著泰晤士河往上，再沿著另一側深入陸地，然後在另一側回到英吉利海峽。因此，關於英國海岸線長度的問題，答案是：取決於測量尺度。

Koch 曲線（Koch curve）碎形跟海岸線長度（更確切的說法是周長）有類似的屬性。瑞典數學家 Helge von Koch 於 1902 年首次提出 Koch 曲線，這是最早以數學描述的碎形之一。要女繪出 Koch 曲線，先取一條長度為 b 的線，將它分成三等分，每一段的長度為 b / 3。用一個邊長也為 b / 3 的「凸起」（bump）取代中間那一段，這個凸起使得 Koch 曲線比原來的線段長，因為我們現在有四個長度為 b / 3 的線段（排除線段原來的中間部分）。可以在新的四個線段上重複此「凸起」的建立，圖 9-14 展示了這個繪製過程。

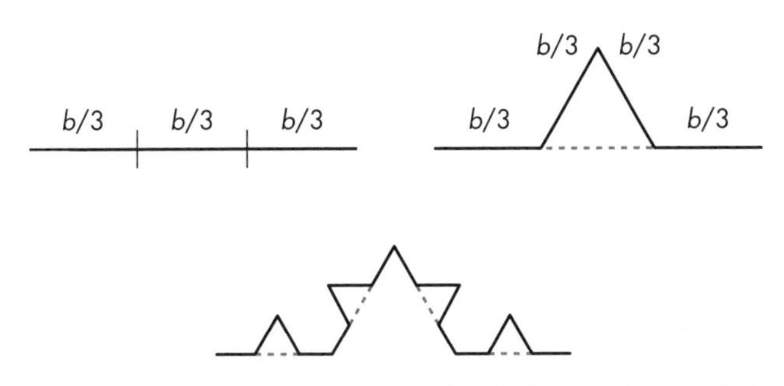


**圖 9-14：將線段分成三等分（左圖）後，在中間線段（右圖）加上「凸起」。我們現在有四個長度為 b / 3 的線段，還可以再繼續加上「凸起」（下圖）。**

為了創造 Koch 雪花（Koch snowflake），我們從一個等邊三角形開始，在它的三個邊畫出三個 Koch 曲線，如圖 9-15 所示。

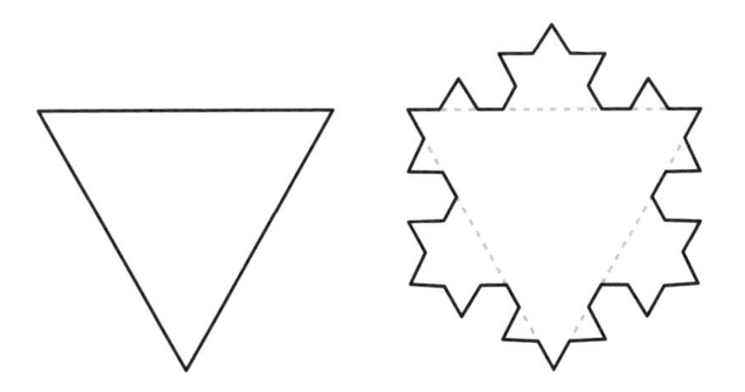

**圖 9-15：在等邊三角形的三邊畫出三條 Koch 曲線，形成 Koch 雪花。**

每次建立新的「凸起」時，都會將曲線的長度從三個 b / 3 長度增加到四個 b / 3 長度，或 4b / 3。如果繼續對等邊三角形的三條邊執行此操作，將會形成 Koch 雪花，如圖 9-16 所示（細微的四捨五入誤差導致 turtle 模組無法完全刪除中間的 b / 3 線段，因此產生了小點狀圖案）。你可以繼續無止盡地繪製新的「凸起」，不過當它們變得比只有幾像素還要小的時候，我們的程式就會停止。

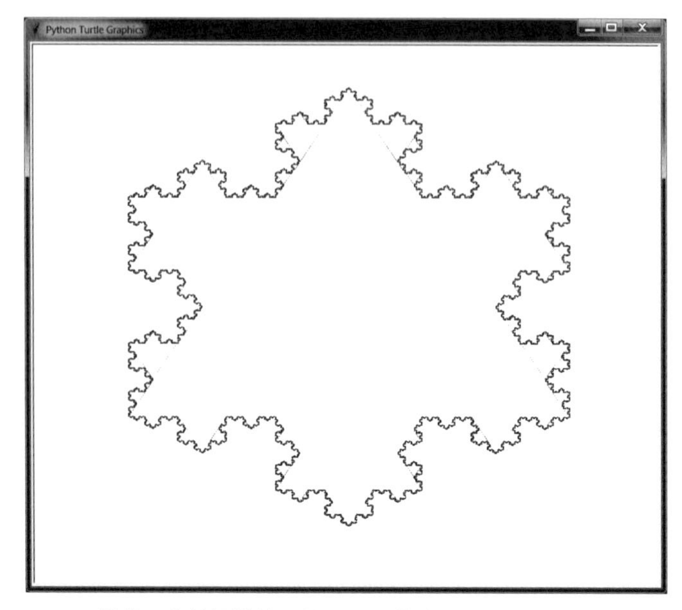


**圖 9-16**：Koch 雪花。由於輕微的四捨五入誤差（rounding error），因此一些內部線條仍然存在。

kochSnowflake.py 的原始碼如下：

Python
```
import turtle
turtle.tracer(10, 0) # Increase the first argument to speed up the drawing.
turtle.setworldcoordinates(0, 0, 700, 700)
turtle.hideturtle()
turtle.pensize(2)

def drawKochCurve(startPosition, heading, length):
    if length < 1:
        # BASE CASE
        return
    else:
        # RECURSIVE CASE
        # Move to the start position.
        recursiveArgs = []
        turtle.penup()
        turtle.goto(startPosition)
        turtle.setheading(heading)
        recursiveArgs.append({'position':turtle.position(),
                              'heading':turtle.heading()})

        # Erase the middle third.
```

```
        turtle.forward(length / 3)
        turtle.pencolor('white')
        turtle.pendown()
        turtle.forward(length / 3)

        # Draw the bump.
        turtle.backward(length / 3)
        turtle.left(60)
        recursiveArgs.append({'position':turtle.position(),
                              'heading':turtle.heading()})
        turtle.pencolor('black')
        turtle.forward(length / 3)
        turtle.right(120)
        recursiveArgs.append({'position':turtle.position(),
                              'heading':turtle.heading()})
        turtle.forward(length / 3)
        turtle.left(60)
        recursiveArgs.append({'position':turtle.position(),
                              'heading':turtle.heading()})

        for i in range(4):
            drawKochCurve(recursiveArgs[i]['position'],
                          recursiveArgs[i]['heading'],
                          length / 3)
        return

def drawKochSnowflake(startPosition, heading, length):
    # A Koch snowflake is three Koch curves in a triangle.

    # Move to the starting position.
    turtle.penup()
    turtle.goto(startPosition)
    turtle.setheading(heading)

    for i in range(3):
        # Record the starting position and heading.
        curveStartingPosition = turtle.position()
        curveStartingHeading = turtle.heading()
        drawKochCurve(curveStartingPosition,
                      curveStartingHeading, length)

        # Move back to the start position for this side.
        turtle.penup()
        turtle.goto(curveStartingPosition)
        turtle.setheading(curveStartingHeading)

        # Move to the start position of the next side.
```

```
        turtle.forward(length)
        turtle.right(120)

drawKochSnowflake((100, 500), 0, 500)
turtle.exitonclick()
```

Koch 雪花有時也稱為「Koch 島」（Koch island）。它的海岸線實際上是無限長的。雖然 Koch 雪花可以被置入本書頁面的有限範圍內，但它的周長是無限的，這證明了雖然看起來違反直覺，但有限可以包含無限！

## Hilbert 曲線

「空間填充曲線」（space-filling curve）是一條一維的線，它會一直沿著彎曲的路徑直到完全填滿二維空間，而且不與自身交錯。德國數學家 David Hilbert 在 1891 年描述了他的空間填充「Hilbert 曲線」（Hilbert curve）。如果將二維區域分割成網格（grid），Hilbert 曲線的單條一維線段可以穿過網格中的每個單元格（cell）。

圖 9-17 包含 Hilbert 曲線的前三個遞迴。下一個遞迴包含上一個遞迴的四個副本，虛線顯示這四個副本如何相互連接。

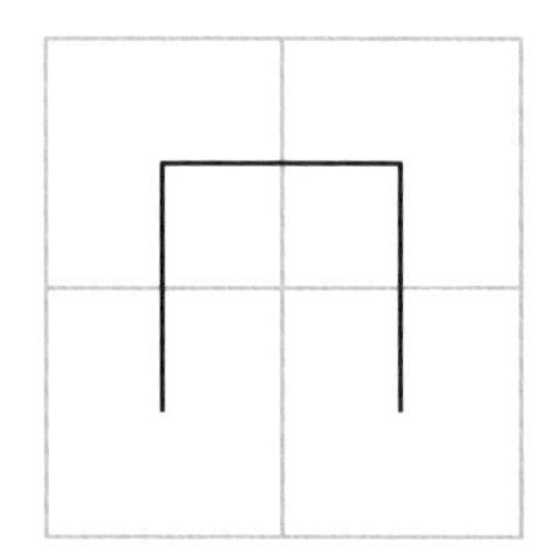
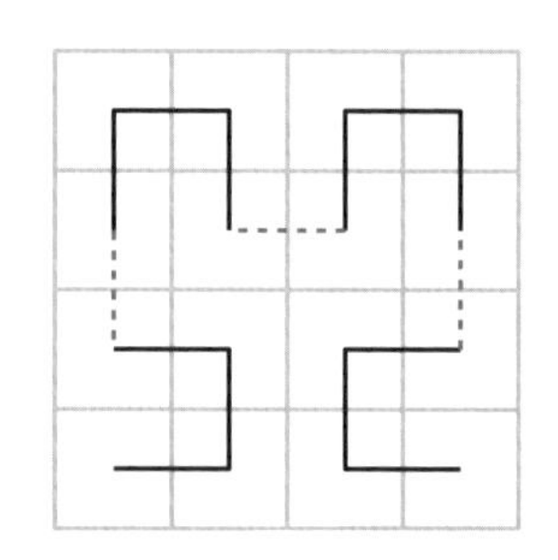
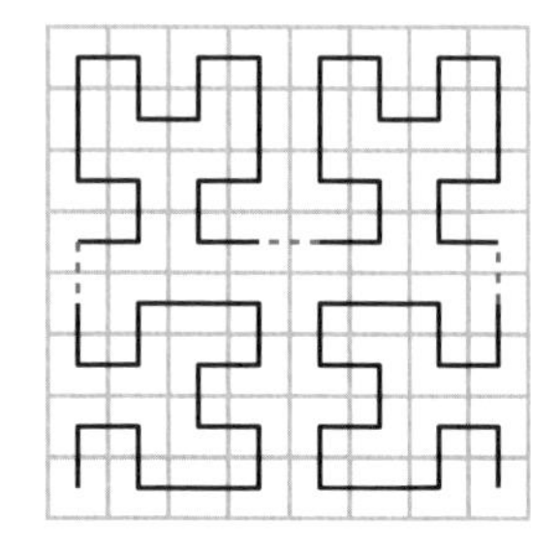

**圖 9-17：Hilbert 空間填充曲線的前三次遞迴。**

當這些單元格變成極微小的點時，一維曲線可以像二維正方形一樣填滿整個二維空間。這完成違反了直覺，從一條純粹的一維線段建立了二維形狀！

hilbertCurve.py 的原始碼如下：

Python
```
import turtle
turtle.tracer(10, 0) # Increase the first argument to speed up the drawing.
turtle.setworldcoordinates(0, 0, 700, 700)
turtle.hideturtle()

LINE_LENGTH  = 5 # Try changing the line length by a little.
ANGLE = 90 # Try changing the turning angle by a few degrees.
LEVELS = 6 # Try changing the recursive level by a little.
DRAW_SOLID = False
#turtle.setheading(20) # Uncomment this line to draw the curve at an angle.

def hilbertCurveQuadrant(level, angle):
    if level == 0:
        # BASE CASE
        return
    else:
        # RECURSIVE CASE
        turtle.right(angle)
        hilbertCurveQuadrant(level - 1, -angle)
        turtle.forward(LINE_LENGTH)
        turtle.left(angle)
        hilbertCurveQuadrant(level - 1, angle)
        turtle.forward(LINE_LENGTH)
        hilbertCurveQuadrant(level - 1, angle)
        turtle.left(angle)
        turtle.forward(LINE_LENGTH)
        hilbertCurveQuadrant(level - 1, -angle)
        turtle.right(angle)
        return

def hilbertCurve(startingPosition):
    # Move to starting position.
    turtle.penup()
    turtle.goto(startingPosition)
    turtle.pendown()
    if DRAW_SOLID:
        turtle.begin_fill()

    hilbertCurveQuadrant(LEVELS, ANGLE) # Draw lower-left quadrant.
    turtle.forward(LINE_LENGTH)

    hilbertCurveQuadrant(LEVELS, ANGLE) # Draw lower-right quadrant.
    turtle.left(ANGLE)
    turtle.forward(LINE_LENGTH)
    turtle.left(ANGLE)
```

```
        hilbertCurveQuadrant(LEVELS, ANGLE) # Draw upper-right quadrant.
        turtle.forward(LINE_LENGTH)

        hilbertCurveQuadrant(LEVELS, ANGLE) # Draw upper-left quadrant.

        turtle.left(ANGLE)
        turtle.forward(LINE_LENGTH)
        turtle.left(ANGLE)
        if DRAW_SOLID:
            turtle.end_fill()

    hilbertCurve((30, 350))
    turtle.exitonclick()
```

你可以透過減少 LINE_LENGTH 以縮短線段、同時增加 LEVELS 以新增更多層級的遞迴，來試著實作此程式碼。由於程式僅使用烏龜的相對運動，因此你可以取消註解 turtle.setheading(20) 這行，以 20 度角繪製 Hilbert 曲線。圖 9-18 顯示了 LINE_LENGTH 為 10、LEVELS 為 5 時所產生的繪圖。

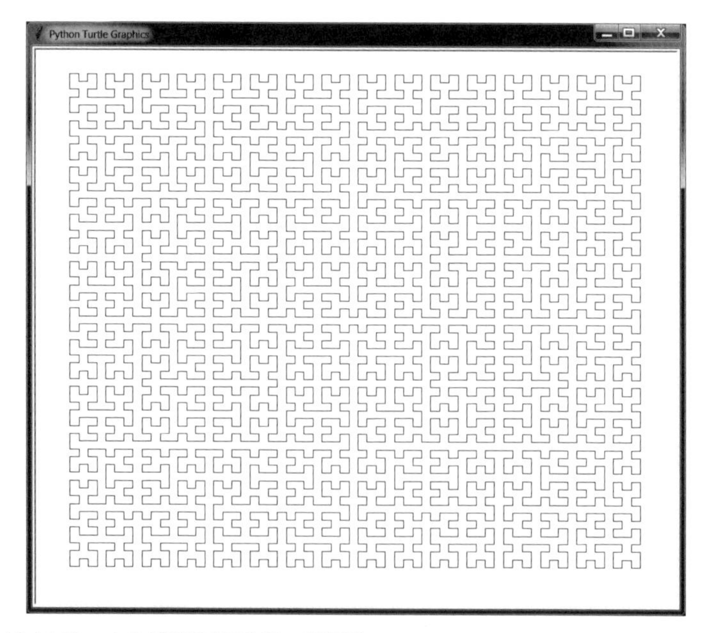


**圖 9-18：**Hilbert 曲線的五個層級，線長為 10。

Hilbert 曲線是以 90 度（直角）進行轉彎。你可嘗試將 ANGLE 變數調整幾度到 89 或 86，然後執行程式來查看變化；也可以將 DRAW_SOLID 變數設為 True 以產生填滿的 Hilbert 曲線，如圖 9-19 所示。

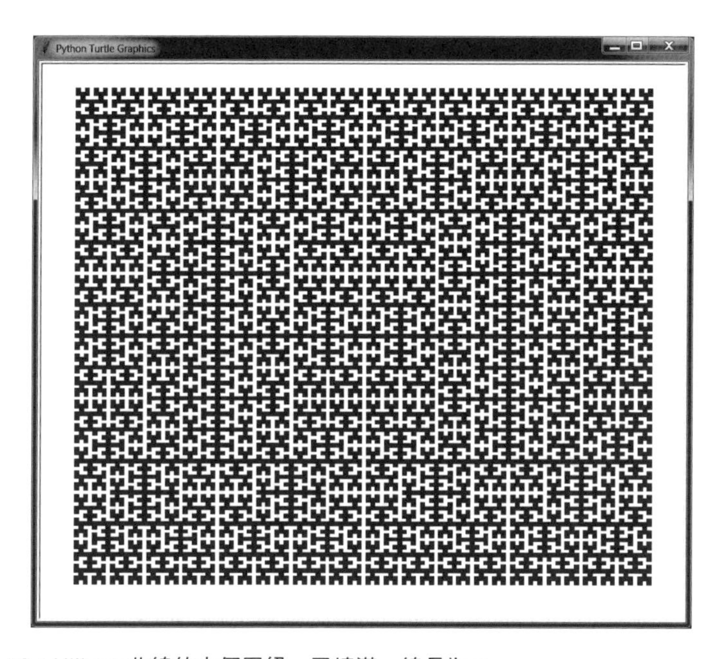


圖 9-19：Hilbert 曲線的六個層級，已填滿，線長為 5。

# 結論

碎形領域廣闊無邊，它結合了程式設計和藝術中最引人入勝的一塊區域，使得本章的撰寫過程十分有趣。數學家和電腦科學家常常談論他們的領域中高級主題的美麗和優雅，而遞迴碎形卻能夠將這種「抽象的美」轉化為「視覺可見的美」，讓任何人都得以欣賞。

本章介紹了幾種碎形以及繪製它們的程式：Sierpiński 三角形、Sierpiński 地毯、程式生成的碎形樹、Koch 曲線和雪花以及 Hilbert 曲線。這些全都是用 Python 的 turtle 模組和遞迴呼叫自身的函數繪製的。

# 延伸閱讀

想了解更多有關使用 Python 的 `turtle` 模組繪圖的資訊，我在 https://github.com/asweigart/simple-turtle-tutorial-for-python 編寫了一個簡單的教學資料，我個人還收藏了烏龜程式，參考連結：https://github.com/asweigart/art-of-turtle-programming。

英國海岸線長度的問題，來自於 Mandelbrot 在 1967 年一篇論文的標題。維基百科對這個想法做出了很好的總結，參考連結：https://en.wikipedia.org/wiki/Coastline_paradox。Khan Academy 有更多關於 Koch 雪花幾何形狀的資訊，參考連結：https://www.khanacademy.org/math/geometry-home/geometry-volume-surface-area/koch-snowflake/v/koch-snowflake -fractal。

YouTube 頻道 3Blue1Brown 有出色的碎形動畫，特別是「Fractals Are Typically Not Self-Similar」（碎形通常不自相似；網址：https://youtu.be/gB9n2gHsHN4）和「Fractal Charm: Space-Filling Curves」（碎形魅力：空間填充曲線；網址：https://youtu.be/ RU0wScIj36o）兩支影片。

其他空間填充曲線需要遞迴來繪製，例如 Peano 曲線、Gosper 曲線和 dragon 曲線，它們值得在網路上研究。

## 練習題

透過回答以下問題來測試你的理解能力：

1. 什麼是碎形？
2. 直角座標系中的 x 和 y 座標代表什麼？
3. 直角座標系中的原點座標是什麼？
4. 什麼是程式生成（procedural generation）？
5. 什麼是種子值（seed value）？
6. Koch 雪花的周長是多少？
7. 什麼是空間填充曲線？

## 練習專案

請練習為以下每個任務編寫一個程式：

1. 建立一個烏龜程式，繪製如圖 9-20 所示的盒子碎形。此程式類似於本章介紹的 Sierpiński 地毯程式，使用 `turtle.begin_fill()` 和 `turtle.end_fill()` 函數繪製第一個大的黑色正方形，然後將這個正方形分成九等分，並在頂部、左側、右側和底部的正方形中繪製白色正方形。對四個角落的正方形和中心的正方形重複此過程。

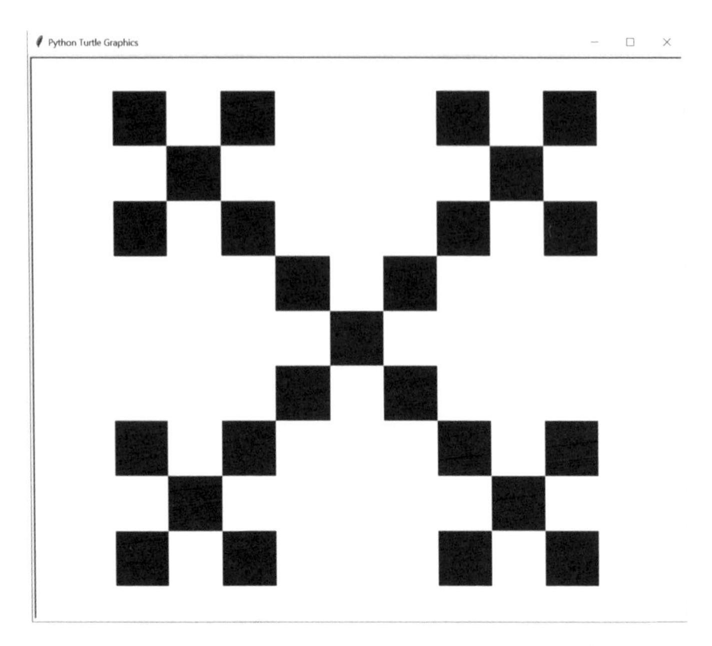


**圖 9-20：一個箱型碎形，繪製到兩個層級。**

2. 建立一個烏龜程式來繪製 Peano 空間填滿曲線。這個程式與本章的 Hilbert 曲線程式類似。圖 9-21 顯示了 Peano 曲線的前三次迭代。每個 Hilbert 曲線迭代都分為 2 × 2 區塊（接著又再分為 2 × 2 區塊），而 Peano 曲線則分為 3 × 3 區塊。

**圖 9-21**：Peano 曲線的前三次迭代（從左到右）。最底下一行展示了曲線的每個部分如何被劃分成 3 × 3 區塊。

PART

# 2

# 專案

# 10

# 檔案搜尋器

在本章中，你將編寫自己的遞迴程式，根據自訂需求搜尋檔案。雖然你的電腦已經有一些檔案搜尋命令和應用程式，但它們通常僅限於根據部分檔名來檢索檔案。但如果你需要進行很不尋常的特定搜尋呢？例如，假設你需要查出位元組為偶數的所有檔案，或者名稱中包含每個母音的檔案，該怎麼辦？

或許你永遠都不需要進行這些搜尋，但難保有一天會遇到奇怪的搜尋條件，如果你無法自行編寫這種搜尋程式碼，那就麻煩了。

你已經知道了，遞迴特別適合具有樹狀結構的問題。電腦上的檔案系統就像一棵樹，如圖 2-6 所示，每個資料夾分支為子資料夾，子資料夾又可以進一步分支為其他子資料夾。接下來我們就來編寫一個遞迴函數來導覽（navigate）這棵樹。

NOTE

由於以瀏覽器為基礎（browser-based）的 JavaScript 無法存取電腦上的資料夾，因此本章專案的程式僅以 Python 編寫。

# 完整的檔案搜尋程式

讓我們先來看看遞迴檔案搜尋程式的完整原始碼。本章的後面分別解釋了程式碼的每個部分，請將檔案搜尋程式的原始程式碼複製到名為 fileFinder.py 的檔案中：

```
import os

def hasEvenByteSize(fullFilePath):
    """Returns True if fullFilePath has an even size in bytes,
    otherwise returns False."""
    fileSize = os.path.getsize(fullFilePath)
    return fileSize % 2 == 0


def hasEveryVowel(fullFilePath):
    """Returns True if the fullFilePath has a, e, i, o, and u,
    otherwise returns False."""
    name = os.path.basename(fullFilePath).lower()
    return ('a' in name) and ('e' in name) and ('i' in name) and ('o' in name)
and ('u' in name)


def walk(folder, matchFunc):
    """Calls the match function with every file in the folder and its
    subfolders. Returns a list of files that the match function
    returned True for."""
    matchedFiles = [] # This list holds all the matches.
    folder = os.path.abspath(folder) # Use the folder's absolute path.

    # Loop over every file and subfolder in the folder:
    for name in os.listdir(folder):
        filepath = os.path.join(folder, name)
        if os.path.isfile(filepath):
            # Call the match function for each file:
            if matchFunc(filepath):
                matchedFiles.append(filepath)
        elif os.path.isdir(filepath):
```

```
            # Recursively call walk for each subfolder, extending
            # the matchedFiles with their matches:
            matchedFiles.extend(walk(filepath, matchFunc))
    return matchedFiles


print('All files with even byte sizes:')
print(walk('.', hasEvenByteSize))
print('All files with every vowel in their name:')
print(walk('.', hasEveryVowel))
```

檔案搜尋程式的主要函數 walk()，它會「走訪」基本資料夾及其子資料夾內的所有檔案。它呼叫其他兩個函數的其中一個來實作它正在尋找的自訂搜尋條件。在此程式的內文中，我們將呼叫這些「配對函數」（match function），如果檔案與搜尋條件配對到了，則該函數呼叫將會回傳 True；否則就回傳 False。

walk() 函數的工作是對它走訪的資料夾中的每個檔案呼叫一次配對函數。讓我們進一步看看這個程式碼。

# 配對函數

在 Python 中，你可以將函數本身作為引數傳遞給函數呼叫。下面的範例中，callTwice() 函數呼叫了它的函數引數兩次，無論是 sayHello() 還是 sayGoodbye()：

Python
```
>>> def callTwice(func):
...     func()
...     func()
...
>>> def sayHello():
...     print('Hello!')
...
>>> def sayGoodbye():
...     print('Goodbye!')
...
>>> callTwice(sayHello)
Hello!
Hello!
>>> callTwice(sayGoodbye)
```

```
Goodbye!
Goodbye!
```

callTwice() 函數會呼叫作為 func 參數傳遞的任何函數。請注意，這裡省去了函數引數的括號，寫成 callTwice(sayHello) 而不是 callTwice(sayHello())。這是因為我們傳遞的是 sayHello() 函數本身，而不是呼叫 sayHello() 並傳遞其回傳值。

walk() 函數接受配對函數引數作為其搜尋條件。這使我們可以自訂檔案搜尋的行為，無需修改 walk() 函數本身的程式碼，稍後我們會討論到 walk()。先來看看程式中的兩個範例配對函數。

## 尋找檔案大小為偶數位元組（bytes）的檔案

第一個配對函數尋找偶數位元組的檔案：

Python
```python
import os

def hasEvenByteSize(fullFilePath):
    """Returns True if fullFilePath has an even size in bytes,
    otherwise returns False."""
    fileSize = os.path.getsize(fullFilePath)
    return fileSize % 2 == 0
```

我們匯入 os 模組，該模組會在整個程式中透過 getsize()、basename() 等等函數來取得電腦上檔案的資訊，然後我們建立一個名為 hasEvenByteSize() 的配對函數。所有配對函數都採用名為 fullFilePath 的單一字串引數，並回傳 True 或 False 來表示配對成功或不成功。

os.path.getsize() 函數決定 fullFilePath 中檔案的大小（以位元組為單位），然後我們使用 % 餘數運算子來判斷這個數字是否為偶數，如果是偶數，則 return 敘述句回傳 True；如果是奇數，則回傳 False。例如，我們考慮 Windows 作業系統隨附的記事本應用程式的大小（在 macOS 或 Linux 上，請嘗試在 /bin/ls 程式上執行此函數）：

Python
```
>>> import os
>>> os.path.getsize('C:/Windows/system32/notepad.exe')
211968
>>> 211968 % 2 == 0
True
```

hasEvenByteSize() 配對函數可以使用任何 Python 函數來找尋 fullFilePath 檔案的更多相關資訊，讓你可以編寫符合任何搜尋條件的程式碼。當 walk() 對它走訪的資料夾及其子資料夾中的每個檔案呼叫配對函數時，配對函數會為每個檔案回傳 True 或 False，來告知 walk() 該檔案是否配對成功。

## 尋找包含每個母音的檔案名稱

我們再看看下一個配對函數：

```
def hasEveryVowel(fullFilePath):
    """Returns True if the fullFilePath has a, e, i, o, and u,
    otherwise returns False."""
    name = os.path.basename(fullFilePath).lower()
    return ('a' in name) and ('e' in name) and ('i' in name) and ('o' in name)
and ('u' in name)
```

我們呼叫 os.path.basename() 從檔案路徑中刪除資料夾名稱。Python 會進行區分大小寫的字串比較，這能確保 hasEveryVowel() 不會因為檔案名稱中的母音是大寫而錯過任何母音。例如，呼叫 os.path.basename('C:/Windows/system32/notepad.exe') 回傳字串 notepad.exe。該字串的 lower() 方法呼叫回傳字串的小寫形式，因此我們只需檢查其中的小寫母音。本章後面的「Python 標準函式庫中處理檔案的有用函數」將探討更多用於找尋檔案資訊的函數。

我們使用冗長表達式的 return 敘述句，如果名稱包含 a、e、i、o 或 u，則計算結果為 True，表示檔案與搜尋條件相符；否則，return 敘述句回傳 False。

# 遞迴 walk() 函數

配對函數檢查檔案是否與搜尋條件相符，而 `walk()` 函數則會尋找所有要檢查的檔案。遞迴 `walk()` 函數會傳遞要搜尋的基本資料夾名稱以及一個配對函數，來呼叫該資料夾中的每個檔案。

`walk()` 函數也會針對正在搜尋的基本資料夾中的每個子資料夾，遞迴地呼叫自身，因此這些子資料夾就會成為遞迴呼叫中新的基本資料夾。讓我們問問關於這個遞迴函數的三個問題：

➲ **基本情況是什麼？**

當函數完成處理其給定基本資料夾中的每個檔案和子資料夾時。

➲ **傳遞給遞迴函數呼叫的引數是什麼？**

要搜尋的基本資料夾和用於找尋配對檔案的配對函數。對於此資料夾中的每個子資料夾，都會使用該子資料夾作為新資料夾引數來進行遞迴呼叫。

➲ **這個引數如何漸漸趨近於基本情況？**

最終，該函數會在所有子資料夾上遞迴呼叫自身，或是遇到沒有任何子資料夾的基本資料夾。

圖 10-1 顯示了一個範例檔案系統以及對 `walk()` 的遞迴呼叫，它使用 C:\ 作為基本資料夾進行呼叫。

**圖 10-1**：範例檔案系統及其遞迴 `walk()` 函數呼叫。

讓我們來看看 walk() 函數的程式碼：

```
def walk(folder, matchFunc):
    """Calls the match function with every file in the folder and its
    subfolders. Returns a list of files that the match function
    returned True for."""
    matchedFiles = [] # This list holds all the matches.
    folder = os.path.abspath(folder) # Use the folder's absolute path.
```

walk() 函數有兩個參數：folder 是要搜尋的基本資料夾的字串（我們可以傳遞「.」來參照執行 Python 程式的目前資料夾），matchFunc 是一個 Python 函數，它傳遞一個檔案名稱，如果函數表明該搜尋配對成功則回傳 True，否則就回傳 False。

此函數的下一部分會檢查資料夾的內容：

Python
```
    # Loop over every file and subfolder in the folder:
    for name in os.listdir(folder):
        filepath = os.path.join(folder, name)
        if os.path.isfile(filepath):
```

for 迴圈呼叫 os.listdir() 以回傳 folder 資料夾的內容清單，這個清單包括所有檔案和子資料夾。對於每個檔案，我們透過將資料夾與檔案或資料夾的名稱連接起來，以建立完整的絕對路徑。如果名稱參照了一個檔案，則 os.path.isfile() 函數呼叫會回傳 True，我們將檢查該檔案是否為搜尋配對項：

Python
```
            # Call the match function for each file:
            if matchFunc(filepath):
                matchedFiles.append(filepath)
```

我們呼叫 match 函數，向其傳遞 for 迴圈目前檔案的完整絕對檔案路徑。請注意，matchFunc 是 walk() 其中一個參數的名稱。如果 hasEvenByteSize()、hasEveryVowel() 或其他函數作為 matchFunc 參數的引數傳遞，那麼這就是 walk() 呼叫的函數。如果 filepath 包含根據配對演算法配對的檔案，就將它新增到 matches 清單中：

Python
```
        elif os.path.isdir(filepath):
            # Recursively call walk for each subfolder, extending
            # the matchedFiles with their matches:
            matchedFiles.extend(walk(filepath, matchFunc))
```

否則，如果 for 迴圈的檔案是子資料夾，那麼 os.path.isdir() 函數呼叫會回傳 True。接著，我們將子資料夾傳遞給遞迴函數呼叫，這個遞迴呼叫會回傳子資料夾（及其子資料夾）中所有配對檔案的清單，然後將其新增至 matches 的清單中：

```
    return matchedFiles
```

for 迴圈完成後，matches 清單包含此資料夾（及其所有子資料夾）中所有配對成功的檔案。這個清單就成為 walk() 函數的回傳值。

# 呼叫 walk() 函數

我們已經實作了 walk() 函數和一些配對函數，那麼現在可以來執行自訂檔案搜尋了。我們以「.」字串作為 walk() 的第一個引數，該字串是一個特殊的目錄名稱，表示目前的目錄，這樣它就會使用執行程式的資料夾作為搜尋的基本資料夾：

Python
```
print('All files with even byte sizes:')
print(walk('.', hasEvenByteSize))
print('All files with every vowel in their name:')
print(walk('.', hasEveryVowel))
```

程式的輸出取決於你電腦上的檔案，而這個範例展示了如何編寫符合任何搜尋條件的程式碼。例如，輸出可能會像下面這個樣子：

Python
```
All files with even byte sizes:
['C:\\Path\\accesschk.exe', 'C:\\Path\\accesschk64.exe',
'C:\\Path\\AccessEnum.exe', 'C:\\Path\\ADExplorer.exe',
'C:\\Path\\Bginfo.exe', 'C:\\Path\\Bginfo64.exe',
'C:\\Path\\diskext.exe', 'C:\\Path\\diskext64.exe',
'C:\\Path\\Diskmon.exe', 'C:\\Path\\DiskView.exe',
'C:\\Path\\hex2dec64.exe', 'C:\\Path\\jpegtran.exe',
'C:\\Path\\Tcpview.exe', 'C:\\Path\\Testlimit.exe',
'C:\\Path\\wget.exe', 'C:\\Path\\whois.exe']
All files with every vowel in their name:
['C:\\Path\\recursionbook.bat']
```

# 用於處理檔案的有用 Python 標準函式庫函數

讓我們來看看一些可以幫助你編寫配對函數的有用函數。Python 附帶的標準模組函式庫包含幾個用於取得檔案資訊的實用函數，很多都是位於 os 和 Shutil 模組中，因此，你的程式必須執行 import os 或 import Shutil 才能呼叫這些函數。

## 找尋有關檔案名稱的資訊

傳遞給配對函數的完整檔案路徑，可以使用 os.path.basename() 和 os.path.dirname() 函數分解為基本名稱和目錄名稱。你也可以呼叫 os.path.split() 以元組（tuple）形式取得這些名稱。在 Python 的互動式 shell 中輸入以下內容。在 macOS 或 Linux 上，嘗試使用 /bin/ls 作為檔案名稱：

Python
```
>>> import os
>>> filename = 'C:/Windows/system32/notepad.exe'
>>> os.path.basename(filename)
'notepad.exe'
>>> os.path.dirname(filename)
'C:/Windows/system32'
>>> os.path.split(filename)
('C:/Windows/system32', 'notepad.exe')
>>> folder, file = os.path.split(filename)
>>> folder
'C:/Windows/system32'
>>> file
'notepad.exe'
```

你可以在這些字串值上使用 Python 的任何字串方法，來評估檔案是否符合你的搜尋條件，例如，hasEveryVowel() 配對函數中的 lower()。

## 找尋有關檔案時間戳記的資訊

檔案具有時間戳記（timestamp），這些時間戳記顯示了檔案的建立時間、最後修改時間和最後存取時間。Python 的 os.path.getctime() 用於獲取檔案的建立時間、os.path.getmtime() 用於獲取檔案的最後修改時間、os.path.getatime() 用於獲取檔案的最後存取時間，這些函數以浮點值（floating-point value）形式回傳這些時間戳記，代表自 Unix 紀元（1970 年 1 月 1 日午夜）以來在

UTC（Coordinated Universal Time）時區的秒數。在互動式 shell 中輸入以下內容：

Python
```
> import os
> filename = 'C:/Windows/system32/notepad.exe'
> os.path.getctime(filename)
1625705942.1165037
> os.path.getmtime(filename)
1625705942.1205275
> os.path.getatime(filename)
1631217101.8869188
```

這些浮點值對於程式來說很容易使用，因為它們只是單一數字，但是你需要 Python 時間模組中的函數來使它們更容易被人類閱讀。time.localtime() 函數將 Unix 紀元時間戳記轉換為電腦時區的 struct_time 物件。struct_time 物件有幾個名稱以 tm_ 開頭的屬性，用於取得日期和時間資訊。在互動式 shell 中輸入以下內容：

Python
```
>>> import os
>>> filename = 'C:/Windows/system32/notepad.exe'
>>> ctimestamp = os.path.getctime(filename)
>>> import time
>>> time.localtime(ctimestamp)
time.struct_time(tm_year=2021, tm_mon=7, tm_mday=7, tm_hour=19,
tm_min=59, tm_sec=2, tm_wday=2, tm_yday=188, tm_isdst=1)
>>> st = time.localtime(ctimestamp)
>>> st.tm_year
2021
>>> st.tm_mon
7
>>> st.tm_mday
7
>>> st.tm_wday
2
>>> st.tm_hour
19
>>> st.tm_min
59
>>> st.tm_sec
2
```

請注意，tm_mday 屬性是一個月中的日期，範圍從 1 到 31。tm_wday 屬性是一週中的哪一天，從 0 開始，0 表示星期一、1 表示星期二…6 表示星期日。

如果你需要簡短、易於閱讀的 time_struct 物件字串，可以將它傳遞給 time.asctime() 函數：

```python
>>> import os
>>> filename = 'C:/Windows/system32/notepad.exe'
>>> ctimestamp = os.path.getctime(filename)
>>> import time
>>> st = time.localtime(ctimestamp)
>>> time.asctime(st)
'Wed Jul  7 19:59:02 2021'
```

time.localtime() 函數回傳本地時區的 struct_time 物件，而 time.gmtime() 函數回傳 UTC 或格林威治標準時區（Greenwich Mean time zone）的 struct_time 物件。在互動式 shell 中輸入以下內容：

```python
>>> import os
>>> filename = 'C:/Windows/system32/notepad.exe'
>>> ctimestamp = os.path.getctime(filename)
>>> import time
>>> ctimestamp = os.path.getctime(filename)
>>> time.localtime(ctimestamp)
time.struct_time(tm_year=2021, tm_mon=7, tm_mday=7, tm_hour=19,
tm_min=59, tm_sec=2, tm_wday=2, tm_yday=188, tm_isdst=1)
>>> time.gmtime(ctimestamp)
time.struct_time(tm_year=2021, tm_mon=7, tm_mday=8, tm_hour=0,
tm_min=59, tm_sec=2, tm_wday=3, tm_yday=189, tm_isdst=0)
```

這些 os.path 函數（回傳 Unix 紀元時間戳記）和 time 函數（回傳 struct_time 物件）之間的轉換過程可能會有點難懂。圖 10-2 顯示了從檔案名稱字串開始到取得時間戳記各個部分結束的步驟。

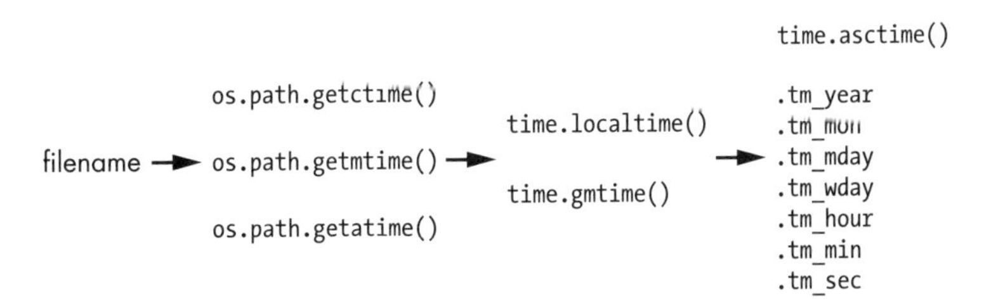


**圖 10-2**：從檔案名稱到時間戳記的各個屬性。

最後，time.time() 函數回傳自 Unix 紀元到目前時間的秒數。

# 修改你的檔案

在 walk() 函數回傳了符合你的搜尋條件的檔案清單後，你可能會對它們執行重新命名、刪除或其他操作。Python 標準函式庫中的 Shutil 和 os 模組具有執行此操作的函數。此外，send2trash 第三方模組還可以將檔案傳送到作業系統的資源回收桶，而不是永久刪除它們。

若要移動檔案，請使用兩個引數來呼叫 Shutil.move() 函數：第一個引數是要移動的檔案，第二個引數是所指定的目標資料夾。

例如，你可以呼叫以下內容：

Python
```
>>> import shutil
>>> shutil.move('spam.txt', 'someFolder')
'someFolder\\spam.txt
```

Shutil.move() 函數回傳檔案的新檔案路徑字串。你也可以指定檔案名稱來同時移動和重新命名檔案：

Python
```
>>> import shutil
>>> shutil.move('spam.txt', 'someFolder\\newName.txt')
'someFolder\\newName.txt'
```

如果第二個引數缺少資料夾，你只需為檔案指定一個新名稱，即可在目前的資料夾中重新命名它：

Python
```
>>> import shutil
>>> shutil.move('spam.txt', 'newName.txt')
'newName.txt'
```

請注意，shutil.move() 函數同時移動和重新命名檔案，類似於 Unix 和 macOS 的 mv 命令移動和重新命名檔案的方式。實際並沒有單獨的 Shutil.rename() 函數。

若要複製檔案，請使用兩個引數呼叫 Shutil.copy() 函數。第一個引數是要複製的檔案的檔案名稱，第二個引數是複製後的新名稱。例如，你可以呼叫以下內容：

```
Python >>> import shutil
>>> shutil.copy('spam.txt', 'spam-copy.txt')
'spam-copy.txt'
```

Shutil.copy() 函數回傳複製後的名稱。若要刪除檔案，請呼叫 os.unlink() 函數並向其傳遞要刪除的檔案的名稱：

```
Python >>> import os
>>> os.unlink('spam.txt')
>>>
```

在這裡使用了「unlink」而不是「delete」，是因為一個技術細節：它會刪除連結到檔案的檔案名稱。但由於大多數檔案只有一個連結的檔名，因此取消連結也會刪除該檔案。如果你無法理解這些檔案系統概念也沒關係，只要知道 os.unlink() 會刪除一個檔案。

呼叫 os.unlink() 會永久刪除該檔案，若是程式中的錯誤導致函數刪除錯誤的檔案，可能會產生問題。相反的，你可以使用 send2trash 模組的 send2trash() 函數將檔案放入作業系統的資源回收桶中。若要安裝此模組，請在 Windows 上從命令提示字元執行 runPython -m pip install --user send2trash 或在 macOS 或 Linux 上從終端機執行 runPython3 -m pip install。安裝好模組後，你就可以使用 import send2trash 匯入它。

在互動式 shell 中輸入以下內容：

```
Python >>> open('deleteme.txt', 'w').close() # Create a blank file.
>>> import send2trash
>>> send2trash.send2trash('deleteme.txt')
```

此範例建立了一個名為 deleteme.txt 的空白檔案。呼叫 send2trash.send2trash()（模組和函數同名）後，該檔案被刪除丟到資源回收桶。

# 結論

本章的檔案搜尋專案使用遞迴來「走訪」資料夾及其所有子資料夾的內容。檔案搜尋器程式的 `walk()` 函數遞迴地導覽這些資料夾，將自訂搜尋條件套用至每個子資料夾中的每一個檔案。搜尋條件作為配對函數實作，並傳遞給 `walk()` 函數，這允許我們透過編寫新函數來更改搜尋條件，而不是修改 `walk()` 中的程式碼。

我們的專案有兩個配對函數，用於找尋具有偶數位元的檔案或是名稱中包含每個母音的檔案，不過你也可以自己編寫函數傳遞給 `walk()`，這就是程式設計的威力，可以根據自己的需求建立商業應用程式中找不到的功能。

# 延伸閱讀

Python 內建 `os.walk()` 函數（類似檔案搜尋器專案中的 walk() 函數）的文件，位於 https://docs.python.org/3/library/os.html#os.walk。你還可以在我的書《*Automate the Boring Stuff withPython*》第二版（No Starch Press，2019）的第 9 章中了解更多有關計算機檔案系統和 Python 檔案函數的資訊，網址為 https:// automatetheboringstuff.com/2e/chapter9。

Python 標準函式庫中的 `datetime` 模組還有更多與時間戳記資料互動的方式，《*Automate the Boring Stuff withPython*》第二版的第 17 章中可以找到更多相關資訊，參見 https://automatetheboringstuff.com/2e/chapter17。

# 11

# 迷宮生成器

第 4 章介紹了一種解決迷宮問題的遞迴演算法，但其實還有另一種遞迴演算法可以用來生成迷宮。在本章中，我們將以與第 4 章的迷宮解題程式相同的格式來生成迷宮。因此，無論你是喜歡解決迷宮問題還是建立迷宮，你現在都可以將程式設計應用到迷宮任務中。

該演算法的運作原理是探訪迷宮中的「起始空間」，然後遞迴走訪其相鄰空間。隨著演算法繼續走訪鄰居，會漸漸「刻劃」出迷宮的走道。如果演算法到達沒有相鄰空間的死胡同，它會回溯到較早的空間，直到找到未走訪過的鄰居並從那裡繼續走訪。當演算法回溯到起始空間時，整個迷宮就完成了。

我們在這裡將會使用的遞迴回溯演算法（recursive backtracking algorithm），其生成的迷宮往往有很長的走道（連接分支交叉點的迷宮空間）而且容易解決，儘管如此，這個演算法依然比許多其他的迷宮生成演算法（例如 Kruskal 演算法或 Wilson 演算法）更容易實作，因此很適合用來介紹這個主題。

# 完整的迷宮生成器程式

我們首先看一下該程式的完整 Python 原始程式碼和 JavaScript 原始程式碼，該程式使用了遞迴回溯演算法來生成迷宮。本章接下來會解釋程式碼的每個部分。

將此 Python 程式碼複製到名為 mazeGenerator.py 的檔案中：

*Python*

```
import random

WIDTH = 39 # Width of the maze (must be odd).
HEIGHT = 19 # Height of the maze (must be odd).
assert WIDTH % 2 == 1 and WIDTH >= 3
assert HEIGHT % 2 == 1 and HEIGHT >= 3
SEED = 1
random.seed(SEED)

# Use these characters for displaying the maze:
EMPTY = ' '
MARK = '@'
WALL = chr(9608) # Character 9608 is '█'
NORTH, SOUTH, EAST, WEST = 'n', 's', 'e', 'w'

# Create the filled-in maze data structure to start:
maze = {}
for x in range(WIDTH):
    for y in range(HEIGHT):
        maze[(x, y)] = WALL # Every space is a wall at first.

def printMaze(maze, markX=None, markY=None):
    """Displays the maze data structure in the maze argument. The
    markX and markY arguments are coordinates of the current
    '@' location of the algorithm as it generates the maze."""

    for y in range(HEIGHT):
        for x in range(WIDTH):
            if markX == x and markY == y:
                # Display the '@' mark here:
                print(MARK, end='')
            else:
                # Display the wall or empty space:
                print(maze[(x, y)], end='')
        print() # Print a newline after printing the row.
```

```
def visit(x, y):
    """"Carve out" empty spaces in the maze at x, y and then
    recursively move to neighboring unvisited spaces. This
    function backtracks when the mark has reached a dead end."""
    maze[(x, y)] = EMPTY # "Carve out" the space at x, y.
    printMaze(maze, x, y) # Display the maze as we generate it.
    print('\n\n')

    while True:
        # Check which neighboring spaces adjacent to
        # the mark have not been visited already:
        unvisitedNeighbors = []
        if y > 1 and (x, y - 2) not in hasVisited:
            unvisitedNeighbors.append(NORTH)

        if y < HEIGHT - 2 and (x, y + 2) not in hasVisited:
            unvisitedNeighbors.append(SOUTH)

        if x > 1 and (x - 2, y) not in hasVisited:
            unvisitedNeighbors.append(WEST)

        if x < WIDTH - 2 and (x + 2, y) not in hasVisited:
            unvisitedNeighbors.append(EAST)

        if len(unvisitedNeighbors) == 0:
            # BASE CASE
            # All neighboring spaces have been visited, so this is a
            # dead end. Backtrack to an earlier space:
            return
        else:
            # RECURSIVE CASE
            # Randomly pick an unvisited neighbor to visit:
            nextIntersection = random.choice(unvisitedNeighbors)

            # Move the mark to an unvisited neighboring space:

            if nextIntersection == NORTH:
                nextX = x
                nextY = y - 2
                maze[(x, y - 1)] = EMPTY # Connecting hallway.
            elif nextIntersection == SOUTH:
                nextX = x
                nextY = y + 2
                maze[(x, y + 1)] = EMPTY # Connecting hallway.
            elif nextIntersection == WEST:
                nextX = x - 2
                nextY = y
```

```python
                    maze[(x - 1, y)] = EMPTY # Connecting hallway.
                elif nextIntersection == EAST:
                    nextX = x + 2
                    nextY = y
                    maze[(x + 1, y)] = EMPTY # Connecting hallway.

                hasVisited.append((nextX, nextY)) # Mark as visited.
                visit(nextX, nextY) # Recursively visit this space.


# Carve out the paths in the maze data structure:
hasVisited = [(1, 1)] # Start by visiting the top-left corner.
visit(1, 1)

# Display the final resulting maze data structure:
printMaze(maze)
```

將此 JavaScript 程式碼複製到名為 mazeGenerator.html 的檔案：

JavaScript

```javascript
<script type="text/javascript">

const WIDTH = 39; // Width of the maze (must be odd).
const HEIGHT = 19; // Height of the maze (must be odd).
console.assert(WIDTH % 2 == 1 && WIDTH >= 2);
console.assert(HEIGHT % 2 == 1 && HEIGHT >= 2);

// Use these characters for displaying the maze:
const EMPTY = " ";
const MARK = "@";
const WALL = "&#9608;"; // Character 9608 is ´█´
const [NORTH, SOUTH, EAST, WEST] = ["n", "s", "e", "w"];

// Create the filled-in maze data structure to start:
let maze = {};
for (let x = 0; x < WIDTH; x++) {
    for (let y = 0; y < HEIGHT; y++) {
        maze[[x, y]] = WALL; // Every space is a wall at first.
    }
}


function printMaze(maze, markX, markY) {
    // Displays the maze data structure in the maze argument. The
    // markX and markY arguments are coordinates of the current
    // '@' location of the algorithm as it generates the maze.
    document.write('<code>');
    for (let y = 0; y < HEIGHT; y++) {
```

```
        for (let x = 0; x < WIDTH; x++) {
            if (markX === x && markY === y) {
                // Display the '@' mark here:
                document.write(MARK);
            } else {
                // Display the wall or empty space:
                document.write(maze[[x, y]]);
            }
        }
        document.write('<br />'); // Print a newline after printing the row.
    }
    document.write('</code>');
}


function visit(x, y) {
    // "Carve out" empty spaces in the maze at x, y and then
    // recursively move to neighboring unvisited spaces. This
    // function backtracks when the mark has reached a dead end.

    maze[[x, y]] = EMPTY; // "Carve out" the space at x, y.
    printMaze(maze, x, y); // Display the maze as we generate it.
    document.write('<br /><br /><br />');

    while (true) {
        // Check which neighboring spaces adjacent to
        // the mark have not been visited already:
        let unvisitedNeighbors = [];
        if (y > 1 && !JSON.stringify(hasVisited).includes(JSON.stringify([x, y
- 2]))) {
            unvisitedNeighbors.push(NORTH);
        }
        if (y < HEIGHT - 2 &&
        !JSON.stringify(hasVisited).includes(JSON.stringify([x, y + 2]))) {
            unvisitedNeighbors.push(SOUTH);
        }
        if (x > 1 &&
        !JSON.stringify(hasVisited).includes(JSON.stringify([x - 2, y]))) {
            unvisitedNeighbors.push(WEST);
        }
        if (x < WIDTH - 2 &&
        !JSON.stringify(hasVisited).includes(JSON.stringify([x + 2, y]))) {
            unvisitedNeighbors.push(EAST);
        }

        if (unvisitedNeighbors.length === 0) {
            // BASE CASE
```

```
                // All neighboring spaces have been visited, so this is a
                // dead end. Backtrack to an earlier space:
                return;
            } else {
                // RECURSIVE CASE
                // Randomly pick an unvisited neighbor to visit:
                let nextIntersection = unvisitedNeighbors[
                Math.floor(Math.random() * unvisitedNeighbors.length)];

                // Move the mark to an unvisited neighboring space:
                let nextX, nextY;
                if (nextIntersection === NORTH) {
                    nextX = x;
                    nextY = y - 2;
                    maze[[x, y - 1]] = EMPTY; // Connecting hallway.
                } else if (nextIntersection === SOUTH) {
                    nextX = x;
                    nextY = y + 2;
                    maze[[x, y + 1]] = EMPTY; // Connecting hallway.
                } else if (nextIntersection === WEST) {
                    nextX = x - 2;
                    nextY = y;
                    maze[[x - 1, y]] = EMPTY; // Connecting hallway.
                } else if (nextIntersection === EAST) {
                    nextX = x + 2;
                    nextY = y;
                    maze[[x + 1, y]] = EMPTY; // Connecting hallway.
                }
                hasVisited.push([nextX, nextY]); // Mark space as visited.
                visit(nextX, nextY); // Recursively visit this space.
            }
        }
    }


// Carve out the paths in the maze data structure:
let hasVisited = [[1, 1]]; // Start by visiting the top-left corner.
visit(1, 1);

// Display the final resulting maze data structure:
printMaze(maze);
</script>
```

當你執行該程式時，它會產生大量文本，這些文本將填滿終端視窗或瀏覽器，並顯示迷宮建構的每一步，你必須向上捲動到頂部才能查看整個輸出。

迷宮的資料結構開始時是一個完全填滿的二維空間。遞迴回溯演算法在這個迷宮中給出一個起點，接著走訪以前未走訪過的相鄰空間，在這個過程中會「刻劃」出走道空間。然後，在以前沒有走訪過的相鄰空間遞迴地呼叫自己。如果所有相鄰空間都已走訪過，表示演算法走到了死胡同，它會回溯到先前走訪過的空間，去走訪之前還沒走訪過的鄰居。當演算法回溯到起始位置時，程式結束。

你可以透過執行迷宮生成器程式來查看該演算法的實際效果。當迷宮被刻劃出來時，它使用「@」字元顯示目前的 x, y 坐標，過程如圖 11-1 所示。請注意，右上角的第五張圖像在到達死胡同後回溯到較早的空間，從該空間再探索新的相鄰方向。

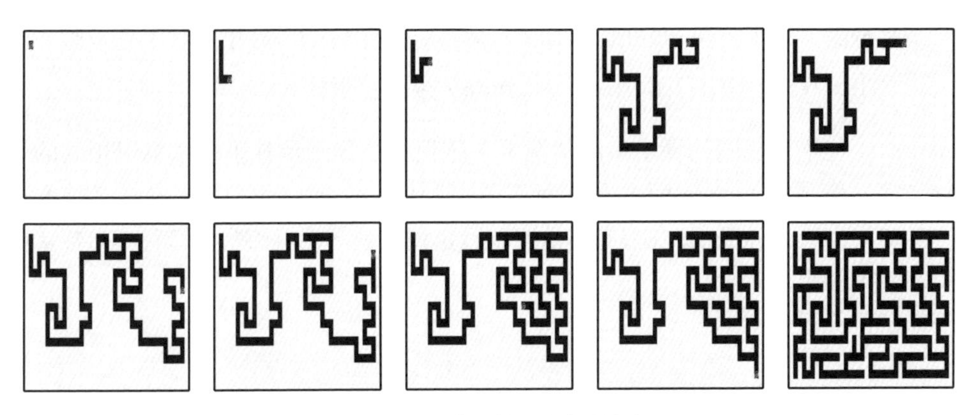

**圖 11-1**：用遞迴回溯演算法逐漸「刻劃」出來的迷宮。

讓我們進一步查看程式碼細節。

## 設定迷宮生成器的常數

迷宮生成器使用了幾個常數，我們可以在執行程式之前更改這些常數以改變迷宮的大小和外觀。這些常數的 Python 程式碼如下：

*Python*
```
import random

WIDTH = 39 # Width of the maze (must be odd).
HEIGHT = 19 # Height of the maze (must be odd).
assert WIDTH % 2 == 1 and WIDTH >= 3
```

```python
assert HEIGHT % 2 == 1 and HEIGHT >= 3
SEED = 1
random.seed(SEED)
```

JavaScript 程式碼如下：

JavaScript
```javascript
<script type="text/javascript">

const WIDTH = 39; // Width of the maze (must be odd).
const HEIGHT = 19; // Height of the maze (must be odd).
console.assert(WIDTH % 2 == 1 && WIDTH >= 3);
console.assert(HEIGHT % 2 == 1 && HEIGHT >= 3);
```

常數 `WIDTH` 和 `HEIGHT` 決定了迷宮的大小。它們必須是奇數，因為我們的迷宮資料結構要求迷宮的已走訪空間之間必須有「牆」，因而迷宮的維度必須是奇數。為了確保 `WIDTH` 和 `HEIGHT` 常數設定是正確的，如果常數不是奇數或者太小，我們就使用「斷言」（assertion）來停止程式。

在給定相同的種子值的情況下，該程式依靠隨機種子值來重現相同的迷宮。程式的 Python 版本允許我們透過呼叫 `random.seed()` 函數來設定該種子值。可惜 JavaScript 並沒有辦法明確設定種子值，而且每次執行程式時都會產生不同的迷宮。

> **NOTE**
>
> Python 程式產生的「隨機」數字實際上是可預測的，因為它們是基於起始種子值；給定相同的種子，程式會產生相同的「隨機」迷宮。當嘗試透過讓程式重現與我們第一次注意到錯誤時相同的迷宮來偵錯程式時，這非常有用。

Python 程式碼繼續設定一些常數：

Python
```python
# Use these characters for displaying the maze:
EMPTY = ' '
MARK = '@'
WALL = chr(9608) # Character 9608 is '█'
NORTH, SOUTH, EAST, WEST = 'n', 's', 'e', 'w'
```

這些常數的 JavaScript 程式碼如下：

*JavaScript*

```
// Use these characters for displaying the maze:
const EMPTY = " ";
const MARK = "@";
const WALL = "&#9608;"; // Character 9608 is '█'
const [NORTH, SOUTH, EAST, WEST] = ["n", "s", "e", "w"];
```

EMPTY 和 WALL 常數會影響迷宮在螢幕上的顯示方式；MARK 常數用於指出演算法執行時在迷宮中的位置。NORTH、SOUTH、EAST 和 WEST 常數則用來表示標記（MARK）可以移動的方向，使程式碼更具可讀性。

# 建立迷宮資料結構

迷宮資料結構是一個 Python 字典或 JavaScript 物件，其中包含迷宮中每個空間的 x, y 座標的 Python 元組（tuple）或 JavaScript 陣列的鍵。這些鍵的值是 WALL 或 EMPTY 常數中的字串，該字串表明此空間是迷宮中的阻擋牆還是可通行的空白空間。

舉例，用以下資料結構表示圖 11-2 中的迷宮：

```
{(0, 0): '█', (0, 1): '█', (0, 2): '█', (0, 3): '█', (0, 4): '█',
(0, 5): '█', (0, 6): '█', (1, 0): '█', (1, 1): ' ', (1, 2): ' ',
(1, 3): ' ', (1, 4): ' ', (1, 5): ' ', (1, 6): '█', (2, 0): '█',
(2, 1): '█', (2, 2): '█', (2, 3): '█', (2, 4): '█', (2, 5): ' ',
(2, 6): '█', (3, 0): '█', (3, 1): ' ', (3, 2): '█', (3, 3): ' ',
(3, 4): ' ', (3, 5): ' ', (3, 6): '█', (4, 0): '█', (4, 1): ' ',
(4, 2): '█', (4, 3): ' ', (4, 4): '█', (4, 5): '█', (4, 6): '█',
(5, 0): '█', (5, 1): ' ', (5, 2): ' ', (5, 3): ' ', (5, 4): ' ',
(5, 5): ' ', (5, 6): '█', (6, 0): '█', (6, 1): '█', (6, 2): '█',
(6, 3): '█', (6, 4): '█', (6, 5): '█', (6, 6): '█'}
```

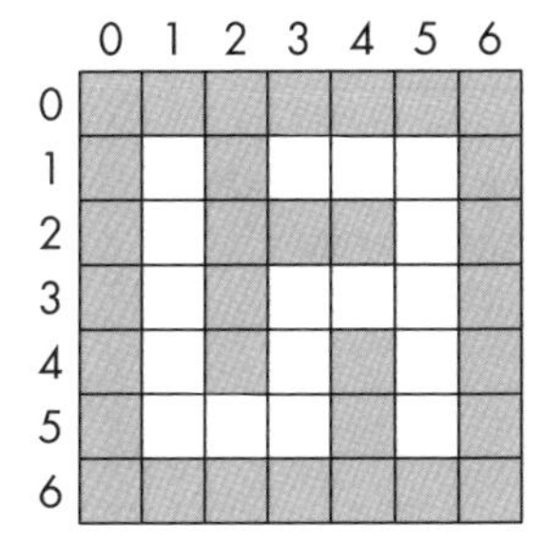


**圖 11-2**：可以用資料結構表示的迷宮範例。

程式開始執行時必須將每個空間設定為 WALL，然後遞迴 visit() 函數將空間設定為 EMPTY 來開闢迷宮的走道和交叉點：

Python
```
# Create the filled-in maze data structure to start:
maze = {}
for x in range(WIDTH):
    for y in range(HEIGHT):
        maze[(x, y)] = WALL # Every space is a wall at first
```

對應的 JavaScript 程式碼如下：

JavaScript
```
// Create the filled-in maze data structure to start:
let maze = {};
for (let x = 0; x < WIDTH; x++) {
    for (let y = 0; y < HEIGHT; y++) {
        maze[[x, y]] = WALL; // Every space is a wall at first.
    }
}
```

我們在迷宮全域變數中建立空白字典（在 Python 中）或物件（在 JavaScript 中）。for 迴圈走訪每個可能的 x, y 座標，將每個座標設為 WALL，以建立一個完全填滿的迷宮。對 visit() 的呼叫將會根據該資料結構將其中的空間設為 EMPTY，來建立迷宮的走道。

## 印出迷宮資料結構

為了將迷宮表示為資料結構，Python 程式使用字典，JavaScript 程式使用物件。在此結構中，鍵是 x 和 y 座標兩個整數的串列或陣列，而值是 WALL 或 EMPTY 單字元字串。因此，我們可以存取迷宮中座標 x, y 處的牆壁或空走道空間，如 Python 程式碼中的 maze[(x, y)] 和 JavaScript 程式碼中的 maze[[x, y]]。

Python 程式碼的 printMaze() 如下所示：

Python
```
def printMaze(maze, markX=None, markY=None):
    """Displays the maze data structure in the maze argument. The
    markX and markY arguments are coordinates of the current
    '@' location of the algorithm as it generates the maze."""

    for y in range(HEIGHT):
        for x in range(WIDTH):
```

printMaze() 的 JavaScript 程式碼如下所示：

JavaScript
```
function printMaze(maze, markX, markY) {
    // Displays the maze data structure in the maze argument. The
    // markX and markY arguments are coordinates of the current
    // '@' location of the algorithm as it generates the maze.
    document.write('<code>');
    for (let y = 0; y < HEIGHT; y++) {
        for (let x = 0; x < WIDTH; x++) {
```

printMaze() 函數在螢幕上印出作為迷宮參數傳遞的迷宮資料結構。在可挑選的狀況下，如果傳遞了 markX 和 markY 整數引數，則 MARK 常數（我們將其設為 @）會出現在印出迷宮中的這些 x, y 座標。為了確保迷宮以等寬字體印出，JavaScript 版本會在列印迷宮本身之前寫入 HTML 標記 <code>。如果沒有這個 HTML 標籤，迷宮在瀏覽器中將會呈現出變形的樣子。

在這個函數中，巢狀的 for 迴圈走訪迷宮資料結構中的每個空間。這些 for 迴圈對每個 y 座標從 0 到 HEIGHT（但不包括 HEIGHT）進行迭代，以及對每個 x 座標從 0 到 WIDTH（但不包括 WIDTH）進行迭代。

在內部 for 迴圈中，如果目前的 x, y 座標與標記的位置（演算法目前正在刻劃的位置）配對成功，則程式會在 MARK 常數中顯示 @。Python 程式碼執行此操作的方式如下：

Python
```
            if markX == x and markY == y:
                # Display the '@' mark here:
                print(MARK, end='')
            else:
                # Display the wall or empty space:
                print(maze[(x, y)], end='')


        print() # Print a newline after printing the row.
```

JavaScript 程式碼如下：

JavaScript
```
            if (markX === x && markY === y) {
                // Display the ´ @´ mark here:
                document.write(MARK);
            } else {
                // Display the wall or empty space:
```

```
                document.write(maze[[x, y]]);
            }
        }
        document.write('<br />'); // Print a newline after printing the row.
    }
    document.write('</code>');
}
```

否則，程式會在 maze 資料結構中的 x, y 座標處顯示 WALL 或 EMPTY 常數的字元，在 Python 中印出 maze[(x, y)]，而在 JavaScript 中印出 maze[[x, y]]。內部 for 迴圈完成 x 座標的迴圈後，我們在行末尾印出換行字元，為下一行做準備。

# 使用遞迴回溯演算法

visit() 函數可實作遞迴回溯演算法。該函數有一個串列（在 Python 中）或陣列（在 JavaScript 中），用於追蹤先前 visit() 函數呼叫已經走訪過的 x, y 座標並且就地修改了儲存迷宮資料結構的全域 maze 變數。visit() 的 Python 版本程式碼開頭如下：

Python

```python
def visit(x, y):
    """"Carve out" empty spaces in the maze at x, y and then
    recursively move to neighboring unvisited spaces. This
    function backtracks when the mark has reached a dead end."""
    maze[(x, y)] = EMPTY # "Carve out" the space at x, y.
    printMaze(maze, x, y) # Display the maze as we generate it.
    print('\n\n')
```

visit() 的 JavaScript 程式碼開頭如下所示：

JavaScript

```javascript
function visit(x, y) {
    // "Carve out" empty spaces in the maze at x, y and then
    // recursively move to neighboring unvisited spaces. This
    // function backtracks when the mark has reached a dead end.

    maze[[x, y]] = EMPTY; // "Carve out" the space at x, y.
    printMaze(maze, x, y); // Display the maze as we generate it.
    document.write('<br /><br /><br />');
```

visit() 函數接受 x, y 座標作為演算法正在走訪的迷宮中位置的引數，之後，函數將迷宮中該位置的資料結構變更為空的空間。為了讓使用者看到迷宮產生的進度，它便呼叫 printMaze()，傳遞 x 和 y 引數作為標記的目前位置。

接下來，遞迴回溯器使用先前未走訪過的相鄰空間的座標來呼叫 visit()。Python 程式碼如下繼續：

*Python*

```
    while True:
        # Check which neighboring spaces adjacent to
        # the mark have not been visited already:
        unvisitedNeighbors = []
        if y > 1 and (x, y - 2) not in hasVisited:
            unvisitedNeighbors.append(NORTH)

        if y < HEIGHT - 2 and (x, y + 2) not in hasVisited:
            unvisitedNeighbors.append(SOUTH)

        if x > 1 and (x - 2, y) not in hasVisited:
            unvisitedNeighbors.append(WEST)

        if x < WIDTH - 2 and (x + 2, y) not in hasVisited:
            unvisitedNeighbors.append(EAST)
```

JavaScript 程式碼如下繼續：

```
    while (true) {
        // Check which neighboring spaces adjacent to
        // the mark have not been visited already:
        let unvisitedNeighbors = [];
        if (y > 1 && !JSON.stringify(hasVisited).includes(JSON.stringify([x, y
- 2]))) {
            unvisitedNeighbors.push(NORTH);
        }
        if (y < HEIGHT - 2 && !JSON.stringify(hasVisited).includes(JSON.
stringify([x, y + 2]))) {
            unvisitedNeighbors.push(SOUTH);
        }
        if (x > 1 && !JSON.stringify(hasVisited).includes(JSON.stringify([x - 2,
y]))) {
            unvisitedNeighbors.push(WEST);
        }
        if (x < WIDTH - 2 && !JSON.stringify(hasVisited).includes(JSON.
stringify([x + 2, y]))) {
            unvisitedNeighbors.push(EAST);
        }
```

只要迷宮中該位置還有未走訪過的鄰居，while 迴圈就會繼續循環。我們在 unvisitedNeighbors 變數中建立一個未走訪相鄰空間的串列或陣列。四個 if 敘述句檢查目前的 x, y 位置是否不在迷宮的邊界上（表示還有一個相鄰空間需要檢查），以及相鄰空間的 x, y 座標是否沒有出現在 hasVisited 串列或陣列中。

如果所有鄰居都已被走訪過，則該函數回傳，以便可以回溯到較早的空間。Python 程式碼繼續執行，檢查基本情況：

*Python*

```
    if len(unvisitedNeighbors) == 0:
        # BASE CASE
        # All neighboring spaces have been visited, so this is a
        # dead end. Backtrack to an earlier space:
        return
```

JavaScript 程式碼的執行方式如下：

*JavaScript*

```
    if (unvisitedNeighbors.length === 0) {
        // BASE CASE
        // All neighboring spaces have been visited, so this is a
        // dead end. Backtrack to an earlier space:
        return;
```

當已經沒有未走訪過的鄰居可以繼續走訪時，遞迴回溯演算法的基本情況就出現了。在這種情況下，visit() 函數就只是回傳，它本身並沒有回傳值。相反的，遞迴函數呼叫 visit() 來修改全域 maze 變數中的迷宮資料結構，這個修改是 visit() 函數執行所產生的附加效果。當對 maze() 的原始函數呼叫回傳時，maze 全域變數中包含了完整生成的迷宮。

Python 程式碼繼續處理遞迴情況，如下所示：

*Python*

```
    else:
        # RECURSIVE CASE
        # Randomly pick an unvisited neighbor to visit:
        nextIntersection = random.choice(unvisitedNeighbors)

        # Move the mark to an unvisited neighboring space:

        if nextIntersection == NORTH:
            nextX = x
            nextY = y - 2
```

```python
            maze[(x, y - 1)] = EMPTY # Connecting hallway.
        elif nextIntersection == SOUTH:
            nextX = x
            nextY = y + 2
            maze[(x, y + 1)] = EMPTY # Connecting hallway.
        elif nextIntersection == WEST:
            nextX = x - 2
            nextY = y
            maze[(x - 1, y)] = EMPTY # Connecting hallway.
        elif nextIntersection == EAST:
            nextX = x + 2
            nextY = y
            maze[(x + 1, y)] = EMPTY # Connecting hallway.

        hasVisited.append((nextX, nextY)) # Mark space as visited.
        visit(nextX, nextY) # Recursively visit this space.
```

JavaScript 程式碼繼續執行，如下：

JavaScript

```javascript
    } else {
        // RECURSIVE CASE
        // Randomly pick an unvisited neighbor to visit:
        let nextIntersection = unvisitedNeighbors[
        Math.floor(Math.random() * unvisitedNeighbors.length)];

        // Move the mark to an unvisited neighboring space:
        let nextX, nextY;
        if (nextIntersection === NORTH) {
            nextX = x;
            nextY = y - 2;
            maze[[x, y - 1]] = EMPTY; // Connecting hallway.
        } else if (nextIntersection === SOUTH) {
            nextX = x;
            nextY = y + 2;
            maze[[x, y + 1]] = EMPTY; // Connecting hallway.
        } else if (nextIntersection === WEST) {
            nextX = x - 2;
            nextY = y;
            maze[[x - 1, y]] = EMPTY; // Connecting hallway.
        } else if (nextIntersection === EAST) {
            nextX = x + 2;
            nextY = y;
            maze[[x + 1, y]] = EMPTY;    // Connecting hallway.
        }
        hasVisited.push([nextX, nextY]); // Mark space as visited.
        visit(nextX, nextY);             // Recursively visit this space.
    }
```

```
    }
}
```

unvisitedNeighbors 串列或陣列包含一個或多個 NORTH、SOUTH、WEST 和 EAST 常數。我們為下一次遞迴呼叫 visit() 選擇其中一個方向，然後使用該方向上相鄰空間的座標去設定 nextX 和 nextY 變數。

之後，我們將 nextX 和 nextY 的 x, y 座標加到 hasVisited 串列或陣列中，然後再對這個相鄰空間進行遞迴呼叫。透過這種方式，visit() 函數繼續走訪相鄰空間，透過將迷宮中的位置設為 EMPTY 來刻劃迷宮走道。目前空間和相鄰空間之間的連接走道也設定為 EMPTY。

當不存在鄰居時，基本情況就回到較早的位置。在 visit() 函數中，執行會跳回到 while 迴圈的開頭，while 迴圈中的程式碼再次檢查哪些相鄰空間尚未被走訪，並對其進行遞迴 visit() 呼叫，如果所有相鄰空間都已被走訪過，則回傳。

當迷宮填滿走道而且每個空間都已被走訪過，遞迴呼叫將繼續回傳，直到原始 visit() 函數呼叫回傳。此時，迷宮變數包含了完整生成的迷宮。

## 啟動遞迴呼叫鏈

遞迴 visit() 使用兩個全域變數：maze 和 hasVisited。hasVisited 變數是一個串列或陣列，其中包含演算法走訪過的每個空間的 x, y 座標，並以 (1, 1) 開頭，因為這是迷宮的起點。其 Python 程式碼如下：

Python
```python
# Carve out the paths in the maze data structure:
hasVisited = [(1, 1)] # Start by visiting the top-left corner.
visit(1, 1)

# Display the final resulting maze data structure:
printMaze(maze)
```

JavaScript 程式碼如下：

JavaScript
```
// Carve out the paths in the maze data structure:
let hasVisited = [[1, 1]]; // Start by visiting the top-left corner.
visit(1, 1);

// Display the final resulting maze data structure:
printMaze(maze);
```

將 hasVisited 設為包含 1, 1（迷宮的左上角）的 x, y 座標之後，我們使用這些座標呼叫 visit()。此函數呼叫將導致生成迷宮走道的所有遞迴函數呼叫。當函數呼叫回傳時，hasVisited 將包含迷宮的每個 x, y 座標，而且 maze 將包含完整生成的迷宮。

# 結論

正如你剛剛了解到的，我們不僅可以使用遞迴來解決迷宮（將它們作為樹狀資料結構進行走訪），還可以使用遞迴回溯演算法來生成迷宮。該演算法在迷宮中逐步「刻劃」走道，遇到死胡同時就回溯到先前的點；一旦演算法被迫回溯到起點，迷宮就完全生成了。

我們可以將一個連接良好且沒有迴路的迷宮表示為向無環圖（DAG），即樹狀資料結構。遞迴回溯演算法利用了這樣的一個概念：遞迴演算法非常適合解決涉及到樹狀資料結構以及回溯的問題。

# 延伸閱讀

維基百科有一個關於迷宮生成的條目，其中有一個部分是關於遞迴回溯演算法，網址為 https://en.wikipedia.org/wiki/Maze_Generation_algorithm#Recursive_backtracker。我建立了一個以瀏覽器為基礎的遞迴回溯演算法動畫，顯示了走道的「刻劃」過程，網址為 https://scratch.mit.edu/projects/17358777。

如果你對迷宮生成很感興趣，你應該閱讀 Jamis Buck 的《*Mazes for Programmers: Code Your Own Twisty Little Passages*》（Pragmatic Bookshelf，2015 年）。

# 12

# 滑塊解題器

「滑塊拼圖」（sliding-tile puzzle）亦稱「15-puzzle」，是一款小型益智遊戲，在 4 × 4 板面（board）上由一組 15 個號碼的滑動圖塊（tile）所組成。有一個位置沒有圖塊是空的，可讓玩家將相鄰圖塊滑到這個空位上，而玩家的目標是讓圖塊移動使它們按照數字排序，如圖 12-1 所示。某些版本的遊戲中，每個圖塊上都帶有圖像的一部分，當拼圖完成時，這些圖塊就會構成一張完整的圖像。

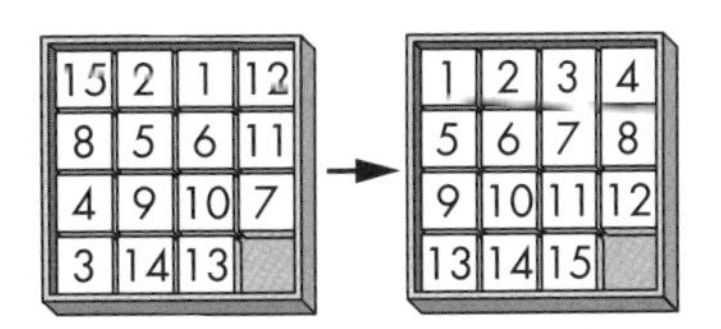


**圖 12-1：**解決數字滑塊遊戲難題，從混亂狀態（左）到已解決的有序狀態（右）。

順道一提，數學家已經證明，即使是最難的 15-puzzle 也可以在 80 步內解決。

# 遞迴解決 15-puzzle

解 15-puzzle 的演算法與迷宮解題演算法類似。板面的每一種狀態（圖塊的一種排列方式）都可以看成是一個迷宮交叉點，有四條路可以選擇。以 15-puzzle 的情況來說，把一個圖塊向其中一個方向滑動，就像在迷宮中選擇一條路並沿著它前進到下一個交叉口。

就像你可以將迷宮轉換為 DAG 一樣，你也可以將 15-puzzle 轉換為樹狀圖，如圖 12-2 所示。板面狀態是節點，最多有四條邊（表示滑動圖塊的方向）連接到其他節點（表示結果狀態），根節點是 15-puzzle 的起始狀態，已解決狀態的節點是圖塊正確排序的節點。從根節點到已解決狀態的路徑詳細說明了解決拼圖問題所需的滑動步驟。

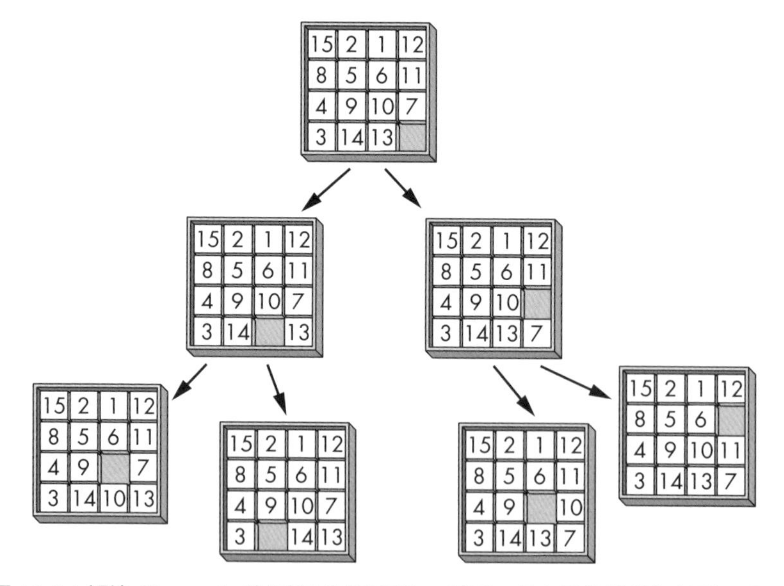


**圖 12-2：解決 15-puzzle 的任務可以表示為一張圖，其中圖塊狀態為節點，滑動為邊。**

有巧妙的演算法可用來解決 15-puzzle，但我們也可以遞迴地探索整個樹圖，直到找到從根節點到解決方案節點的路徑。拼圖的樹可以使用深度優先搜尋（depth-first search, DFS）演算法進行搜尋，然而，與結構良好的迷宮不同的是，15-puzzle 的樹圖並不是 DAG（有向圖），其節點是「無向的」，因為你可以透過回復上一個滑動動作來走訪邊的兩個方向。

圖 12-3 顯示了兩個節點之間無向邊的範例。因為有可能永遠在這兩個節點之間來回移動，所以我們的 15-puzzle 演算法在找到解決方案之前可能會發生堆疊溢出情況。

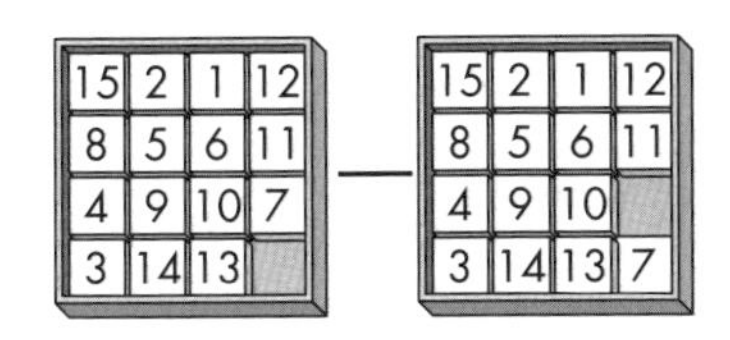

**圖 12-3：15-puzzle 其節點之間具有無向邊（沒有以箭頭繪製），因為滑動可以透過反向執行來取消。**

為了優化演算法，我們要避免回復上一次滑動。然而，僅靠這種最佳化並不能避免演算法出現堆疊溢出。雖然它使樹圖中的「邊」具有方向性，但它不會將拼圖解題演算法轉變為 DAG，因為它具有從較低節點到較高節點的循環或迴圈。如果以圓形模式滑動圖塊，就會發生這種迴圈，如圖 12-4 所示。

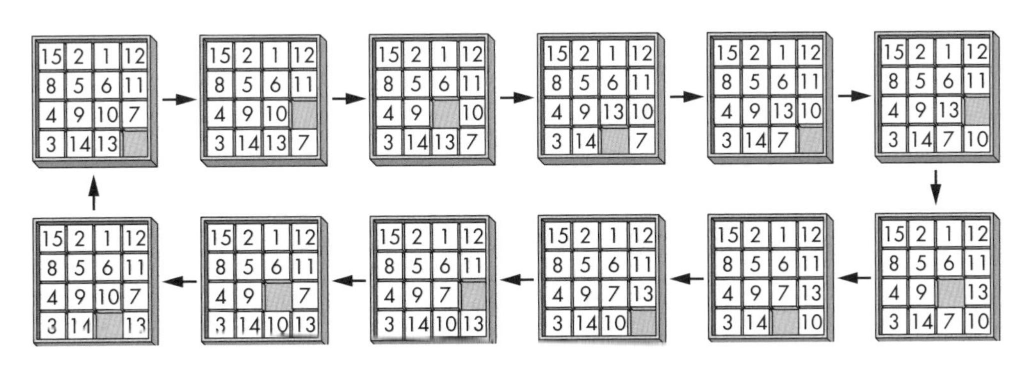

**圖 12-4：15-puzzle 的迴圈範例。**

圖中的循環表示底部後面的節點可以繞回到頂部的節點。我們的求解演算法可能會「卡在」這個迴圈當中、永遠沒辦法探索有實際解決方案的分支；實際上，這種無限迴圈會導致堆疊溢出。

當然我們還是可以使用遞迴來解決 15-puzzle。只需要為最大移動次數增加我們自己的基本情況，以避免導致堆疊溢出。當達到最大滑動次數時，演算法將開始回溯到較早的節點。如果這個 15-puzzle 求解專案無法在 10 步滑動的每種可能組合中找到解決方案，它將使用最多 11 步滑動再次嘗試；如果 11 步無法解決問題，此專案會再嘗試 12 步，依此類推。這樣就可以防止演算法卡在無限迴圈的移動中，而不是去探索較少移動次數的可能解決方案。

# 完整的滑塊解題器程式

讓我們先看一下滑塊拼圖解題器程式的完整原始碼。本章接下來會解釋程式碼的各部分。

請將 Python 版本的程式碼複製到名為 slidingTileSolver.py 的檔案中：

*Python*

```
import random, time

DIFFICULTY = 40 # How many random slides a puzzle starts with.
SIZE = 4 # The board is SIZE x SIZE spaces.
random.seed(1) # Select which puzzle to solve.

BLANK = 0
UP = 'up'
DOWN = 'down'
LEFT = 'left'
RIGHT = 'right'


def displayBoard(board):
    """Display the tiles stored in `board` on the screen."""
    for y in range(SIZE): # Iterate over each row.
        for x in range(SIZE): # Iterate over each column.
            if board[y * SIZE + x] == BLANK:
                print('__ ', end='') # Display blank tile.
            else:
                print(str(board[y * SIZE + x]).rjust(2) + ' ', end='')
        print() # Print a newline at the end of the row.


def getNewBoard():
    """Return a list that represents a new tile puzzle."""
    board = []
```

```
    for i in range(1, SIZE * SIZE):
        board.append(i)
    board.append(BLANK)
    return board


def findBlankSpace(board):
    """Return an [x, y] list of the blank space's location."""
    for x in range(SIZE):
        for y in range(SIZE):
            if board[y * SIZE + x] == BLANK:
                return [x, y]


def makeMove(board, move):
    """Modify `board` in place to carry out the slide in `move`."""
    bx, by = findBlankSpace(board)
    blankIndex = by * SIZE + bx

    if move == UP:
        tileIndex = (by + 1) * SIZE + bx
    elif move == LEFT:
        tileIndex = by * SIZE + (bx + 1)
    elif move == DOWN:
        tileIndex = (by - 1) * SIZE + bx
    elif move == RIGHT:
        tileIndex = by * SIZE + (bx - 1)

    # Swap the tiles at blankIndex and tileIndex:
    board[blankIndex], board[tileIndex] = board[tileIndex], board[blankIndex]


def undoMove(board, move):
    """Do the opposite move of `move` to undo it on `board`."""
    if move == UP:
        makeMove(board, DOWN)
    elif move == DOWN:
        makeMove(board, UP)
    elif move == LEFT:
        makeMove(board, RIGHT)
    elif move == RIGHT:
        makeMove(board, LEFT)


def getValidMoves(board, prevMove=None):
    """Returns a list of the valid moves to make on this board. If
    prevMove is provided, do not include the move that would undo it."""
```

```
    blankx, blanky = findBlankSpace(board)

    validMoves = []
    if blanky != SIZE - 1 and prevMove != DOWN:
        # Blank space is not on the bottom row.
        validMoves.append(UP)

    if blankx != SIZE - 1 and prevMove != RIGHT:
        # Blank space is not on the right column.
        validMoves.append(LEFT)

    if blanky != 0 and prevMove != UP:
        # Blank space is not on the top row.
        validMoves.append(DOWN)

    if blankx != 0 and prevMove != LEFT:
        # Blank space is not on the left column.
        validMoves.append(RIGHT)

    return validMoves


def getNewPuzzle():
    """Get a new puzzle by making random slides from the solved state."""
    board = getNewBoard()
    for i in range(DIFFICULTY):
        validMoves = getValidMoves(board)
        makeMove(board, random.choice(validMoves))
    return board


def solve(board, maxMoves):
    """Attempt to solve the puzzle in `board` in at most `maxMoves`
    moves. Returns True if solved, otherwise False."""
    print('Attempting to solve in at most', maxMoves, 'moves...')
    solutionMoves = [] # A list of UP, DOWN, LEFT, RIGHT values.
    solved = attemptMove(board, solutionMoves, maxMoves, None)

    if solved:
        displayBoard(board)
        for move in solutionMoves:
            print('Move', move)
            makeMove(board, move)
            print() # Print a newline.
            displayBoard(board)
            print() # Print a newline.
```

```
        print('Solved in', len(solutionMoves), 'moves:')
        print(', '.join(solutionMoves))
        return True # Puzzle was solved.
    else:
        return False # Unable to solve in maxMoves moves.


def attemptMove(board, movesMade, movesRemaining, prevMove):
    """A recursive function that attempts all possible moves on `board`
    until it finds a solution or reaches the `maxMoves` limit.
    Returns True if a solution was found, in which case `movesMade`
    contains the series of moves to solve the puzzle. Returns False
    if `movesRemaining` is less than 0."""

    if movesRemaining < 0:
        # BASE CASE - Ran out of moves.
        return False

    if board == SOLVED_BOARD:
        # BASE CASE - Solved the puzzle.
        return True

    # RECURSIVE CASE - Attempt each of the valid moves:
    for move in getValidMoves(board, prevMove):
        # Make the move:
        makeMove(board, move)
        movesMade.append(move)

        if attemptMove(board, movesMade, movesRemaining - 1, move):
            # If the puzzle is solved, return True:
            undoMove(board, move) # Reset to the original puzzle.
            return True

        # Undo the move to set up for the next move:
        undoMove(board, move)
        movesMade.pop() # Remove the last move since it was undone.
    return False # BASE CASE - Unable to find a solution.


# Start the program:
SOLVED_BOARD = getNewBoard()
puzzleBoard = getNewPuzzle()
displayBoard(puzzleBoard)
startTime = time.time()

maxMoves = 10
```

```
while True:
    if solve(puzzleBoard, maxMoves):
        break # Break out of the loop when a solution is found.
    maxMoves += 1
print('Run in', round(time.time() - startTime, 3), 'seconds.')
```

請將 JavaScript 版本的程式碼複製到名為 movingTileSolver.html 的檔案中：

```
<script type="text/javascript">
const DIFFICULTY = 40; // How many random slides a puzzle starts with.
const SIZE = 4; // The board is SIZE x SIZE spaces.

const BLANK = 0;
const UP = "up";
const DOWN = "down";
const LEFT = "left";
const RIGHT = "right";


function displayBoard(board) {
    // Display the tiles stored in `board` on the screen.
    document.write("<pre>");
    for (let y = 0; y < SIZE; y++) { // Iterate over each row.
        for (let x = 0; x < SIZE; x++) { // Iterate over each column.
            if (board[y * SIZE + x] == BLANK) {
                document.write('__ '); // Display blank tile.
            } else {
                document.write(board[y * SIZE + x].toString().padStart(2) + "
");
            }
        }
        document.write("<br />"); // Print a newline at the end of the row.
    }
    document.write("</pre>");
}


function getNewBoard() {
    // Return a list that represents a new tile puzzle.
    let board = [];
    for (let i = 1; i < SIZE * SIZE; i++) {
        board.push(i);
    }
    board.push(BLANK);
    return board;
}
```

```
function findBlankSpace(board) {
    // Return an [x, y] array of the blank space's location.
    for (let x = 0; x < SIZE; x++) {
        for (let y = 0; y < SIZE; y++) {
            if (board[y * SIZE + x] === BLANK) {
                return [x, y];
            }
        }
    }
}

function makeMove(board, move) {
    // Modify `board` in place to carry out the slide in `move`.
    let bx, by;
    [bx, by] = findBlankSpace(board);
    let blankIndex = by * SIZE + bx;

    let tileIndex;
    if (move === UP) {
        tileIndex = (by + 1) * SIZE + bx;
    } else if (move === LEFT) {
        tileIndex = by * SIZE + (bx + 1);
    } else if (move === DOWN) {
        tileIndex = (by - 1) * SIZE + bx;
    } else if (move === RIGHT) {
        tileIndex = by * SIZE + (bx - 1);
    }

    // Swap the tiles at blankIndex and tileIndex:
    [board[blankIndex], board[tileIndex]] = [board[tileIndex],
board[blankIndex]];
}

function undoMove(board, move) {
    // Do the opposite move of `move` to undo it on `board`.
    if (move === UP) {
        makeMove(board, DOWN);
    } else if (move === DOWN) {
        makeMove(board, UP);
    } else if (move === LEFT) {
        makeMove(board, RIGHT);
    } else if (move === RIGHT) {
        makeMove(board, LEFT);
```

```
    }
}

function getValidMoves(board, prevMove) {
    // Returns a list of the valid moves to make on this board. If
    // prevMove is provided, do not include the move that would undo it.

    let blankx, blanky;
    [blankx, blanky] = findBlankSpace(board);

    let validMoves = [];
    if (blanky != SIZE - 1 && prevMove != DOWN) {
        // Blank space is not on the bottom row.
        validMoves.push(UP);
    }
    if (blankx != SIZE - 1 && prevMove != RIGHT) {
        // Blank space is not on the right column.
        validMoves.push(LEFT);
    }
    if (blanky != 0 && prevMove != UP) {
        // Blank space is not on the top row.
        validMoves.push(DOWN);
    }
    if (blankx != 0 && prevMove != LEFT) {
        // Blank space is not on the left column.
        validMoves.push(RIGHT);
    }
    return validMoves;
}


function getNewPuzzle() {
    // Get a new puzzle by making random slides from the solved state.
    let board = getNewBoard();
    for (let i = 0; i < DIFFICULTY; i++) {
        let validMoves = getValidMoves(board);
        makeMove(board, validMoves[Math.floor(Math.random() * validMoves.
length)]);
    }
    return board;
}

function solve(board, maxMoves) {
    // Attempt to solve the puzzle in `board` in at most `maxMoves`
    // moves. Returns true if solved, otherwise false.
    document.write("Attempting to solve in at most " + maxMoves + " moves...<br
```

```
/>");
    let solutionMoves = []; // A list of UP, DOWN, LEFT, RIGHT values.
    let solved = attemptMove(board, solutionMoves, maxMoves, null);

    if (solved) {
        displayBoard(board);
        for (let move of solutionMoves) {
            document.write("Move " + move + "<br />");
            makeMove(board, move);
            document.write("<br />"); // Print a newline.
            displayBoard(board);
            document.write("<br />"); // Print a newline.
        }
        document.write("Solved in " + solutionMoves.length + " moves:<br />");
        document.write(solutionMoves.join(", ") + "<br />");
        return true; // Puzzle was solved.
    } else {
        return false; // Unable to solve in maxMoves moves.
    }
}


function attemptMove(board, movesMade, movesRemaining, prevMove) {
    // A recursive function that attempts all possible moves on `board`
    // until it finds a solution or reaches the `maxMoves` limit.
    // Returns true if a solution was found, in which case `movesMade`
    // contains the series of moves to solve the puzzle. Returns false
    // if `movesRemaining` is less than 0.

    if (movesRemaining < 0) {
        // BASE CASE - Ran out of moves.
        return false;
    }

    if (JSON.stringify(board) == SOLVED_BOARD) {
        // BASE CASE - Solved the puzzle.
        return true;
    }

    // RECURSIVE CASE - Attempt each of the valid moves:
    for (let move of getValidMoves(board, prevMove)) {
        // Make the move:
        makeMove(board, move);
        movesMade.push(move);

        if (attemptMove(board, movesMade, movesRemaining - 1, move)) {
            // If the puzzle is solved, return true:
```

```
            undoMove(board, move); // Reset to the original puzzle.
            return true;
        }

        // Undo the move to set up for the next move:
        undoMove(board, move);
        movesMade.pop(); // Remove the last move since it was undone.
    }
    return false; // BASE CASE - Unable to find a solution.
}


// Start the program:
const SOLVED_BOARD = JSON.stringify(getNewBoard());
let puzzleBoard = getNewPuzzle();
displayBoard(puzzleBoard);
let startTime = Date.now();

let maxMoves = 10;
while (true) {
    if (solve(puzzleBoard, maxMoves)) {
        break; // Break out of the loop when a solution is found.
    }
    maxMoves += 1;
}
document.write("Run in " + Math.round((Date.now() - startTime) / 100) / 10 + "
seconds.<br />");
</script>
```

程式的輸出如下所示：

```
 7  1  3  4
 2  5 10  8
__  6  9 11
13 14 15 12
Attempting to solve in at most 10 moves...
Attempting to solve in at most 11 moves...
Attempting to solve in at most 12 moves...
--snip--
 1  2  3  4
 5  6  7  8
 9 10 11 __
13 14 15 12

Move up

 1  2  3  4
```

```
 5  6  7  8
 9 10 11 12
13 14 15 __

Solved in 18 moves:
left, down, right, down, left, up, right, up, left, left, down,
right, right, up, left, left, left, up
Run in 39.519 seconds.
```

請注意，當 JavaScript 在瀏覽器中執行時，程式碼必須先完成才能顯示任何輸出。在那之前，它看起來像是停住了，而且你的瀏覽器可能會詢問你是否要提前停止它。你可以忽略這個警告，讓程式繼續執行，直到解決拚圖問題。

該程式的遞迴 `attemptMove()` 函數會嘗試每一種可能的滑動組合來解題。該函數接收一個要嘗試的移動，如果這一步能解決拼圖問題，函數將回傳布林 `True` 值；否則，它會呼叫 `attemptsMove()` 以及它可以進行的所有其他可能移動，如果在超過最大移動次數之前沒有找到解決方案，則回傳布林 `False` 值。稍後我們將更詳細探討這個函數。

我們用來表示滑塊板面的資料結構是整數串列（在 Python 中）或陣列（在 JavaScript 中），其中 `0` 代表空格。在我們的程式中，這個資料結構通常儲存在名為 `board` 的變數中。`board [y * SIZE + x]` 中的值與板面上 x, y 座標處的圖塊配對，如圖 12-5 所示。例如，如果 `SIZE` 常數為 `4`，則可以在 `board[1 * 4 + 3]` 中找到 x, y 座標 3, 1 處的值。

這個小計算使我們能夠使用一維陣列或串列來儲存二維圖塊板的值。這種程式設計技術不僅在我們的專案中很有用，對於必須儲存在陣列或串列中的任何二維資料結構（例如儲存為位元組串流的二維圖像）也很有用。

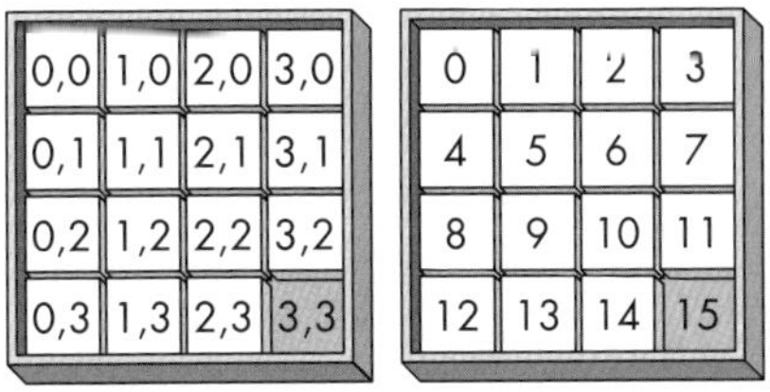

**圖 12-5：** 板面上每個空間的 x, y 座標（左）和對應的資料結構索引（右）。

讓我們來看一些資料結構範例。以下內容表示先前在圖 12-1 左側顯示具有混亂圖塊的板面：

```
[15, 2, 1, 12, 8, 5, 6, 11, 4, 9, 10, 7, 3, 14, 13, 0]
```

圖 12-1 右側已解決的有序拼圖則表示為：

```
[1, 2, 3, 4, 5, 6, 7, 8, 9, 10, 11, 12, 13, 14, 15, 0]
```

我們程式中的所有函數都需要遵循此格式的板面資料結構。

不幸的是，4 × 4 版本的滑動圖塊拼圖有太多可能的動作，普通筆記型電腦需要幾週的時間才能解決。你可以將 `SIZE` 常數從 `4` 更改為 `3`，改成簡單一點的 3 × 3 版本。解出的有序 3 × 3 拼圖，其資料結構將如下所示：

```
[1、2、3、4、5、6、7、8、0]
```

# 設定程式的常數

在原始程式碼的開頭，程式使用了一些常數讓程式碼更具可讀性。Python 程式碼如下：

*Python*
```
import random, time

DIFFICULTY = 40 # How many random slides a puzzle starts with.
SIZE = 4 # The board is SIZE x SIZE spaces.
random.seed(1) # Select which puzzle to solve.

BLANK = 0
UP = 'up'
DOWN = 'down'
LEFT = 'left'
RIGHT = 'right'
```

JavaScript 程式碼如下：

*JavaScript*
```
<script type="text/javascript">
const DIFFICULTY = 40; // How many random slides a puzzle starts with.
const SIZE = 4; // The board is SIZE x SIZE spaces.

const BLANK = 0;
```

```
const UP = "up";
const DOWN = "down";
const LEFT = "left";
const RIGHT = "right";
```

為了取得可重現的隨機數，Python 程式將隨機數種子設為 1。相同的種子值將永遠重現相同的隨機拼圖，這對於除錯很有用。你可以將種子值變更為任何其他整數以建立不同的拼圖。JavaScript 無法設定其隨機種子值，所以 sliptilesolver.html 沒有等效的功能。

SIZE 常數設定板面的尺寸。你可以將這個尺寸更改為任何尺寸，但 4 × 4 板面是標準尺寸，而 3 × 3 板面對於測試很有用，因為程式可以快速解決它們。BLANK 常數在拼圖資料結構中用於表示空白區域，必須保持為 0。UP、DOWN、LEFT 和 RIGHT 常數的使用能讓程式碼易於閱讀，類似於第 11 章迷宮生成器專案中的 NORTH、SOUTH、WEST 和 EAST 常數。

# 將滑塊拼圖表示為資料

滑塊板面的資料結構只是一個整數串列或陣列。程式中函數使用它的方式使其能夠具有實際拼圖板面的功能與外觀。該程式中的 displayBoard()、getNewBoard()、findBlankSpace() 和其他函數都會處理這個資料結構。

## 顯示板面

第一個函數 displayBoard() 在螢幕上印出板面資料結構。displayBoard() 函數的 Python 程式碼如下：

Python
```
def displayBoard(board):
    """Display the tiles stored in `board` on the screen."""
    for y in range(SIZE): # Iterate over each row.
        for x in range(SIZE): # Iterate over each column.
            if board[y * SIZE + x] == BLANK:
                print('__ ', end='') # Display blank tile.
            else:
                print(str(board[y * SIZE + x]).rjust(2) + ' ', end='')
        print() # Print a newline at the end of the row.
```

displayBoard() 函數的 JavaScript 程式碼如下：

```
function displayBoard(board) {
    // Display the tiles stored in `board` on the screen.
    document.write("<pre>");
    for (let y = 0; y < SIZE; y++) { // Iterate over each row.
        for (let x = 0; x < SIZE; x++) { // Iterate over each column.
            if (board[y * SIZE + x] == BLANK) {
                document.write('__ '); // Display blank tile.
            } else {
                document.write(board[y * SIZE + x].toString().padStart(2) + "
");
            }
        }
        document.write("<br />");
    }
    document.write("</pre>");
}
```

這雙層巢狀的 for 迴圈可走訪板面上的每一行和每一列。第一個 for 迴圈在 y 座標上繞行，第二個 for 迴圈在 x 座標上繞行，這是因為程式需要先印出單一行的所有列，然後再列印換行符號以移至下一行。

if 敘述句檢查目前 x, y 座標的圖塊是否為空白圖塊。如果是，程式將印出兩個下底線以及尾隨空格（trailing space）；否則，else 區塊中的程式碼會印出帶有尾隨空格的圖塊編號。尾隨空格是將螢幕上的圖塊編號彼此分隔開的。如果圖塊編號是單一數字，則 rjust() 或 padStart() 方法將插入一個額外的空格，以便讓圖塊編號與螢幕上的兩位數字對齊。

例如，假設圖 12-1 左側不規則排列拼圖由下列資料結構表示：

```
[15, 2, 1, 12, 8, 5, 6, 11, 4, 9, 10, 7, 3, 14, 13, 0]
```

把這個資料結構傳遞給 displayBoard() 時，它會印出以下文字：

```
15  2  1 12
 8  5  6 11
 4  9 10  7
 3 14 13 __
```

## 建立新的板面資料結構

接下來，getNewBoard() 函數回傳一個新的板面資料結構，其中圖塊都已經在排序好的位置上。getNewBoard() 函數的 Python 程式碼如下：

Python
```
def getNewBoard():
    """Return a list that represents a new tile puzzle."""
    board = []
    for i in range(1, SIZE * SIZE):
        board.append(i)
    board.append(BLANK)
    return board
```

getNewBoard() 函數的 JavaScript 程式碼如下：

JavaScript
```
function getNewBoard() {
    // Return a list that represents a new tile puzzle.
    let board = [];
    for (let i = 1; i < SIZE * SIZE; i++) {
        board.push(i);
    }
    board.push(BLANK);
    return board;
}
```

getNewBoard() 函數回傳一個板面資料結構，符合 SIZE 常數中所指定的整數（3 × 3 或 4 × 4）。for 迴圈產生此串列或陣列，其中包含從 1 到（但不包括）SIZE 平方值的整數，末尾帶有 0（儲存在 BLANK 常數中的值）以表示右下角的空白區域。

## 尋找空白區域的座標

我們的程式使用 findBlankSpace() 函數來找出板面上空白區域的 x, y 座標。Python 程式碼如下：

Python
```
def findBlankSpace(board):
    """Return an [x, y] list of the blank space's location."""
    for x in range(SIZE):
        for y in range(SIZE):
            if board[y * SIZE + x] == BLANK:
                return [x, y]
```

JavaScript 程式碼如下：

JavaScript
```javascript
function findBlankSpace(board) {
    // Return an [x, y] array of the blank space's location.
    for (let x = 0; x < SIZE; x++) {
        for (let y = 0; y < SIZE; y++) {
            if (board[y * SIZE + x] === BLANK) {
                return [x, y];
            }
        }
    }
}
```

與 displayBoard() 函數一樣，findBlankSpace() 函數也有一對巢狀的 for 迴圈。這些 for 迴圈將繞行地走訪（loop）板面資料結構中的每個位置。當 board[y * SIZE + x] 程式碼找到空白區域時，它會以 Python 串列或 JavaScript 陣列中的兩個整數形式回傳 x 和 y 座標。

## 進行移動

接下來，makeMove() 函數接受兩個引數：板面資料結構，以及在該板面上滑動圖塊的 UP、DOWN、LEFT、RIGHT 其中一個方向。這段程式碼有相當多的重複，因此使用短變數名稱 bx 和 by 來表示空白區域的 x 和 y 座標。

為了進行移動，板面資料結構將移動圖塊的值與空白圖塊的 0 進行交換。makeMove() 函數的 Python 程式碼如下：

Python
```python
def makeMove(board, move):
    """Modify `board` in place to carry out the slide in `move`."""
    bx, by = findBlankSpace(board)
    blankIndex = by * SIZE + bx

    if move == UP:
        tileIndex = (by + 1) * SIZE + bx
    elif move == LEFT:
        tileIndex = by * SIZE + (bx + 1)
    elif move == DOWN:
        tileIndex = (by - 1) * SIZE + bx
    elif move == RIGHT:
        tileIndex = by * SIZE + (bx - 1)

    # Swap the tiles at blankIndex and tileIndex:
```

```
    board[blankIndex], board[tileIndex] = board[tileIndex], board[blankIndex]
```

makeMove() 函數的 JavaScript 程式碼如下：

```
function makeMove(board, move) {
    // Modify `board` in place to carry out the slide in `move`.
    let bx, by;
    [bx, by] = findBlankSpace(board);
    let blankIndex = by * SIZE + bx;

    let tileIndex;
    if (move === UP) {
        tileIndex = (by + 1) * SIZE + bx;
    } else if (move === LEFT) {
        tileIndex = by * SIZE + (bx + 1);
    } else if (move === DOWN) {
        tileIndex = (by - 1) * SIZE + bx;
    } else if (move === RIGHT) {
        tileIndex = by * SIZE + (bx - 1);
    }

    // Swap the tiles at blankIndex and tileIndex:
    [board[blankIndex], board[tileIndex]] = [board[tileIndex],
board[blankIndex]];
}
```

if 敘述句根據 move 參數決定要移動的圖塊的索引。然後，函數透過將 board[blankindex] 處的 BLANK 值與 board[tileIndex] 處的編號圖塊交換來「滑動」圖塊。makeMove() 函數不回傳任何內容，而是適當地修改板面資料結構。

Python 有 a, b = b, a 語法來交換兩個變數的值。對於 JavaScript，我們需要將它們封裝在一個陣列中，例如 [a, b] = [b, a] 來執行交換。我們在函數末尾使用此語法來交換 board[blankIndex] 和 board[tileIndex] 中的值。

## 回復移動

接下來，作為遞迴演算法中回溯的一部分，我們的程式需要回復（undo）移動，這跟朝著初始移動的反方向移動一樣簡單。undoMove() 函數的 Python 程式碼如下：

Python
```python
def undoMove(board, move):
    """Do the opposite move of `move` to undo it on `board`."""
    if move == UP:
        makeMove(board, DOWN)
    elif move == DOWN:
        makeMove(board, UP)
    elif move == LEFT:
        makeMove(board, RIGHT)
    elif move == RIGHT:
        makeMove(board, LEFT)
```

undoMove() 函數的 JavaScript 程式碼如下：

JavaScript
```javascript
function undoMove(board, move) {
    // Do the opposite move of `move` to undo it on `board`.
    if (move === UP) {
        makeMove(board, DOWN);
    } else if (move === DOWN) {
        makeMove(board, UP);
    } else if (move === LEFT) {
        makeMove(board, RIGHT);
    } else if (move === RIGHT) {
        makeMove(board, LEFT);
    }
}
```

我們已經將交換邏輯設計到 makeMove() 函數中了，因此 undoMove() 可以僅針對與移動引數相反的方向呼叫該函數。這樣一來，假設在 someBoard 資料結構上進行 someMove 移動，原本透過 makeMove(someBoard, someMove) 函數呼叫的移動也可以透過呼叫 undoMove(someBoard, someMove) 來回復。

## 設定新拼圖

要建立一個亂序的新拼圖，不能光是將圖塊放在隨機位置，因為某些圖塊的配置會產生無效、無法解決的拼圖。應該要反過來，從已解決的拼圖開始進行許多隨機移動。這樣的話，解決這個拼圖問題，就變成了「恢復原始的有序配置找出需要回復哪些滑動」。

但是，不一定每次都能朝四個方向移動。舉例來說，如果空白區域位於右下角，如圖 12-6 所示，則圖塊只能向下或向右滑動，因為圖塊不能向左或向上滑動。此外，如果圖 12-6 中的前一步是「7 號向上滑動」，那麼向下滑動 7 號就會被視為無效移動，因為它會撤回前一步移動。

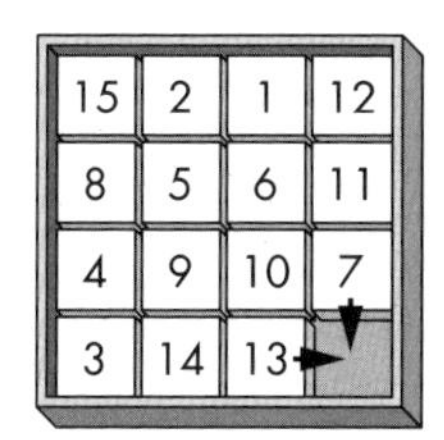


**圖 12-6：如果空白區域位於右下角，則向下和向右是唯一有效的滑動方向。**

我們需要一個 getValidMoves() 函數來幫助我們，它可以告訴我們在給定的板面資料結構上可能的滑動方向：

Python
```
def getValidMoves(board, prevMove=None):
    """Returns a list of the valid moves to make on this board. If
    prevMove is provided, do not include the move that would undo it."""

    blankx, blanky = findBlankSpace(board)

    validMoves = []
    if blanky != SIZE - 1 and prevMove != DOWN:
        # Blank space is not on the bottom row.
        validMoves.append(UP)

    if blankx != SIZE - 1 and prevMove != RIGHT:
        # Blank space is not on the right column.
        validMoves.append(LEFT)

    if blanky != 0 and prevMove != UP:
        # Blank space is not on the top row.
        validMoves.append(DOWN)

    if blankx != 0 and prevMove != LEFT:
        # Blank space is not on the left column.
        validMoves.append(RIGHT)

    return validMoves
```

該函數的 JavaScript 程式碼如下：

JavaScript
```
function getValidMoves(board, prevMove) {
    // Returns a list of the valid moves to make on this board. If
    // prevMove is provided, do not include the move that would undo it.

    let blankx, blanky;
    [blankx, blanky] = findBlankSpace(board);

    let validMoves = [];
    if (blanky != SIZE - 1 && prevMove != DOWN) {
        // Blank space is not on the bottom row.
        validMoves.push(UP);
    }
    if (blankx != SIZE - 1 && prevMove != RIGHT) {
        // Blank space is not on the right column.
        validMoves.push(LEFT);
    }
    if (blanky != 0 && prevMove != UP) {
        // Blank space is not on the top row.
        validMoves.push(DOWN);
    }
    if (blankx != 0 && prevMove != LEFT) {
        // Blank space is not on the left column.
        validMoves.push(RIGHT);
    }
    return validMoves;
}
```

getValidMoves() 函數所做的第一件事，是呼叫 findBlankSpace() 並將空白區域的 x, y 座標儲存在變數 Blankx 和 Blanky 中。接下來，函數使用空的 Python 串列或空的 JavaScript 陣列來設定 validMoves 變數，以儲存滑動的所有有效方向。

回顧圖 12-5，y 座標 0 代表板面的頂部邊緣。如果空白區域的 y 座標 Blanky 不為 0，我們就知道空白區域不在頂部邊緣；如果先前的移動也不是 DOWN，那麼「向上」移動就是有效移動，程式碼會將 UP 新增至 validMoves 中。

同樣的，左邊緣的 x 座標為 0，下邊緣的 y 座標為 SIZE - 1，右邊緣的 x 座標為 SIZE - 1。使用表達式 SIZE - 1 可確保此程式碼無論板面是 3 × 3、4 × 4 還是任何其他尺寸，都可以正常運作。getValidMoves() 函數會對全部的四個方向進行這些檢查，然後回傳 validMoves。

接下來，getNewPuzzle() 函數回傳亂序排列板面的資料結構供程式解決。圖塊不能只是隨機放置在板面上，因為圖塊的某些配置會產生無法解決的拼圖。為了避免這種情況，getNewPuzzle() 函數從一個已排序好的板面開始，然後應用大量隨機滑動。實際上，解決這個難題就是找出回復這些滑動的移動。getNewPuzzle() 函數的 Python 程式碼如下：

*Python*
```python
def getNewPuzzle():
    """Get a new puzzle by making random slides from the solved state."""
    board = getNewBoard()
    for i in range(DIFFICULTY):
        validMoves = getValidMoves(board)
        makeMove(board, random.choice(validMoves))
    return board
```

```javascript
function getNewPuzzle() {
    // Get a new puzzle by making random slides from the solved state.
    let board = getNewBoard();
    for (let i = 0; i < DIFFICULTY; i++) {
        let validMoves = getValidMoves(board);
        makeMove(board, validMoves[Math.floor(Math.random() * validMoves.
length)]);
    }
    return board;
}
```

JavaScript 程式碼如下：

```javascript
function getNewPuzzle() {
    // Get a new puzzle by making random slides from the solved state.
    let board = getNewBoard();
    for (let i = 0; i < DIFFICULTY; i++) {
        let validMoves = getValidMoves(board);
        makeMove(board, validMoves[Math.floor(Math.random() * validMoves.
length)]);
    }
    return board;
}
```

呼叫 getNewBoard() 可處於已解決的有序板面資料結構。for 迴圈呼叫 getValidMoves() 來取得有效的移動 list（給定板面的目前狀態），然後用該 list 中隨機選擇的移動來呼叫 makeMove()。Python 中的 random.choice() 函數以及

JavaScript 中的 Math.floor() 和 Math.random() 函數將處理從 validMoves 串列或陣列中進行的隨機選擇，無論它包含的 UP、DOWN、LEFT、RIGHT 的值為何。

DIFFICULTY 常數決定了 for 迴圈應用了多少個來自 make Move() 的隨機滑動。DIFFICULTY 的整數越大，拼圖就越混亂。儘管這會導致某些動作撤回先前的動作僅僅只是巧合，例如向左滑動然後立即向右滑動，但只要滑動步數夠多，該函數就會產生很混亂的板面。出於測試目的，可以把 DIFFICULTY 設為 40，允許程式在大約一分鐘內產生解決方案，但對於更真實的 15-puzzle，你應該將 DIFFICULTY 更改為 200。

board 中的板面資料結構建立好並打亂後，getNewPuzzle() 函數將其回傳。

# 遞迴解決滑塊拼圖問題

現在我們已經有了建立和操作拼圖資料結構的函數，接下來讓我們建立解決拼圖的函數，方法是在每個可能的方向上遞迴地滑動圖塊，並檢查這是否會產生一個完成的有序板面。

attemptsMove() 函數在板面資料結構上執行一次滑動，然後針對板面可以進行的每個有效移動遞迴地呼叫自身一次。這裡有多種基本情況。如果板面資料結構處於已解決狀態，則函數回傳布林 True 值；如果已達到最大移動次數，則回傳布林 False 值。此外，如果遞迴呼叫回傳 True，則 attemptsMove() 應回傳 True；如果所有有效移動的遞迴呼叫均回傳 False，則 attempts Move() 應回傳 False。

## solve() 函數

solve() 函數接收一個板面資料結構以及演算法在回溯之前應嘗試的最大移動次數，然後執行第一次呼叫 attemptsMove()。如果第一次呼叫 attemptsMove() 回傳 True，那麼 solve() 中的程式碼將顯示解決拼圖問題的一系列步驟；如果回傳 False，solve() 中的程式碼會告訴使用者在最大移動次數下找不到解法。

solve() 的 Python 程式碼如下所示：

Python
```python
def solve(board, maxMoves):
    """Attempt to solve the puzzle in `board` in at most `maxMoves`
    moves. Returns True if solved, otherwise False."""
    print('Attempting to solve in at most', maxMoves, 'moves...')
    solutionMoves = [] # A list of UP, DOWN, LEFT, RIGHT values.
    solved = attemptMove(board, solutionMoves, maxMoves, None)
```

solve() 的 JavaScript 程式碼如下所示：

```javascript
function solve(board, maxMoves) {
    // Attempt to solve the puzzle in `board` in at most `maxMoves`
    // moves. Returns true if solved, otherwise false.
    document.write("Attempting to solve in at most " + maxMoves + " moves...<br
/>");
    let solutionMoves = []; // A list of UP, DOWN, LEFT, RIGHT values.
    let solved = attemptMove(board, solutionMoves, maxMoves, null);
```

solve() 函數有兩個參數：board 包含要解決的拼圖的資料結構，maxMoves 是函數嘗試解決拼圖時應進行的最大移動次數。SolutionMoves 串列或陣列包含解法的 UP、DOWN、LEFT 和 RIGHT 值的移動順序。attemptsMove() 函數在進行遞迴呼叫時會就地修改此串列或陣列。如果最初的 attemptsMove() 函數找到了解決方案並回傳 True，則 SolutionMoves 會包含該解決方案的移動序列。

然後，solve() 函數首次呼叫 attemptsMove()，並將其回傳的 True 或 False 儲存在已求解的變數中。solve() 函數的其餘部分會處理這兩種情況：

Python
```python
    if solved:
        displayBoard(board)
        for move in solutionMoves:
            print('Move', move)
            makeMove(board, move)
            print() # Print a newline.
            displayBoard(board)
            print() # Print a newline.

        print('Solved in', len(solutionMoves), 'moves:')
        print(', '.join(solutionMoves))
        return True # Puzzle was solved.
    else:
        return False # Unable to solve in maxMoves moves.
```

JavaScript 程式碼如下：

```
JavaScript    if (solved) {
                  displayBoard(board);
                  for (let move of solutionMoves) {
                      document.write("Move " + move + "<br />");
                      makeMove(board, move);
                      document.write("<br />"); // Print a newline.
                      displayBoard(board);
                      document.write("<br />"); // Print a newline.
                  }
                  document.write("Solved in " + solutionMoves.length + " moves:<br />");
                  document.write(solutionMoves.join(", ") + "<br />");
                  return true; // Puzzle was solved.
              } else {
                  return false; // Unable to solve in maxMoves moves.
              }
          }
```

如果 attemptMove() 找到解決方案，程式將執行在 solutionMoves 串列或陣列中收集的所有移動，並在每次滑動後顯示板面。這向使用者證明了，由 attemptsMove() 收集的動作才是拼圖的真正解決方案。最後，solve() 函數本身會回傳 True；如果 attemptsMove() 無法找到解決方案，solve() 函數就回傳 False。

## attemptsMove() 函數

讓我們來看看 attemptsMove()，它是我們的圖塊求解演算法背後的核心遞迴函數。回想一下滑塊拼圖產生的樹狀圖，對某個方向呼叫 attemptsMove() 就像沿著該圖的邊前進到下一個節點。遞迴的 attemptsMove() 呼叫會進一步往樹的下層移動，當此遞迴 attemptsMove() 呼叫回傳時，它會回溯到前一個節點。當 attemptMove() 一直回溯到根節點時，程式執行就會回到 solve() 函數。

attemptsMove() 的 Python 程式碼如下所示：

```
Python def attemptMove(board, movesMade, movesRemaining, prevMove):
           """A recursive function that attempts all possible moves on `board`
           until it finds a solution or reaches the `maxMoves` limit.
           Returns True if a solution was found, in which case `movesMade`
           contains the series of moves to solve the puzzle. Returns False
           if `movesRemaining` is less than 0."""
```

```
    if movesRemaining < 0:
        # BASE CASE - Ran out of moves.
        return False

    if board == SOLVED_BOARD:
        # BASE CASE - Solved the puzzle.
        return True
```

attemptsMove() 的 JavaScript 程式碼如下所示：

*JavaScript*

```
function attemptMove(board, movesMade, movesRemaining, prevMove) {
    // A recursive function that attempts all possible moves on `board`
    // until it finds a solution or reaches the `maxMoves` limit.
    // Returns true if a solution was found, in which case `movesMade`
    // contains the series of moves to solve the puzzle. Returns false
    // if `movesRemaining` is less than 0.

    if (movesRemaining < 0) {
        // BASE CASE - Ran out of moves.
        return false;
    }

    if (JSON.stringify(board) == SOLVED_BOARD) {
        // BASE CASE - Solved the puzzle.
        return true;
    }
```

attemptsMove() 函數有四個參數。board 參數包含要解決的圖塊拼圖板面資料結構。moveMade 參數包含了 attemptsMove() 就地修改的串列或陣列，加入遞迴演算法產生的 UP、DOWN、LEFT 和 RIGHT 值；如果 attemptsMove() 解決了拼圖，movesMade 將會包含產生解決方案的移動步驟。此串列或陣列也是 solve() 函數中的 solutionMoves 變數所參照的內容。

solve() 函數使用其 maxMoves 變數作為對 attemptsMove() 的初始呼叫中的 MoveRemaining 參數。每個遞迴呼叫都會為 maxMoves 的下一個值傳遞 max Moves - 1，導致它隨著進行更多遞迴呼叫而減少。當它小於 0 時，attemptMove() 函數就不會再進行遞迴呼叫並回傳 False。

最後，prevMove 參數包含了上一個呼叫 attemptsMove() 所做的 UP、DOWN、LEFT 或 RIGHT 值，這樣可以避免回復該移動。對於 attemptsMove() 的初始呼叫，

solve() 函數會傳遞 Python 的 None 或 JavaScript 的 null 值給這個參數，因為不存在前一次移動。

attemptsMove() 程式碼的開頭會檢查兩個基本情況：如果 moveRemaining 小於 0，則回傳 False；如果這個板面已經解決了，則回傳 True。SOLVED_BOARD 常數包含一個已解決狀態的板面，我們可以將它與 board 中的資料結構進行比較。

attemptsMove() 的下一部分會執行這個板面上的每一個有效移動。Python 程式碼如下：

*Python*

```
# RECURSIVE CASE - Attempt each of the valid moves:
for move in getValidMoves(board, prevMove):
    # Make the move:
    makeMove(board, move)
    movesMade.append(move)

    if attemptMove(board, movesMade, movesRemaining - 1, move):
        # If the puzzle is solved, return True:
        undoMove(board, move) # Reset to the original puzzle.
        return True
```

JavaScript 程式碼如下：

*JavaScript*

```
// RECURSIVE CASE - Attempt each of the valid moves:
for (let move of getValidMoves(board, prevMove)) {
    // Make the move:
    makeMove(board, move);
    movesMade.push(move);

    if (attemptMove(board, movesMade, movesRemaining - 1, move)) {
        // If the puzzle is solved, return True:
        undoMove(board, move); // Reset to the original puzzle.
        return true;
    }
```

for 迴圈將移動變數設為 getValidMoves() 回傳的每個方向。對於每一步移動，我們都會呼叫 makeMove() 來修改板面資料結構，並將該移動加入 MoveMade 中的串列或陣列。

接下來，程式碼遞迴地呼叫 attemptsMove() 來探索在 MoveRemaining 設定的深度內、所有未來可能移動的範圍。board 和 moveMade 變數會被轉送到此遞迴呼叫。程式碼將遞迴呼叫的 movesRemaining 參數設定為 movesRemaining - 1，以便每次遞迴呼叫減少一。同時將 prevMode 參數設定為 move，這樣它才不會立即回復剛進行的移動。

如果遞迴呼叫回傳 True，則存在解決方案並記錄在 moveMade 串列或陣列中。我們呼叫 undoMove() 函數，以便在執行回到 solve() 後，board 將包含原始的拼圖，然後回傳 True 表示已找到解決方案。

attemptsMove() 的 Python 程式碼繼續如下：

Python

```
            # Undo the move to set up for the next move:
            undoMove(board, move)
            movesMade.pop() # Remove the last move since it was undone.
    return False # BASE CASE - Unable to find a solution.
```

JavaScript 程式碼如下：

JavaScript

```
            // Undo the move to set up for the next move:
            undoMove(board, move);
            movesMade.pop(); // Remove the last move since it was undone.
        }
        return false; // BASE CASE - Unable to find a solution.
    }
```

如果 attemptsMove() 回傳 False，表示找不到解決方案。在這種情況下，我們呼叫 undoMove() 並從 moveMade 串列或陣列中刪除最新的移動。

所有這些都是針對每個有效方向完成的。如果在達到最大移動次數之前，對這些方向的 attemptsMove() 呼叫均未找到解決方案，那麼 attemptsMove() 函數將回傳 False。

# 啟動解題器

solve() 函數對於啟動 attemptsMove() 的初始呼叫很有用，但程式仍需要進行一些設定。Python 程式碼的設定如下：

Python
```python
# Start the program:
SOLVED_BOARD = getNewBoard()
puzzleBoard = getNewPuzzle()
displayBoard(puzzleBoard)
startTime = time.time()
```

此設定的 JavaScript 程式碼如下：

JavaScript
```javascript
// Start the program:
const SOLVED_BOARD = JSON.stringify(getNewBoard());
let puzzleBoard = getNewPuzzle();
displayBoard(puzzleBoard);
let startTime = Date.now();
```

首先，SOLVED_BOARD 常數被設定為由 getNewBoard() 回傳的有序已解拼圖板面。該常數未在原始程式碼的頂部設定，是因為需要先定義 getNewBoard() 函數，然後才能呼叫該函數。

接下來，從 getNewPuzzle() 回傳隨機拼圖並將其儲存在 puzzleBoard 變數中，此變數包含將會解決的拼圖板面資料結構。如果你想解一個特定的 15-puzzle 而不是隨機拼圖的話，可以將 getNewPuzzle() 的呼叫置換為包含你想要解決的拼圖的串列或陣列。

puzzleBoard 中的板面會顯示給使用者，並將目前時間儲存在 startTime 中，以便程式可以計算演算法的執行時間。Python 程式碼繼續如下：

Python
```python
maxMoves = 10
while True:
    if solve(puzzleBoard, maxMoves):
        break # Break out of the loop when a solution is found.
    maxMoves += 1
print('Run in', round(time.time() - startTime, 3), 'seconds.')
```

JavaScript 程式碼如下：

```javascript
let maxMoves = 10;
while (true) {
    if (solve(puzzleBoard, maxMoves)) {
        break; // Break out of the loop when a solution is found.
    }
    maxMoves += 1;
```

```
}
document.write("Run in " + Math.round((Date.now() - startTime) / 100) / 10 + "
seconds.<br />");
</script>
```

程式開始嘗試最多 10 步移動解決 puzzleBoard 中的拼圖。無限 while 迴圈呼叫 solve()，如果找到解決方案，solve() 會將解決方案印在螢幕上並回傳 True。在這種情況下，這裡的程式碼可以跳出（break out）無限 while 迴圈並印出演算法的總執行時間。

否則，如果 solve() 回傳 False，maxMoves 增加 1、且迴圈再次呼叫 solve()。這讓程式可以嘗試以漸漸加長的動作組合來解決拼圖問題，而這種模式會一直持續到 solve() 最終回傳 True。

# 結論

15-puzzle 是將遞迴原理應用於實務問題的一個好例子。遞迴可以對 15-puzzle 產生的各種狀態樹圖執行深度優先搜尋，以找出通往解決方案狀態的路徑。然而，光是用遞迴演算法是不夠的，這就是為什麼我們必須做一些調整才能解決問題。

會出現這個問題，是因為 15-puzzle 有太多可能狀態，而且不能形成 DAG。此圖中，邊是無向的，而且圖中包含迴圈或循環。我們的求解演算法需要確保它不會做出立即撤回前一移動的移動，這樣它才能沿著一個方向走訪這個圖。它還需要設置一個最大移動次數的限制，一旦超過限制，演算法就會開始回溯；否則，迴圈一定會導致演算法最終遞迴過多而導致堆疊溢出。

遞迴不一定是解決滑塊拼圖的最佳方法。除了最簡單的拼圖之外，大多拼圖的組合數量都太多，一般的筆記型電腦無法在合理的時間範圍內解決。然而，我喜歡將 15-puzzle 作為遞迴練習，因為它能夠將 DAG 和 DFS 的理論思想應用到實務問題上。雖然 15-puzzle 是一百多年前發明的產物，但隨著電腦問世，我們得以利用豐富的工具來探索破解這些有趣遊戲的技巧。

# 延伸閱讀

Wikipedia 上「15-puzzle」條目詳細介紹了關於這個遊戲的歷史和數學背景，參見 https://en.wikipedia.org/wiki/15_puzzle。

你可以在我的書《Python 小專案大集合：提升功力的 81 個簡單有趣小程式》（博碩出版，2022）中找到滑動圖塊益智遊戲可玩版本的 Python 原始碼，線上資料的網址為 https://inventwithpython.com/bigbookpython/project68.html。

# 13

# Fractal Art Maker

第 9 章向讀者介紹了使用 Turtle Python 模組繪製許多著名的碎形程式，但你也可以使用本章中的專案創作自己的碎形藝術。Fractal Art Maker（碎形藝術創作家）程式使用了 Python 的 turtle 模組，只需最少的額外程式碼即可將簡單的形狀轉變為複雜的設計。

本章中的專案附帶了九個碎形範例，當然你也可以編寫新函數來建立你自己設計的碎形。不管是修改範例碎形來產生完全不同的藝術作品，或是從頭開始編寫程式碼，你都可以實作出自己的創意想像。

> **NOTE**
>
> 有關 turtle 模組中函數的完整說明，請參考第 9 章內容。

# 內建碎形

你可以指示電腦建立無限數量的碎形。圖 13-1 顯示了我們將在本章中使用的 Fractal Art Maker 程式附帶的九種碎形，這些是由繪製簡單的正方形或等邊三角形作為基本形狀的函數所生成的，然後在其遞迴配置中引入細微的差異來產生完全不同的圖像。

**圖 13-1**：Fractal Art Maker 程式附帶的九個碎形範例。

你可以將程式頂部的 DRAW_FRACTAL 常數設為 1 到 9 之間的整數，然後執行 Fractal Art Maker 程式來產生所有這些碎形。你也可以將 DRAW_FRACTAL 設定為 10 或 11 來分別繪製構成這些碎形的基本正方形和三角形，如圖 13-2 所示。

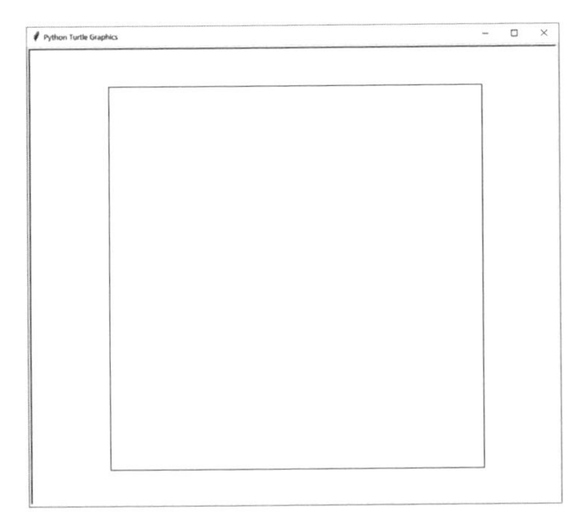

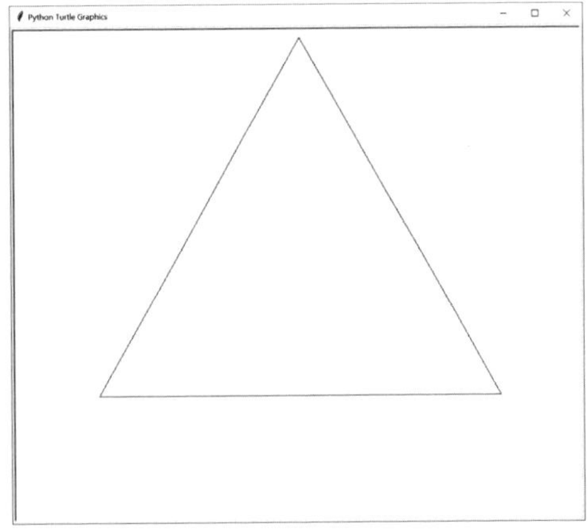


**圖 13-2**：分別呼叫 drawFilledSquare()（左）和 drawTriangleOutline()（右）的結果。

這些形狀相當簡單：一個填滿白色或灰色的正方形，以及一個簡單的三角形輪廓。drawFractal() 函數使用這些基本形狀來創造令人驚嘆的碎形。

## Fractal Art Maker 演算法

Fractal Art Maker 的演算法有兩個主要組成部分：形狀繪製函數和遞迴 drawFractal() 函數。

形狀繪製函數繪製基本形狀。Fractal Art Maker 程式附帶了前面圖 13-2 中的兩個形狀繪製函數：drawFilledSquare() 和 drawTriangleOutline()，但你也可以建立自己的函數。我們將形狀繪製函數作為引數傳遞給 drawFractal() 函數，就像我們在第 10 章中將配對函數傳遞給檔案搜尋器的 walk() 函數一樣。

drawFractal() 函數還有一個參數，指示在對 drawFractal() 的遞迴呼叫之間形狀的大小、位置和角度的變化。本章後面會介紹具體的細節，不過先讓我們來看一個例子：fractal 7，它繪製了一個波浪狀的圖像。

程式透過呼叫 `drawTriangle Outline()` 這個形狀繪製函數來產生 Wave 碎形，該函數會建立一個三角形。`drawFractal()` 的附加引數告訴它要對 `drawFractal()` 進行三次遞迴呼叫；圖 13-3 顯示了原始呼叫 `drawFractal()` 產生的三角形以及三個遞迴呼叫所產生的三角形。

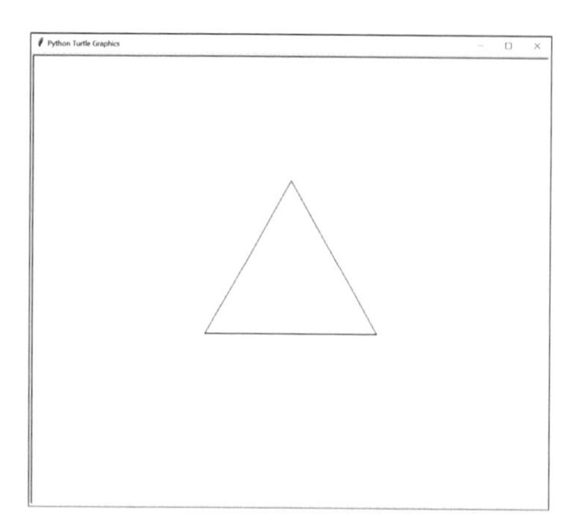


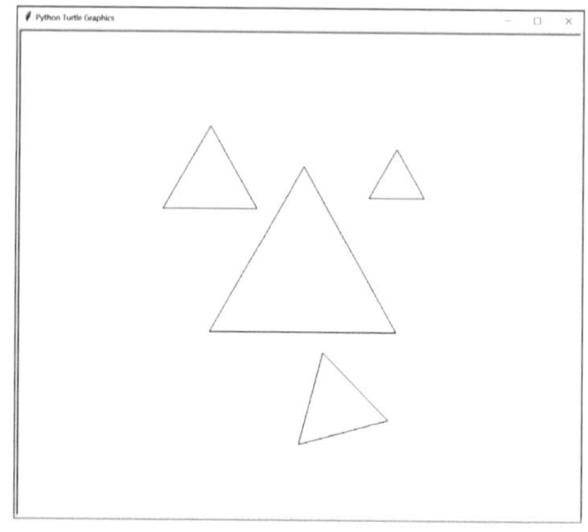


**圖 13-3：第一次呼叫 `drawFractal()`（左）和第一組三個遞迴呼叫（右）所產生的三角形。**

第一個遞迴呼叫告訴 `drawFractal()` 要呼叫 `drawTriangleOutline()`，但三角形的大小是前一個三角形的一半，而且位於前一個三角形的左上角。第二個遞迴呼叫會在前一個三角形的右上角產生一個三角形，其大小是前一個三角形的 30%。第三次遞迴呼叫在前一個三角形下方產生一個三角形，其大小為前一個三角形的一半，並且旋轉了 15 度。

這三個對 `drawFractal()` 的遞迴呼叫，每一個都會對 `drawFractal()` 另外進行三個遞迴呼叫，並產生出九個新的三角形。新三角形在大小、位置和角度上相對於先前的三角形都有相同的變化——意思是，左上角的三角形永遠是前一個三角形大小的一半，而底部的三角形永遠旋轉 15 度。圖 13-4 顯示了第一層和第二層遞迴產生的三角形。

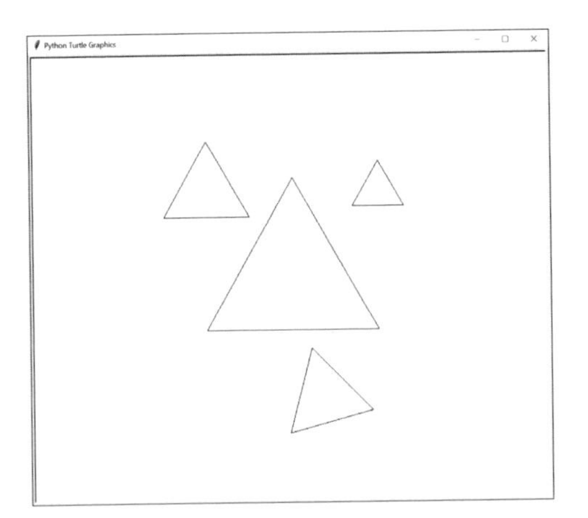

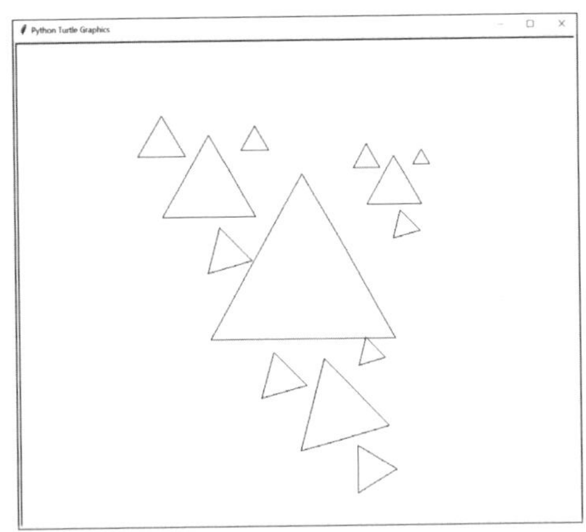


**圖 13-4**：對 `drawFractal()` 的第一層遞迴呼叫（左）和第二層遞迴呼叫的九個新三角形（右）。

九次呼叫 `drawFractal()` 產生出這九個新三角形，每一個又會再進行三次遞迴呼叫 `drawFractal()`、在下一層遞迴中產生 27 個新三角形。隨著這種遞迴模式的繼續，最後三角形會變得非常小，以至於 `drawFractal()` 不再進行遞迴呼叫，這就是遞迴 `drawFractal()` 函數的基本情況之一。另一種基本情況則是發生在遞迴深度達到指定層級時。無論是哪一種，這些遞迴呼叫都會產生圖 13-5 中的最終 Wave（波浪）碎形。

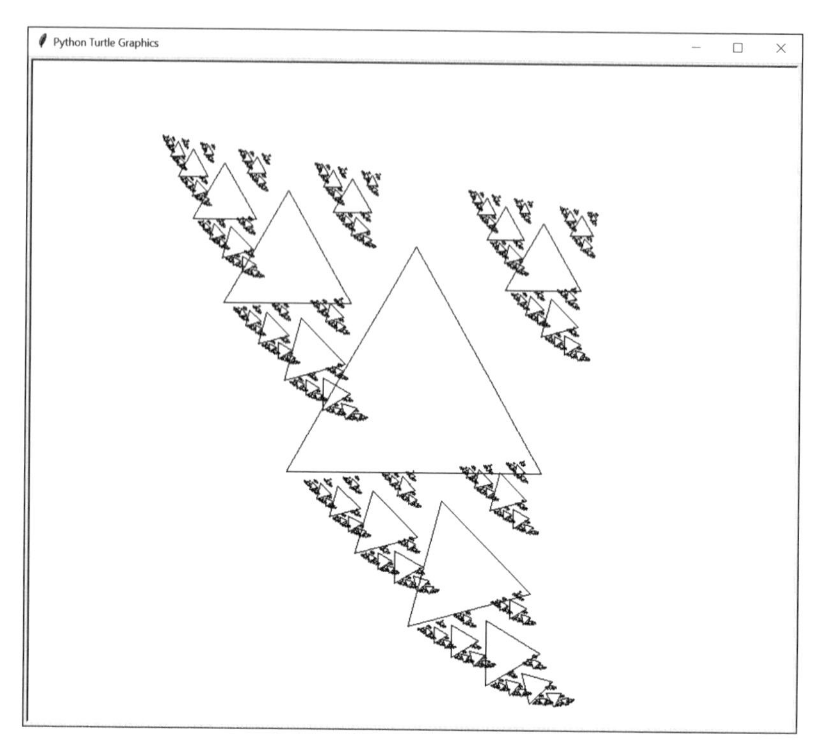


**圖 13-5**：每個三角形會遞迴產生另外三個三角形，最終生成 Wave 碎形。

圖 13-1 中的九個碎形範例是 Fractal Art Maker 隨附的，僅使用兩個形狀繪製函數並對 `drawFractal()` 引數進行一些變更即可完成。讓我們來看看 Fractal Art Maker 的程式碼，看看它是如何實作這一點的。

# 完整的 Fractal Art Maker 程式

將以下程式碼輸入到新檔案中，另存為 fractalArtMaker.py。程式依賴 Python 內建的 `turtle` 模組，因此本章的專案沒有使用 JavaScript 程式碼：

*Python*
```
import turtle, math

DRAW_FRACTAL = 1 # Set to 1 through 11 and run the program.

turtle.tracer(5000, 0) # Increase the first argument to speed up the drawing.
turtle.hideturtle()
```

```
def drawFilledSquare(size, depth):
    size = int(size)

    # Move to the top-right corner before drawing:
    turtle.penup()
    turtle.forward(size // 2)
    turtle.left(90)
    turtle.forward(size // 2)
    turtle.left(180)
    turtle.pendown()

    # Alternate between white and gray (with black border):
    if depth % 2 == 0:
        turtle.pencolor('black')
        turtle.fillcolor('white')
    else:
        turtle.pencolor('black')
        turtle.fillcolor('gray')

    # Draw a square:
    turtle.begin_fill()
    for i in range(4): # Draw four lines.
        turtle.forward(size)
        turtle.right(90)
    turtle.end_fill()


def drawTriangleOutline(size, depth):
    size = int(size)

    # Move the turtle to the top of the equilateral triangle:
    height = size * math.sqrt(3) / 2
    turtle.penup()
    turtle.left(90) # Turn to face upward.
    turtle.forward(height * (2/3)) # Move to the top corner.
    turtle.right(150) # Turn to face the bottom-right corner.
    turtle.pendown()

    # Draw the three sides of the triangle:
    for i in range(3):
        turtle.forward(size)
        turtle.right(120)


def drawFractal(shapeDrawFunction, size, specs, maxDepth=8, depth=0):
    if depth > maxDepth or size < 1:
        return # BASE CASE
```

```
    # Save the position and heading at the start of this function call:
    initialX = turtle.xcor()
    initialY = turtle.ycor()
    initialHeading = turtle.heading()

    # Call the draw function to draw the shape:
    turtle.pendown()
    shapeDrawFunction(size, depth)
    turtle.penup()

    # RECURSIVE CASE
    for spec in specs:
        # Each dictionary in specs has keys 'sizeChange', 'xChange',
        # 'yChange', and 'angleChange'. The size, x, and y changes
        # are multiplied by the size parameter. The x change and y
        # change are added to the turtle's current position. The angle
        # change is added to the turtle's current heading.
        sizeCh = spec.get('sizeChange', 1.0)
        xCh = spec.get('xChange', 0.0)
        yCh = spec.get('yChange', 0.0)
        angleCh = spec.get('angleChange', 0.0)

        # Reset the turtle to the shape's starting point:
        turtle.goto(initialX, initialY)
        turtle.setheading(initialHeading + angleCh)
        turtle.forward(size * xCh)
        turtle.left(90)
        turtle.forward(size * yCh)
        turtle.right(90)

        # Make the recursive call:
        drawFractal(shapeDrawFunction, size * sizeCh, specs, maxDepth,
        depth + 1)


if DRAW_FRACTAL == 1:
    # Four Corners:
    drawFractal(drawFilledSquare, 350,
        [{'sizeChange': 0.5, 'xChange': -0.5, 'yChange': 0.5},
         {'sizeChange': 0.5, 'xChange': 0.5, 'yChange': 0.5},
         {'sizeChange': 0.5, 'xChange': -0.5, 'yChange': -0.5},
         {'sizeChange': 0.5, 'xChange': 0.5, 'yChange': -0.5}], 5)
elif DRAW_FRACTAL == 2:
    # Spiral Squares:
    drawFractal(drawFilledSquare, 600, [{'sizeChange': 0.95,
        'angleChange': 7}], 50)
```

```
elif DRAW_FRACTAL == 3:
    # Double Spiral Squares:
    drawFractal(drawFilledSquare, 600,
        [{'sizeChange': 0.8, 'yChange': 0.1, 'angleChange': -10},
         {'sizeChange': 0.8, 'yChange': -0.1, 'angleChange': 10}])
elif DRAW_FRACTAL == 4:
    # Triangle Spiral:
    drawFractal(drawTriangleOutline, 20,
        [{'sizeChange': 1.05, 'angleChange': 7}], 80)
elif DRAW_FRACTAL == 5:
    # Conway's Game of Life Glider:
    third = 1 / 3
    drawFractal(drawFilledSquare, 600,
        [{'sizeChange': third, 'yChange': third},
         {'sizeChange': third, 'xChange': third},
         {'sizeChange': third, 'xChange': third, 'yChange': -third},
         {'sizeChange': third, 'yChange': -third},
         {'sizeChange': third, 'xChange': -third, 'yChange': -third}])
elif DRAW_FRACTAL == 6:
    # Sierpiński Triangle:
    toMid = math.sqrt(3) / 6
    drawFractal(drawTriangleOutline, 600,
        [{'sizeChange': 0.5, 'yChange': toMid, 'angleChange': 0},
         {'sizeChange': 0.5, 'yChange': toMid, 'angleChange': 120},
         {'sizeChange': 0.5, 'yChange': toMid, 'angleChange': 240}])
elif DRAW_FRACTAL == 7:
    # Wave:
    drawFractal(drawTriangleOutline, 280,
        [{'sizeChange': 0.5, 'xChange': -0.5, 'yChange': 0.5},
         {'sizeChange': 0.3, 'xChange': 0.5, 'yChange': 0.5},
         {'sizeChange': 0.5, 'yChange': -0.7, 'angleChange': 15}])
elif DRAW_FRACTAL == 8:
    # Horn:
    drawFractal(drawFilledSquare, 100,
        [{'sizeChange': 0.96, 'yChange': 0.5, 'angleChange': 11}], 100)
elif DRAW_FRACTAL == 9:
    # Snowflake:
    drawFractal(drawFilledSquare, 200,
        [{'xChange': math.cos(0 * math.pi / 180),
          'yChange': math.sin(0 * math.pi / 180), 'sizeChange': 0.4},
         {'xChange': math.cos(72 * math.pi / 180),
          'yChange': math.sin(72 * math.pi / 180), 'sizeChange': 0.4},
         {'xChange': math.cos(144 * math.pi / 180),
          'yChange': math.sin(144 * math.pi / 180), 'sizeChange': 0.4},
         {'xChange': math.cos(216 * math.pi / 180),
          'yChange': math.sin(216 * math.pi / 180), 'sizeChange': 0.4},
         {'xChange': math.cos(288 * math.pi / 180),
```

```
            'yChange': math.sin(288 * math.pi / 180), 'sizeChange': 0.4}])
    elif DRAW_FRACTAL == 10:
        # The filled square shape:
        turtle.tracer(1, 0)
        drawFilledSquare(400, 0)
    elif DRAW_FRACTAL == 11:
        # The triangle outline shape:
        turtle.tracer(1, 0)
        drawTriangleOutline(400, 0)
    else:
        assert False, 'Set DRAW_FRACTAL to a number from 1 to 11.'

    turtle.exitonclick() # Click the window to exit.
```

當你執行程式時，它將顯示圖 13-1 中九個碎形圖像中的第一張圖。你可以將原始程式碼開頭的 DRAW_FRACTAL 常數變更為 1 到 9 之間的任何整數，然後再次執行程式以查看新的碎形。了解程式的運作原理之後，你也可以建立自己的形狀繪製函數，並呼叫 drawFractal() 來產生你自己設計的碎形。

## 設定常數和 Turtle 的配置

程式的第一行涵蓋了基於烏龜程式的基本設定步驟：

*Python*

```python
import turtle, math

DRAW_FRACTAL = 1 # Set to 1 through 11 and run the program.

turtle.tracer(5000, 0) # Increase the first argument to speed up the drawing.
turtle.hideturtle()
```

程式匯入 turtle 模組進行繪圖。它同時還匯入 Sierpiński 三角碎形將會使用到的 math.sqrt() 函數的數學模組，以及雪花碎形的 math.cos() 和 math.sin() 函數。

DRAW_FRACTAL 常數可以設定為 1 到 9 之間的任何整數，來繪製程式產生的九種內建碎形之一。你也可以將它設為 10 或 11，以分別顯示正方形或三角形繪製函數的輸出。

我們也呼叫了一些 turtle 函數來準備繪圖。turtle.tracer(5000, 0) 呼叫可加快碎形的繪製速度。5000 這個引數告訴 turtle 模組，「要等到處理完 5,000

個烏龜繪圖指令後才能在螢幕上呈現（render）圖像」，而引數 0 則是告訴它，「在每個繪圖指令後暫停 0 毫秒」。否則，turtle 模組將在每個繪圖指令執行過後就呈現圖像；如果我們只想要最終結果圖像的話，顯然這就會大幅減慢程式的速度。

如果你想要減慢繪製速度並觀察產生的線條，可以將此呼叫變更為 turtle.tracer(1, 10)。當你製作自己的碎形時，要 debug 繪圖中產生的任何問題，這個做法非常有用。

turtle.hideturtle() 呼叫隱藏了畫面上代表烏龜目前位置和航向（heading）的三角形（「航向」是「方向」的另一個用語）。我們呼叫此函數，以便標記不會出現在最終圖像中。

# 使用「形狀繪製」函數

drawFractal() 函數使用傳遞給它的形狀繪製函數來繪製碎形的各個部分。這通常是簡單的形狀，例如正方形或三角形。碎形的美麗複雜性來自於 drawFractal() 對整個碎形中的每一個單獨元件進行遞迴呼叫。

Fractal Art Maker 的形狀繪製函數有兩個參數：size 和 depth。size 參數是它所繪製的正方形或三角形的邊長。形狀繪製函數應該永遠使用基於 size 引數的值來呼叫 turtle.forward()，以確保繪製出來的長度與每一層遞迴中的 size 是成比例的。因此，要避免使用諸如 turtle.forward(100) 或 turtle.forward(200) 之類的程式碼，而是應該要使用基於 size 參數的程式碼，例如 turtle.forward(size) 或 turtle.forward(size * 2)。在 Python 的 turtle 模組中，turtle.forward(1) 將烏龜移動一個「單位」（unit），不一定等同於一個像素。

形狀繪製函數的第二個參數是 drawFractal() 的遞迴深度。原始的 drawFractal() 呼叫是將 depth 參數設為 0，對 drawFractal() 進行遞迴呼叫時，使用 depth + 1 作為 depth 參數。在 Wave 碎形中，視窗中心的第一個三角形的深度引數為 0；接下來建立的三個三角形，深度為 1；這三個三角形周圍的九個三角形，深度為 2，依此類推。

你的形狀繪製函數可以忽略此參數，但使用它可能會產生有趣的基本形狀變化。例如，drawFilledSquare() 形狀繪製函數使用 depth 來交替繪製白色方塊和灰色方塊。如果你想為 Fractal Art Maker 程式建立自己的形狀繪製函數，請記住這一點，因為它們必須接受 size 和 depth 引數。

## drawFilledSquare() 函數

drawFilledSquare() 函數繪製一個邊長為 size 的填滿正方形。為了給這個正方形著色，我們使用 turtle 模組的 turtle.begin_fill() 和 turtle.end_fill() 函數將正方形設為白色或灰色，並帶有黑色邊框，取決於 depth 引數是偶數還是奇數。由於這些正方形已被填滿，所以後來在它們上面繪製的任何正方形都會覆蓋先前的正方形。

與 Fractal Art Maker 程式的所有形狀繪製函數一樣，drawFilledSquare() 接受一個 size 和 depth 參數：

```
def drawFilledSquare(size, depth):
    size = int(size)
```

size 引數可以是帶有小數部分的浮點數，這有時會導致 turtle 模組繪製出稍微不對稱且不均勻的圖。為了避免這種情況發生，函數的第一行將 size 無條件捨去為整數。

當函數繪製正方形時，它假設烏龜位於正方形的中心，因此，烏龜必須先移動到正方形的右上角（相對於其初始航向）：

Python
```
    # Move to the top-right corner before drawing:
    turtle.penup()
    turtle.forward(size // 2)
    turtle.left(90)
    turtle.forward(size // 2)
    turtle.left(180)
    turtle.pendown()
```

當呼叫形狀繪製函數時，drawFractal() 函數永遠保持筆為放下狀態並準備好繪製，因此，drawFilledSquare() 必須呼叫 turtle.penup() 以避免在移動到起始位置時繪製一條線。為了找到相對於正方形中間的起始位置，烏龜必須先向前移動正方形長度的一半（即 size // 2），到達正方形未來的右邊緣。接下來，烏龜旋轉 90 度、面朝上，然後向前移動 size // 2 個單位到右上角。烏龜現在面向錯誤的方向，因此它轉動 180 度並將筆放下，以便開始繪畫。

請注意，「右上」和「向上」是相對於烏龜最初面向的方向。如果烏龜以 0 度開始面向右側或航向為 90、42 或任何其他度數，此程式碼同樣有效。當你建立自己的形狀繪製函數時，務必要使用「相對的」烏龜移動函數，例如 turtle.forward()、turtle.left() 和 turtle.right()，而不是「絕對的」烏龜移動函數，例如 turtle.goto()。

接下來，depth 引數告訴函數應該繪製白色正方形還是灰色正方形：

Python
```
    # Alternate between white and gray (with black border):
    if depth % 2 == 0:
        turtle.pencolor('black')
        turtle.fillcolor('white')
    else:
        turtle.pencolor('black')
        turtle.fillcolor('gray')
```

如果 depth 為偶數，則 depth % 2 == 0 條件為 True，那麼正方形的「填滿顏色」為白色；否則，程式碼會將填滿顏色設為灰色。無論哪種方式，由「筆顏色」（pen color）決定的正方形邊框都會設定為黑色；若要變更其中任何一種顏色，請使用常見顏色名稱的字串（例如 red 或 yellow），或使用由井字號標記和六個 16 進位數字所組成的 HTML 顏色程式碼（例如代表萊姆綠色的 #24FF24 或代表棕色的 #AD7100）。

網站 https://html-color.codes 中有許多 HTML 顏色程式碼的圖表。由於本書是黑白印刷，碎形沒有顏色，但你在自己的電腦上可以用明亮色系呈現自己的碎形圖！

設定好顏色後，我們終於可以畫出實際正方形的四條線了：

Python
```
    # Draw a square:
    turtle.begin_fill()
    for i in range(4): # Draw four lines.
        turtle.forward(size)
        turtle.right(90)
    turtle.end_fill()
```

為了告訴 turtle 模組我們打算繪製一個填滿的形狀而不僅僅是輪廓，我們呼叫 turtle.begin_fill() 函數。接下來是一個 for 迴圈，繪製一條長度為 size 的線，並將烏龜向右旋轉 90 度。for 迴圈重複此動作四次，以建立正方形。當函數最終呼叫 turtle.end_fill() 時，填滿的正方形會出現在螢幕上。

## drawTriangleOutline() 函數

第二個形狀繪製函數，要繪製邊長為 size 的等邊三角形的輪廓。這個函數繪製一個三角形，一個角在頂部，兩個角在底部。圖 13-6 展示了等邊三角形中的各個數值。

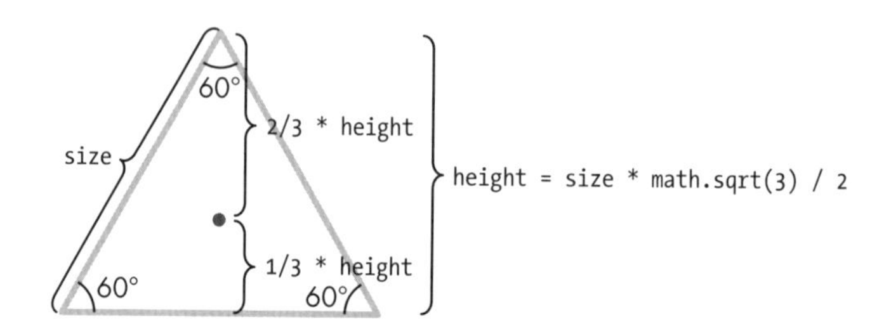


**圖 13-6**：邊長為 size 的等邊三角形中的各測量值。

在開始繪製之前，我們必須根據邊長來確定三角形的高度。幾何學告訴我們，對於邊長為 L 的等邊三角形，三角形的高度「h」是「L 乘以 3 的平方根除以 2」。在我們的函數中，L 對應於 size 參數，所以我們的程式碼設定了如下的高度變數：

```
height = size * math.sqrt(3) / 2
```

幾何學也告訴我們，三角形的中心是底邊高度的三分之一和頂點高度的三分之二。這為我們提供了將烏龜移動到起始位置所需的資訊：

```python
def drawTriangleOutline(size, depth):
    size = int(size)

    # Move the turtle to the top of the equilateral triangle:
    height = size * math.sqrt(3) / 2
    turtle.penup()
    turtle.left(90) # Turn to face upward.
    turtle.forward(height * (2/3)) # Move to the top corner.
```

```
turtle.right(150) # Turn to face the bottom-right corner.
turtle.pendown()
```

為了到達頂角，我們將烏龜向左旋轉 90 度，使其面朝上（相對於烏龜原始航向為 0 度），然後向前移動「等同於 height * (2/3)」的單位數。烏龜仍然面朝上，因此要開始在右側畫線，烏龜必須向右旋轉 90 度來面向右側，然後再旋轉 60 度來面向三角形的右下角。這就是為什麼我們要呼叫 turtle.right(150)。

此時，烏龜已準備好開始繪製三角形，因此我們透過呼叫 turtle.pendown() 來放下筆。for 迴圈將負責繪製三條邊：

Python

```
# Draw the three sides of the triangle:
for i in range(3):
    turtle.forward(size)
    turtle.right(120)
```

繪製實際的三角形需要向前移動 size 單位，然後向右旋轉 120 度，分三次。第三次也是最後一次 120 度轉彎，會使烏龜面向原來的方向。你可以在圖 13-7 中看到這些移動和轉彎的軌跡。

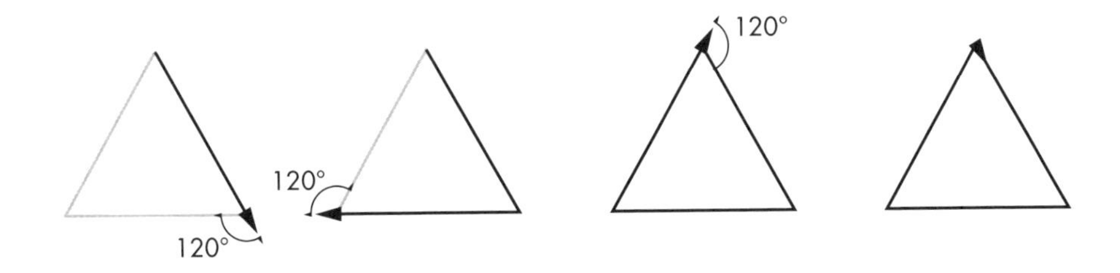


*圖 13-7：畫一個等邊三角形需要三次向前移動和三次 120 度轉彎。*

drawTriangleOutline() 函數只繪製輪廓，而不是填滿形狀，因此它不會像 drawFilledSquare() 那樣呼叫 turtle.begin_fill() 和 turtle.end_fill()。

# 使用碎形繪圖函數

現在，我們有兩個範例繪圖函數可以使用，讓我們檢查一下 Fractal Art Maker 專案中的主要函數：drawFractal()。此函數有三個必要參數和一個可選參數：shapeDrawFunction、size、specs 和 maxDepth。

shapeDrawFunction 參數需要一個函數，例如 drawFilledSquare() 或 drawTriangleOutline()。size 參數則需要傳遞給繪圖函數的起始大小。通常，100 到 500 之間是一個很好的起始大小，但這取決於形狀繪製函數中的程式碼，而且可能需要進行試驗才能找到正確的值。

specs 參數需要一個字典串列，指定當 drawFractal() 遞迴呼叫自身時，遞迴形狀應如何變更其大小、位置和角度。這些規範將在本節後面進行描述。

為了防止 drawFractal() 一直遞迴到堆疊溢出，maxDepth 參數控制著 drawFractal() 應該遞迴呼叫自身的次數。預設情況下，maxDepth 的值為 8，但如果你需要更多或較少的遞迴形狀，可以提供不同的值。

第五個參數 depth，由 drawFractal() 對其自身的遞迴呼叫來處理，預設為 0。呼叫 drawFractal() 時不需要指定它。

## 設定函數

drawFractal() 函數所做的第一件事是檢查其兩個基本情況：

Python
```python
def drawFractal(shapeDrawFunction, size, specs, maxDepth=8, depth=0):
    if depth > maxDepth or size < 1:
        return # BASE CASE
```

如果 depth 大於 maxDepth，函數將停止遞迴並回傳。如果 size 小於 1，則會出現另一種基本情況，此時所繪製的形狀將太小而無法在螢幕上看到，因此該函數應該直接回傳。

我們用三個變數來追蹤烏龜的原始位置和航向：initialX、initialY 和 initialHeading。這樣一來，無論形狀繪製函數將烏龜放置在何處或朝哪個方向移動，drawFractal() 都可以將烏龜恢復到原始位置並前往下一個遞迴呼叫：

```python
# Save the position and heading at the start of this function call:
initialX = turtle.xcor()
initialY = turtle.ycor()
initialHeading = turtle.heading()
```

turtle.xcor() 和 turtle.ycor() 函數回傳烏龜在螢幕上的絕對 x, y 座標。turtle.heading() 函數回傳烏龜指向的方向（以度為單位）。

接下來的幾行呼叫了傳遞給 shapeDrawFunction 參數的形狀繪製函數：

```python
# Call the draw function to draw the shape:
turtle.pendown()
shapeDrawFunction(size, depth)
turtle.penup()
```

由於作為 shapeDrawFunction 參數的引數傳遞的值是一個函數，因此程式碼 shapeDrawFunction(size, height) 使用 size 和 height 值呼叫此函數。筆會在 shapeDrawFunction() 呼叫之前放下並在呼叫之後提起來，以確保形狀繪製函數可以在繪圖開始時，讓筆處於放下的狀態。

## 使用規格字典

在呼叫 shapeDrawFunction() 後，drawFractal() 的其餘程式碼會根據 specs 串列字典中的規格去遞迴呼叫 drawFractal()。對於每個字典，drawFractal() 都會再對 drawFractal() 進行一次遞迴呼叫。如果 specs 是包含一個字典的串列，那麼每次呼叫 drawFractal() 只會再導致一次遞迴呼叫 drawFractal()。如果 specs 是包含三個字典的串列，則每次呼叫 drawFractal() 都會再導致三次遞迴呼叫 drawFractal()。

specs 參數中的字典提供每一次遞迴呼叫的規格。每 個字典都包含了 sizeChange、xChange、yChange 和 angleChange 四個鍵，這些鍵決定了碎形的大小、烏龜的位置以及烏龜的航向在遞迴 drawFractal() 呼叫中如何變化。表 13-1 對於規格中的這四個鍵做了具體描述。

表 13-1：規格字典中的鍵

| 鍵 | 預設值 | 說明 |
| --- | --- | --- |
| sizeChange | 1.0 | 下一個遞迴形狀的大小值是目前大小乘以該值。 |
| xChange | 0.0 | 下一個遞迴形狀的 x 座標是目前 x 座標加上目前大小乘以該值。 |
| yChange | 0.0 | 下一個遞迴形狀的 y 座標是目前 y 座標加上目前大小乘以該值。 |
| angleChange | 0.0 | 下一個遞迴形狀的起始角度是目前起始角度加上該值。 |

讓我們來看看「四角碎形」（Four Corners）的規格字典，它產生前面圖 13-1 所示的左上角圖像。對四角碎形的 drawFractal() 的呼叫會傳遞以下規格參數的字典串列：

*Python*
```
[{'sizeChange': 0.5, 'xChange': -0.5, 'yChange': 0.5},
 {'sizeChange': 0.5, 'xChange': 0.5, 'yChange': 0.5},
 {'sizeChange': 0.5, 'xChange': -0.5, 'yChange': -0.5},
 {'sizeChange': 0.5, 'xChange': 0.5, 'yChange': -0.5}]
```

specs 串列有四個字典，因此每次呼叫繪製正方形的 drawFractal() 都會依次遞迴呼叫 drawFractal() 四次再繪製四個正方形，圖 13-8 顯示了這種正方形的排列（白色和灰色交替）。

若要確定下一個要繪製的正方形大小，就將 sizeChange 鍵的值乘以目前的 size 參數。specs 串列中，第一個字典的 sizeChange 值為 0.5，使得下一個遞迴呼叫的大小引數為 350 * 0.5，即 175 個單位，代表下一個正方形的大小是前一個正方形的一半。如果 sizeChange 值為 2.0，下一個正方形的大小就會變成前一個正方形的兩倍。如果字典沒有 sizeChange 鍵，則該值預設為 1.0，表示大小不變。

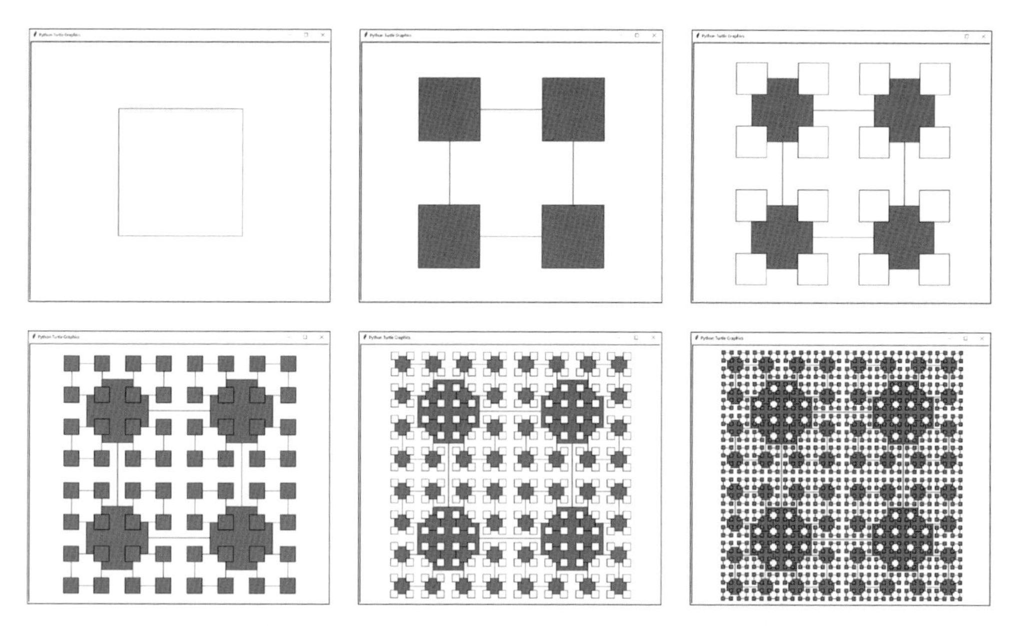

**圖 13-8：四角碎形範例從左到右、從上到下的每個步驟。每一個正方形在其角點遞迴地產生另外四個正方形，顏色則為白色與灰色交替。**

為了確定下一個正方形的 x 座標，將第一個字典的 xChange 值（本例為 -0.5）乘以大小。當 size 為 350 時，這表示下一個正方形的 x 座標相對於烏龜目前位置為 -175 個單位。此 xChange 值和 yChange 鍵的值 0.5 將下一個正方形的位置放置在目前正方形大小的 50% 處，位於目前正方形位置的左側和上方；恰好就在目前正方形的左上角。

如果你查看 specs 串列中的其他三個字典，你會發現它們的 sizeChange 值均為 0.5。它們之間的區別在於，它們的 xChange 和 yChange 值將它們放置在目前正方形的其他三個角落。因此，接下來的四個正方形將以目前正方形的四個角落為中心繪製。

本範例的 specs 串列中的字典沒有 angleChange 值，因此該值預設為 0.0 度。正的 angleChange 值表示逆時針旋轉，負值則表示順時針旋轉。

每個字典代表每次呼叫遞迴函數時要繪製的單獨正方形。如果我們從 specs 串列中刪除第一個字典，則每個 drawFractal() 呼叫將只會產生三個正方形，如圖 13-9 所示。

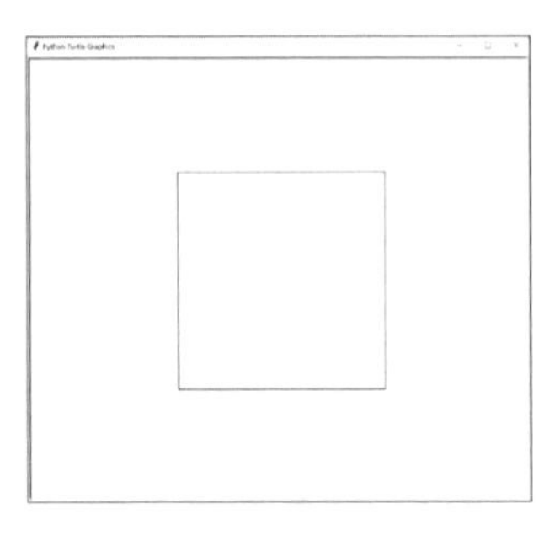
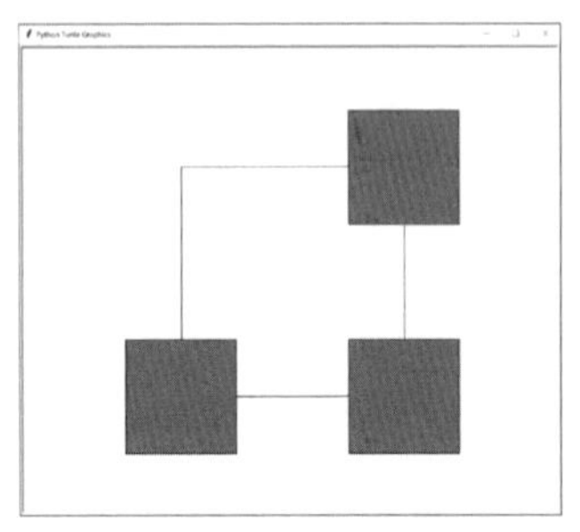
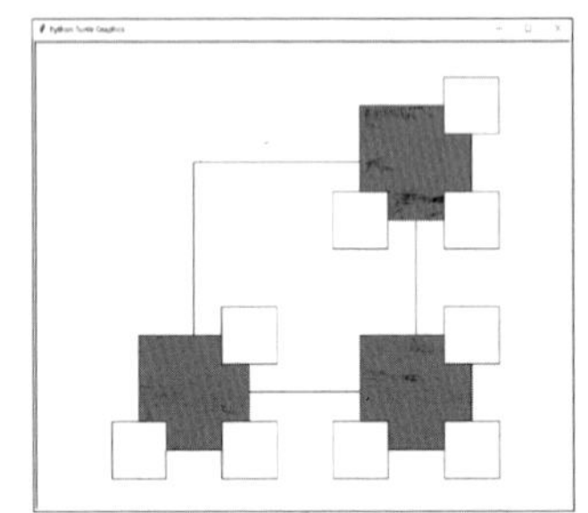
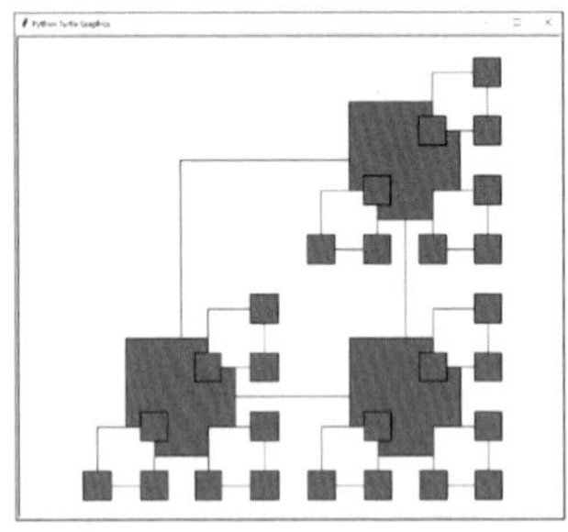
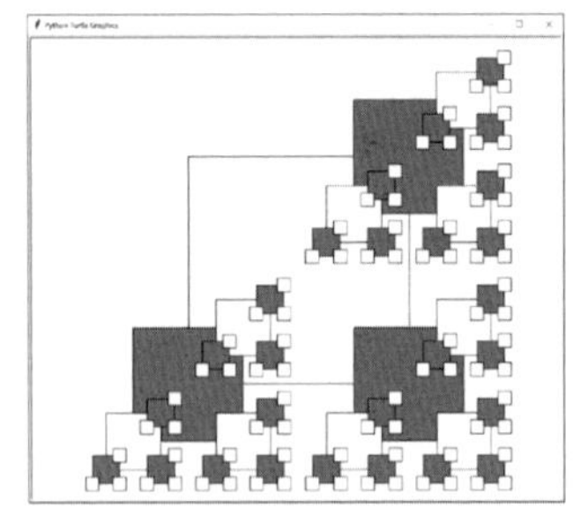
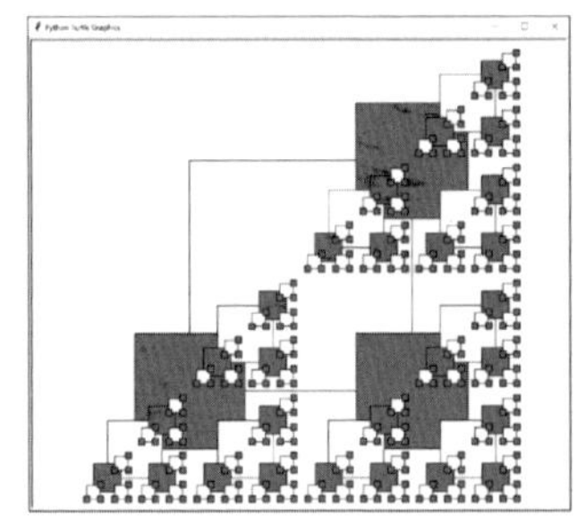

圖 13-9：從 specs 串列中刪除第一個字典後的四角碎形。

## 應用規格

我們來看看 drawFractal() 中的程式碼實際上是如何完成上述的這些過程：

*Python*

```
    # RECURSIVE CASE
    for spec in specs:
        # Each dictionary in specs has keys 'sizeChange', 'xChange',
        # 'yChange', and 'angleChange'. The size, x, and y changes
        # are multiplied by the size parameter. The x change and y
        # change are added to the turtle's current position. The angle
        # change is added to the turtle's current heading.
        sizeCh = spec.get('sizeChange', 1.0)
        xCh = spec.get('xChange', 0.0)
        yCh = spec.get('yChange', 0.0)
        angleCh = spec.get('angleChange', 0.0)
```

for 迴圈在迴圈的每次迭代中，將 specs 串列中的單獨規格字典指派給迴圈變數 spec。get() 字典方法呼叫從該字典中提取 sizeChange、xChange、yChange 和 angleChange 鍵的值，並將它們指派給名稱較短的 sizeCh、xCh、yCh 和 angleCh 變數。如果字典中不存在該鍵，則 get() 方法會取代預設值。

接下來，烏龜的位置和航向將重設為第一次呼叫 drawFractal() 時所指示的值，這能確保先前迴圈迭代的遞迴呼叫不會將烏龜留在其他地方。然後，根據 angleCh、xCh 和 yCh 變數改變航向和位置：

Python

```
# Reset the turtle to the shape's starting point:
turtle.goto(initialX, initialY)
turtle.setheading(initialHeading + angleCh)

turtle.forward(size * xCh)
turtle.left(90)
turtle.forward(size * yCh)
turtle.right(90)
```

x 變化和 y 變化位置是相對於烏龜目前的航向來表示。如果烏龜的航向為 0，則烏龜的相對 x 軸與螢幕上的實際 x 軸相同；但是，如果海龜的航向為 45，烏龜的相對 x 軸就會傾斜 45 度。沿著烏龜的相對 x 軸「向右」移動，就會以直角移動。

這就是為什麼向前移動 size * xCh 會使烏龜沿著其相對 x 軸移動。如果 xCh 為負數，turtle.forward() 會沿著烏龜的相對 x 軸向左移動。turtle.left(90) 呼叫將烏龜沿著烏龜的相對 y 軸指向，而 turtle.forward(size * yCh) 則將烏龜移動到下一個形狀的起始位置。然而，呼叫 turtle.left(90) 改變了烏龜的航向，因此我們要呼叫 turtle.right(90) 將其重置回原來的方向。

圖 13-10 顯示了這四行程式碼如何將烏龜沿著其相對 x 軸向右移動，並沿著其相對 y 軸向上移動，同時使其保持在正確的航向，無論其初始航向為何。

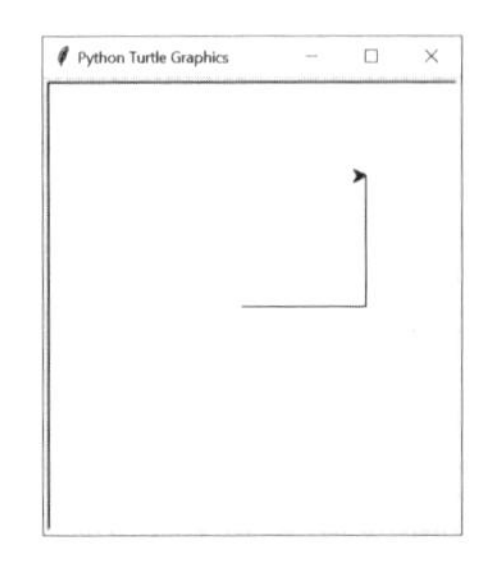

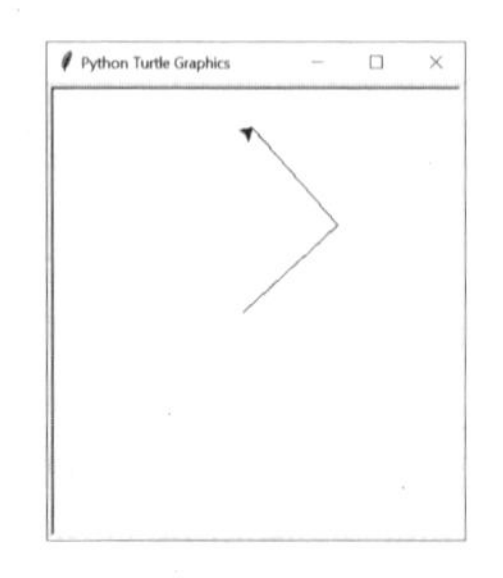

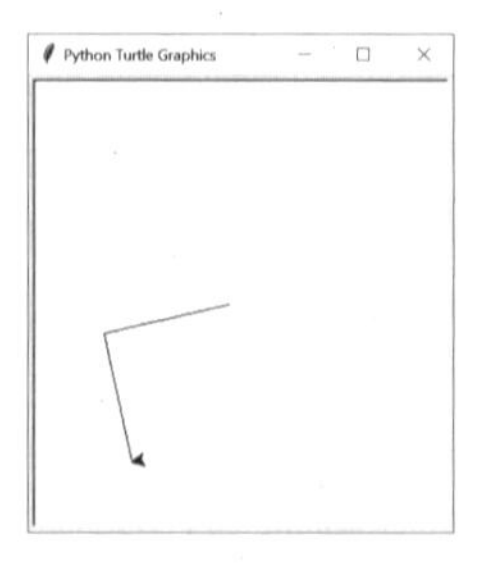

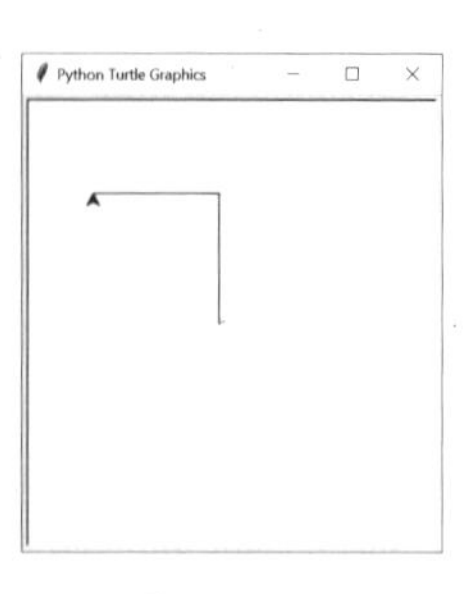


**圖 13-10**：在這四幅圖像中，烏龜總是沿著其初始航向的相對 x 軸和 y 軸「向右」和「向上」移動 100 個單位。

最後，當烏龜處於正確的位置並前往下一個形狀時，我們遞迴呼叫 `drawFractal()`：

```python
    # Make the recursive call:
    drawFractal(shapeDrawFunction, size * sizeCh, specs, maxDepth,
    depth + 1)
```

`shapeDrawFunction`、`specs` 和 `maxDepth` 引數會保持不變傳遞給遞迴呼叫的 `drawFractal()`。但是，`size * sizeCh` 作為下一個 `size` 參數傳遞，以反映遞迴形狀的大小變化，並為 `depth` 參數傳遞 `depth + 1`，以便在下一個形狀繪製函數呼叫時增加深度。

# 建立碎形範例

我們已經介紹了形狀繪製函數和遞迴 `Fractal()` 函數的運作原理，現在讓我們來看看 Fractal Art Maker 附帶的九種碎形範例，這些範例可以在圖 13-1 中找到。

## 四角碎形（Four Corners）

第一種碎形是「四角碎形」，一開始是一個大正方形。當函數呼叫自身時，碎形的規格會導致在正方形的四個角落繪製四個較小的正方形：

```python
if DRAW_FRACTAL == 1:
    # Four Corners:
    drawFractal(drawFilledSquare, 350,
        [{'sizeChange': 0.5, 'xChange': -0.5, 'yChange': 0.5},
         {'sizeChange': 0.5, 'xChange': 0.5, 'yChange': 0.5},
```

```
        {'sizeChange': 0.5, 'xChange': -0.5, 'yChange': -0.5},
        {'sizeChange': 0.5, 'xChange': 0.5, 'yChange': -0.5}], 5)
```

這裡對 drawFractal() 的呼叫將最大深度限制為 5，因為比這個大的深度讓碎形變得太過於密集而難以看到精準的細節。此碎形如圖 13-8 所示。

## 螺旋方形（Spiral Squares）

「螺旋方形」碎形也從一個大正方形開始，但它在每次遞迴呼叫時僅建立一個新正方形：

```python
elif DRAW_FRACTAL == 2:
    # Spiral Squares:
    drawFractal(drawFilledSquare, 600, [{'sizeChange': 0.95,
        'angleChange': 7}], 50)
```

這個正方形稍微小一點，並且旋轉了 7 度。所有正方形的中心均未變動，因此無需在規格中增加 xChange 和 yChange 鍵。預設最大深度 8 太小了，無法得到有趣的碎形，因此我們將它增加到 50 以產生一個令人著迷的螺旋圖案。

## 雙螺旋正方形（Double Spiral Squares）

「雙螺旋正方形碎形」與螺旋方形類似，不同之處在於每個正方形建立兩個較小的正方形。這會產生一種有趣的扇形效果，因為第二個正方形是稍後才繪製，它會覆蓋先前繪製的正方形：

```python
elif DRAW_FRACTAL == 3:
    # Double Spiral Squares:
    drawFractal(drawFilledSquare, 600,
        [{'sizeChange': 0.8, 'yChange': 0.1, 'angleChange': -10},
         {'sizeChange': 0.8, 'yChange': -0.1, 'angleChange': 10}])
```

建立出來的正方形比之前的正方形稍高或稍低一點，並且旋轉 10 或 -10 度。

## 三角螺旋（Triangle Spiral）

「三角螺旋碎形」是螺旋正方形的另一種變體，它使用 draw-TriangleOutline() 形狀繪製函數而不是 drawFilledSquare()：

```python
elif DRAW_FRACTAL == 4:
    # Triangle Spiral:
    drawFractal(drawTriangleOutline, 20,
        [{'sizeChange': 1.05, 'angleChange': 7}], 80)
```

三角形螺旋碎形與螺旋正方形碎形不同，它是從 20 個單位的小 size 開始，並在每層遞迴中稍微增加大小。sizeChange 鍵大於 1.0，因此形狀的大小會永遠增加。這表示當遞迴深度達到 80 時，就會出現基本情況，因為永遠不會達到 size 小於 1 的基本情況。

## 康威生命遊戲 Glider 模式

「康威生命遊戲」（Conway's Game of Life）是細胞自動機（cellular automata）的一個著名例子，這個遊戲的簡單規則會導致二維網格上出現有趣且極度混亂的圖案，其中一種模式就叫「Glider」（滑翔翼），它由 3 × 3 空間中的五個細胞格組成：

```python
elif DRAW_FRACTAL == 5:
    # Conway's Game of Life Glider:
    third = 1 / 3
    drawFractal(drawFilledSquare, 600,
        [{'sizeChange': third, 'yChange': third},
         {'sizeChange': third, 'xChange': third},
         {'sizeChange': third, 'xChange': third, 'yChange': -third},
         {'sizeChange': third, 'yChange': -third},
         {'sizeChange': third, 'xChange': -third, 'yChange': -third}])
```

這裡的 Glider 碎形在其五個細胞格內分別繪製了額外的 Glider。第三個變數有助於精確設定遞迴形狀在 3 × 3 空間中的位置。

你可以在我的書《Python 小專案大集合：提升功力的 81 個簡單有趣小程式》（博碩出版，2021）中找到康威生命遊戲的 Python 實作內容，參見網址 https://inventwithpython.com/bigbookpython/project13.html。遺憾的是，康威生命遊戲的開發者、數學家兼教授 John Conway 於 2020 年 4 月因 COVID-19 併發症去世。

## Sierpiński 三角形

我們在第 9 章中建立了「Sierpiński 三角形碎形」，但我們的 Fractal Art Maker 也可以透過 `drawTriangleOutline()` 形狀函數來重新建立它。畢竟，Sierpiński 三角形是一個等邊三角形，其內部繪製了三個較小的等邊三角形：

```python
elif DRAW_FRACTAL == 6:
    # Sierpiński Triangle:
    toMid = math.sqrt(3) / 6
    drawFractal(drawTriangleOutline, 600,
        [{'sizeChange': 0.5, 'yChange': toMid, 'angleChange': 0},
         {'sizeChange': 0.5, 'yChange': toMid, 'angleChange': 120},
         {'sizeChange': 0.5, 'yChange': toMid, 'angleChange': 240}])
```

這些較小三角形的中心距離前一個三角形的中心 `size * math.sqrt(3) / 6` 個單位。這三個呼叫將烏龜的航向調整為 `0`、`120` 和 `240` 度，然後在烏龜的相對 y 軸上向上移動。

## 波浪（Wave）

我們在本章開頭討論了「波浪碎形」，你可以在圖 13-5 中看到它。這個相對簡單的碎形建立了三個較小且不同的遞迴三角形：

```python
elif DRAW_FRACTAL == 7:
    # Wave:
    drawFractal(drawTriangleOutline, 280,
        [{'sizeChange': 0.5, 'xChange': -0.5, 'yChange': 0.5},
         {'sizeChange': 0.3, 'xChange': 0.5, 'yChange': 0.5},
         {'sizeChange': 0.5, 'yChange': -0.7, 'angleChange': 15}]
```

## 喇叭（Horn）

「喇叭碎形」類似公羊的角：

```python
elif DRAW_FRACTAL == 8:
    # Horn:
    drawFractal(drawFilledSquare, 100,
        [{'sizeChange': 0.96, 'yChange': 0.5, 'angleChange': 11}], 100)
```

這個簡單的碎形由正方形組成，每個正方形都比前一個稍微小一些並向上移動且旋轉了 11 度。我們將最大遞迴深度增加到 100，以便將這個喇叭的角延伸成一個緊密的螺旋狀。

## 雪花（Snowflake）

最後一種碎形「雪花」是由正方形排成五邊形圖案所組成，類似於四角碎形，只不過它使用了五個均勻分布的遞迴正方形而不是四個：

Python
```
elif DRAW_FRACTAL == 9:
    # Snowflake:
    drawFractal(drawFilledSquare, 200,
        [{'xChange': math.cos(0 * math.pi / 180),
          'yChange': math.sin(0 * math.pi / 180), 'sizeChange': 0.4},
         {'xChange': math.cos(72 * math.pi / 180),
          'yChange': math.sin(72 * math.pi / 180), 'sizeChange': 0.4},
         {'xChange': math.cos(144 * math.pi / 180),
          'yChange': math.sin(144 * math.pi / 180), 'sizeChange': 0.4},
         {'xChange': math.cos(216 * math.pi / 180),
          'yChange': math.sin(216 * math.pi / 180), 'sizeChange': 0.4},
         {'xChange': math.cos(288 * math.pi / 180),
          'yChange': math.sin(288 * math.pi / 180), 'sizeChange': 0.4}])
```

此碎形應用三角學中的餘弦和正弦函數（在 Python 的 `math.cos()` 和 `math.sin()` 函數中實作）來確定如何沿著 x 軸和 y 軸移動正方形。一個完整的圓有 360 度，要平均分布五個遞迴正方形在圓中，我們將它們以 0、72、144、216 和 288 度的間隔放置。`math.cos()` 和 `math.sin()` 函數需要角度引數以弧度為單位而不是以角度為單位，因此，我們必須將這些數字乘以 `math.pi / 180`。

最終的結果是，每個正方形都被其他五個正方形包圍，這些正方形又被另外五個正方形包圍，依此類推，形成一個類似雪花的水晶狀碎形。

## 產生單一正方形或三角形

為了完整呈現，你還可以將 `DRAW_FRACTAL` 設定為 `10` 或 `11`，以查看對 `drawFilledSquare()` 和 `drawTriangleOutline()` 的單一呼叫在烏龜視窗中產生的結果。這些形狀的繪製尺寸為 `600`：

```python
elif DRAW_FRACTAL == 10:
    # The filled square shape:
    turtle.tracer(1, 0)
    drawFilledSquare(400, 0)
elif DRAW_FRACTAL == 11:
    # The triangle outline shape:
    turtle.tracer(1, 0)
    drawTriangleOutline(400, 0)
turtle.exitonclick() # Click the window to exit.
```

根據 DRAW_FRACTAL 中的值繪製碎形或形狀後，程式呼叫 turtle.exitonclick()，這樣烏龜視窗就能保持開啟狀態，直到使用者點擊它。然後，程式終止。

## 建立你自己的碎形

你可以透過變更傳遞給 drawFractal() 函數的規格來建立自己的碎形。首先考慮你希望每次呼叫 drawFractal() 產生多少個遞迴呼叫，以及形狀的大小、位置和航向應該如何更改。你可以使用現有的繪圖函數或建立自己的繪圖函數。

例如，圖 13-11 顯示了九個內建碎形，但正方形和三角形函數已交換。其中一些產生的形狀乏善可陳，但另一些則會產生意想不到的美麗圖案。

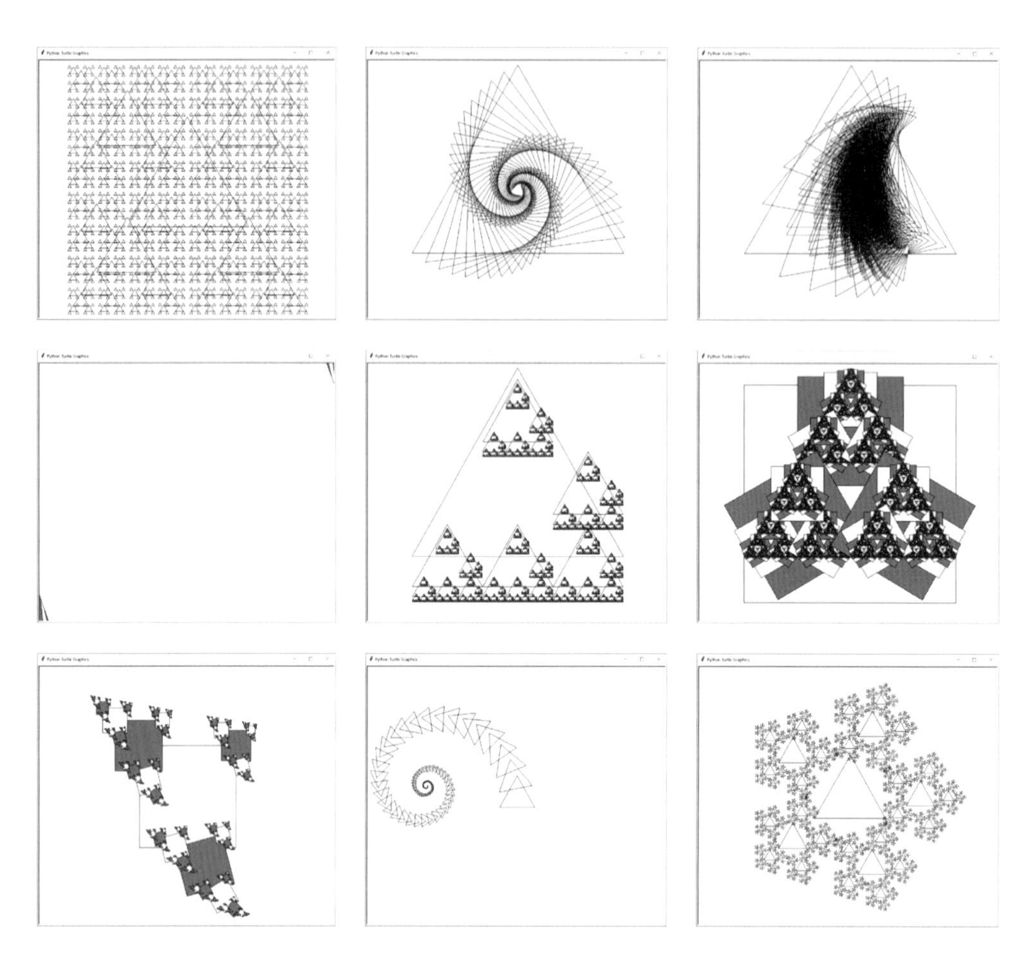

**圖 13-11**：Fractal Art Maker 附帶的九種碎形，但交換了形狀繪製函數。

# 結論

Fractal Art Maker 專案展現了遞迴的無限可能性。一個簡單的遞迴 `drawFractal()` 函數與形狀繪圖函數配合使用，可以建立各種詳細的幾何藝術。

Fractal Art Maker 的核心是遞迴的 `drawFractal()` 函數，它接受另一個函數作為引數。第二個函數使用規格字典串列中給出的大小、位置和航向重複繪製基本形狀。

你可以不受限制地測試各種形狀繪製函數和規格設定。當你在程式中進行程式碼實驗時，讓創意引導你的碎形專案。

## 延伸閱讀

有些網站允許你建立碎形。網站 https://www.visnos.com/demos/fractal 上的互動式碎形樹具有可以更改二元樹碎形的角度和大小參數的滑桿；網站 https://procedural-snowflake.glitch.me 上的程式雪花會在瀏覽器中產生新的雪花；Nico 的碎形機器（https://sciencevsmagic.net/fractal）建立碎形的動畫繪圖。你可以上網搜尋「fractal maker」或「fractal generator online」來找到其他參考資料。

# 14

# 畫中畫創作家

「Droste 特效」（Droste effect）是一種遞迴的藝術技術，以 1904 年荷蘭的可可品牌 Droste's Cacao 罐頭上的插圖來命名。如圖 14-1 所示，罐頭上有一個護士拿著一個托盤，托盤上盛著一罐 Droste 可可，這罐可可本身又有這幅圖像。

在本章中，我們將建立一個 Droste Maker（畫中畫創作家）程式，它可以從任何照片或圖畫中生成類似的遞迴圖像，無論是博物館的觀光客正在觀看自己身處其中的畫作，還是一隻貓在一個電腦螢幕前面同時該電腦螢幕內又有一隻貓和電腦螢幕，或者是其他東西。

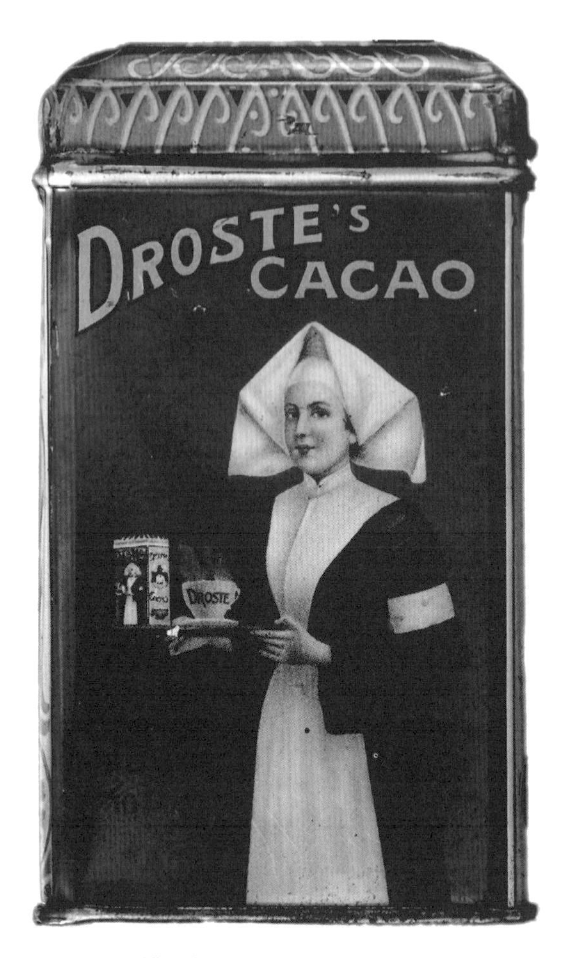


**圖 14-1**：Droste's Cacao 罐子上的遞迴插圖。

使用 Microsoft Paint（小畫家）或 Adobe Photoshop 等繪圖軟體，你可以用純洋紅色（magenta）填滿圖像的某個區域，來指示程式遞迴圖像要放置的位置。Python 程式使用 Pillow 圖像函式庫來讀取該圖像資料並生成遞迴圖像。

首先，我們將介紹如何安裝 Pillow 函式庫以及 Droste Maker 演算法的運作原理。接著，我們將展示該程式的 Python 原始碼以及附帶的程式碼解釋。

## 安裝 Python 的 Pillow 函式庫

本章的專案需要使用 Pillow 圖像函式庫。該函式庫允許你的 Python 程式建立和修改圖像檔案，包括 PNG、JPEG 和 GIF。它有許多函數，可對圖像執行調整大小、複製、裁剪和其他常見的操作。

若要在 Windows 上安裝此函式庫，請開啟命令提示字元視窗並執行 **`py -m pip install --user pillow`**；若要在 macOS 或 Linux 上安裝，請開啟 Terminal 視窗並執行 **`python3 -m pip install --user pillow`**。此命令會讓 Python 使用 pip 安裝程式從官方的 Python 套件索引（Python Package Index，網址 https://pypi.org）下載模組。

若要驗證安裝是否有效，請開啟 Python 終端機並執行 **`from PIL import Image`**（雖然函式庫的名稱是 Pillow，但安裝的 Python 模組名為大寫的 `PIL`）。如果沒有出現錯誤，則表示函式庫已正確安裝好了。

Pillow 的官方文件可以在 https://pillow.readthedocs.io 找到。

## 描繪你的圖像

下一步是透過將圖像的一部分設定為 RGB（紅、綠、藍）顏色值（255, 0, 255）來準備圖像。電腦繪圖通常是使用洋紅色（magenta）來標記圖像的哪些像素應呈現（render）透明。我們的程式會把這些洋紅色像素當作影片製作中的「綠幕」來處理，用調整大小後的初始圖像置換掉這些像素。當然，這個調整過大小的圖像也會有較小的洋紅色區域，程式會再用另一個重新調整大小的圖像置換掉這些洋紅色區域，一直到最終圖像沒有洋紅色像素為止，基本情況出現了，此時演算法就完成了。

圖 14-2 顯示了將調整大小的圖像遞迴應用於洋紅色像素時圖像的建立過程。在此範例中，模特兒站在藝術博物館展品前，該展品已被洋紅色像素取代，將照片本身變成了展品。你可以從 https://inventwithpython.com/museum.png 下載此原始圖像。

確保僅使用純（255, 0, 255）洋紅色來繪製圖像中的洋紅色區域。有些工具可能有淡化效果，可以產生更加自然的外觀。例如，Photoshop 的畫筆工具會在繪製區域的輪廓上產生淡化的洋紅色像素，因此你需要使用鉛筆工具，該工具僅使用你選擇的精確純洋紅色進行繪圖。如果你的繪圖軟體不能指定精確的 RGB 顏色進行繪圖，你可以從 https://inventwithpython.com/magenta.png 上的 PNG 圖像複製顏色並貼上。

圖像中的洋紅色區域可以是任意大小或形狀；它不必是精確且連續的矩形。你可以看到，在圖 14-2 中，博物館參觀者切入洋紅色矩形，將參觀者置於遞迴圖像的前面。

如果你使用 Droste Maker 來製作自己的圖像，則應使用 PNG 格式而不是 JPEG。JPEG 圖像使用「有損」（lossy）壓縮技術[4]來減少檔案的大小，因而圖像會有細微的瑕疵，不過這些瑕疵通常肉眼是無法察覺的，而且不會影響整體圖像品質。但是，這種有損壓縮將用稍微不同的洋紅色色調取代純洋紅色像素，而 PNG 圖像的「無損」（lossless）壓縮技術則是能確保這種情況不會發生。

4 編註：亦稱為破壞性壓縮技術，或失真壓縮技術。

圖 14-2：將圖像遞迴套用到洋紅色像素。如果你觀看本書印刷版本中的黑白圖像，洋紅色區域是博物館參觀者面前的矩形。

## 完整的 Droste Maker 程式

以下是 drostemaker.py 的原始碼；由於此程式依賴於僅適用於 Python 的 Pillow 函式庫，所以本書中沒有與該專案相同效果的 JavaScript：

```
from PIL import Image


def makeDroste(baseImage, stopAfter=10):
    # If baseImage is a string of an image filename, load that image:
    if isinstance(baseImage, str):
        baseImage = Image.open(baseImage)

    if stopAfter == 0:
        # BASE CASE
        return baseImage
    # The magenta color has max red/blue/alpha, zero green:
    if baseImage.mode == 'RGBA':
        magentaColor = (255, 0, 255, 255)
    elif baseImage.mode == 'RGB':
        magentaColor = (255, 0, 255)

    # Find the dimensions of the base image and its magenta area:
    baseImageWidth, baseImageHeight = baseImage.size
    magentaLeft = None
    magentaRight = None
    magentaTop = None
    magentaBottom = None

    for x in range(baseImageWidth):
        for y in range(baseImageHeight):
            if baseImage.getpixel((x, y)) == magentaColor:
                if magentaLeft is None or x < magentaLeft:
                    magentaLeft = x
                if magentaRight is None or x > magentaRight:
                    magentaRight = x
                if magentaTop is None or y < magentaTop:
                    magentaTop = y
                if magentaBottom is None or y > magentaBottom:
                    magentaBottom = y

    if magentaLeft is None:
        # BASE CASE - No magenta pixels are in the image.
        return baseImage

    # Get a resized version of the base image:
    magentaWidth = magentaRight - magentaLeft + 1
    magentaHeight = magentaBottom - magentaTop + 1
    baseImageAspectRatio = baseImageWidth / baseImageHeight
    magentaAspectRatio = magentaWidth / magentaHeight

    if baseImageAspectRatio < magentaAspectRatio:
```

```
        # Make the resized width match the width of the magenta area:
        widthRatio = magentaWidth / baseImageWidth
        resizedImage = baseImage.resize((magentaWidth,
        int(baseImageHeight * widthRatio) + 1), Image.NEAREST)
    else:
        # Make the resized height match the height of the magenta area:
        heightRatio =  magentaHeight / baseImageHeight
        resizedImage = baseImage.resize((int(baseImageWidth *
        heightRatio) + 1, magentaHeight), Image.NEAREST)

    # Replace the magenta pixels with the smaller, resized image:
    for x in range(magentaLeft, magentaRight + 1):
        for y in range(magentaTop, magentaBottom + 1):
            if baseImage.getpixel((x, y)) == magentaColor:
                pix = resizedImage.getpixel((x - magentaLeft, y - magentaTop))
                baseImage.putpixel((x, y), pix)

    # RECURSIVE CASE:
    return makeDroste(baseImage, stopAfter=stopAfter - 1)


recursiveImage = makeDroste('museum.png')
recursiveImage.save('museum-recursive.png')
recursiveImage.show()
```

在執行此程式之前，請將圖像檔放置在與 drostemaker.py 相同的資料夾中。程式會將遞迴圖像儲存為 Museumrecursive.png，然後打開圖像檢視器來顯示它。如果你想在新增了洋紅色區域的圖像上執行該程式，請將原始程式碼末尾的 `makeDroste('museum.png')` 置換為你的圖像檔案的名稱，然後把 `save('museum- recursive. png')` 置換為你要用來儲存遞迴圖像的名稱。

# 配置

Droste Maker 程式只有一個函數 `makeDroste()`，它接受 Pillow 的 `Image` 物件或圖像檔名的字串。該函數會回傳一個 Pillow `Image` 物件，其中任何洋紅色像素都被同一圖像的版本遞迴置換：

*Python*

```
from PIL import Image


def makeDroste(baseImage, stopAfter=10):
    # If baseImage is a string of an image filename, load that image:
```

```
    if isinstance(baseImage, str):
        baseImage = Image.open(baseImage)
```

程式先從 Pillow 函式庫（名為 PIL，作為 Python 模組）匯入 Image 類別。在 makeDroste() 函數中，我們檢查 baseImage 參數是否為字串，如果是，則將其置換為從對應圖像檔案載入的 Pillow Image 物件。

接下來，我們檢查 stopAfter 參數是否為 0。如果是，我們就達到了演算法的基本情況之一，且該函數會回傳基本圖像的 Pillow Image 物件：

```
    if stopAfter == 0:
        # BASE CASE
        return baseImage
```

如果函數呼叫未提供 stopAfter 參數，則預設為 10。稍後在此函數中對 makeDroste() 的遞迴呼叫會將 stopAfter - 1 作為此參數的引數值，以便它隨著每次遞迴呼叫而減小並趨近於基本情況 0。

例如，為 stopAfter 傳遞 0 會導致函數立即回傳與基本圖像相同的遞迴圖像，為 stopAfter 傳遞 1 會用遞迴圖像置換洋紅色區域一次、進行一次遞迴呼叫、到達基本情況並立即回傳，為 stopAfter 傳遞 2 會導致兩次遞迴呼叫，依此類推。

此參數可防止函數遞迴在洋紅色區域特別大的情況下一直遞迴到堆疊溢出。它還允許我們傳遞一個小於 10 的參數，來限制放置在基本圖像中的遞迴圖像數量。例如，圖 14-2 中的四個圖像是透過為 stopAfter 參數傳遞 0、1、2、3 來建立的。

接下來，我們檢查基本圖像的「顏色模式」。它可以是 RGB，具有紅 - 綠 - 藍像素；也可以是 RGBA，表示圖像的像素有一個 alpha 通道（channel）。「alpha 值」是用來表示像素的透明度，其程式碼如下：

*Python*

```
    # The magenta color has max red/blue/alpha, zero green:
    if baseImage.mode == 'RGBA':
        magentaColor = (255, 0, 255, 255)
    elif baseImage.mode == 'RGB':
        magentaColor = (255, 0, 255)
```

Droste Maker 需要知道顏色模式，以便它可以找到洋紅色像素。每個通道的值範圍從 0 到 255，洋紅色像素具有最大數量的紅色和藍色，但沒有綠色。此外，如果存在 alpha 通道，就會將其設為 255（表示完全不透明）和 0（表示完全透明）。magentaColor 變數設定為洋紅色像素的正確元組值（tuple value），取決於 baseImage.mode 中給定的圖像顏色模式。

# 尋找洋紅色區域

在程式可以遞迴地將圖像插入洋紅色區域之前，它必須找到圖像中洋紅色區域的邊界。這涉及到尋找圖像中最左邊、最右邊、最頂部和最底部的洋紅色像素。

雖然洋紅色區域本身不需要是完美的矩形，但程式需要知道洋紅色的矩形邊界，以便正確調整插入圖像的大小。例如，圖 14-3 顯示了《蒙娜麗莎》的基本圖像，其中洋紅色區域以白色輪廓顯示。洋紅色像素會被置換以產生遞迴圖像。

**圖 14-3**：此基本圖像以白色輪廓標示洋紅色區域（左）及其產生的遞迴圖像（右）。

為了計算調整後圖像的大小和位置，程式從 baseImage 中 Pillow Image 物件的 size 屬性中檢索基本圖像的寬度和高度。以下這幾行程式碼將洋紅色區域的四個邊緣（magentaLeft、magentaRight、magentaTop 和 magentaBottom）的四個變數初始化為 None 值：

*Python*

```
# Find the dimensions of the base image and its magenta area:
baseImageWidth, baseImageHeight = baseImage.size
magentaLeft = None
magentaRight = None
magentaTop = None
magentaBottom = None
```

這些邊緣變數值在接下來的程式碼中被整數 x 和 y 座標取代：

*Python*

```
for x in range(baseImageWidth):
    for y in range(baseImageHeight):
        if baseImage.getpixel((x, y)) == magentaColor:
            if magentaLeft is None or x < magentaLeft:
                magentaLeft = x
            if magentaRight is None or x > magentaRight:
                magentaRight = x
            if magentaTop is None or y < magentaTop:
                magentaTop = y
            if magentaBottom is None or y > magentaBottom:
                magentaBottom = y
```

這些巢狀的 for 迴圈在基本圖像中每個可能的 x, y 座標上迭代著 x 和 y 變數。我們檢查每個座標處的像素是否是 magentaColor 中儲存的純洋紅色，如果洋紅色像素的座標比 magentaLeft 中目前記錄的更左，則更新 magentaLeft 變數，其他三個方向也依此類推。

當巢狀的 for 迴圈完成時，magentaLeft、magentaRight、magentaTop 和 magentaBottom 將描述基本圖像中洋紅色像素的邊界。如果圖像沒有洋紅色像素，這些變數將保持設定為其初始 None 值：

*Python*

```
if magentaLeft is None:
    # BASE CASE - No magenta pixels are in the image.
    return baseImage
```

如果在巢狀 for 迴圈完成後，magentaLeft（或實際上是四個變數中的任何一個）仍設為 None，則圖像中不存在洋紅色像素，此即為遞迴演算法的基本情況，因為每次遞迴呼叫 makeDroste() 時，洋紅色區域會變得越來越小。此時，函數回傳 baseImage 中的 Pillow Image 物件。

## 調整基本圖像的大小

我們需要調整基本圖像的大小以覆寫整個洋紅色區域，僅此而已。圖 14-4 顯示了透明覆寫在原始基本圖像上的縮小完整圖像。這個縮小的圖像被裁剪了，以便僅將洋紅色像素上方的部分複製到最終圖像上。

圖 14-4：螢幕中帶有洋紅色區域的基本圖像（上），基本圖像上有縮小的圖像（中），以及僅置換洋紅色像素的最終遞迴圖像（下）。

我們不能夠只是將基本圖像的大小調整為洋紅色區域的尺寸，因為兩者不太可能具有相同的「寬高比」（aspect ratio），即寬度除以高度的比例。這樣做會產生看起來被拉長或壓扁的遞迴圖像，如圖 14-5 所示。

相反的，調整後的圖像必須要大到足以完全覆寫洋紅色區域，但仍保留圖像的原始「寬高比」。這表示將待調整的圖像寬度設為洋紅色區域的寬度，使得已調整大小的圖像高度等於或大於洋紅色區域的高度，或是將待調整的圖像高度設為洋紅色區域，使得已調整大小的圖像寬度等於或大於洋紅色區域的寬度。

**圖 14-5：將圖像大小調整為洋紅色區域的尺寸可能會產生不同的「寬高比」，導致圖像看起來被拉長或壓扁了。**

為了計算正確的調整尺寸，程式需要確定基本圖像和洋紅色區域的「寬高比」：

*Python*

```
# Get a resized version of the base image:
magentaWidth = magentaRight - magentaLeft + 1
magentaHeight = magentaBottom - magentaTop + 1
baseImageAspectRatio = baseImageWidth / baseImageHeight
```

```
magentaAspectRatio = magentaWidth / magentaHeight
```

根據 magentaRight 和 magentaLeft，我們可以計算出洋紅色區域的寬度。+ 1 表示一個很小但必要的調整：如果洋紅色區域的右側 x 座標為 11，左側為 10，則寬度將為兩個像素。這是透過 (magentaRight-magentaLeft + 1) 正確算出來的，而非透過 (magentaRight - magentaLeft)。

由於「寬高比」是寬度除以高度，因此寬高比大的圖像寬度會大於高度（也就是橫式的圖），而寬高比小的圖像高度會大於寬度（也就是直式的圖），1.0 的「寬高比」則代表了一個完美的正方形。接下來的程式碼在比較基本圖像和洋紅色區域的「寬高比」後，設定了待調整圖像的尺寸：

```
if baseImageAspectRatio < magentaAspectRatio:
    # Make the resized width match the width of the magenta area:
    widthRatio = magentaWidth / baseImageWidth
    resizedImage = baseImage.resize((magentaWidth,
    int(baseImageHeight * widthRatio) + 1), Image.NEAREST)
else:
    # Make the resized height match the height of the magenta area:
    heightRatio =  magentaHeight / baseImageHeight
    resizedImage = baseImage.resize((int(baseImageWidth *
    heightRatio) + 1, magentaHeight), Image.NEAREST)
```

如果基本圖像的「寬高比」小於洋紅色區域的「寬高比」，則調整大小後的圖像寬度應與洋紅色區域的寬度相符；如果基本圖像的「寬高比」較大，則調整大小後的圖像高度應與洋紅色區域的高度相符。然後，我們透過將基本圖像的高度乘以寬度比，或將基本圖像的寬度乘以高度比來確定另一個尺寸。這樣可確保調整大小後的圖像完全覆寫洋紅色區域，並與原始的「寬高比」成比例。

我們呼叫 resize() 方法一次來產生一個新的 Pillow Image 物件，該物件會調整大小以符合基本圖像的寬度或高度。第一個引數是新圖像大小的（寬度, 高度）元組，第二個引數是 Pillow 函式庫中的 Image.NEAREST 常數，它告訴 resize() 方法在調整圖像大小時使用近鄰演算法（nearest neighbor algorithm），這會防止 resize() 方法混合像素顏色以產生平滑的圖像。

我們不希望這樣，因為它可能會使調整後圖像中的洋紅色像素與相鄰的非洋紅色像素混合在一起。我們的 makeDroste() 函數會偵測具有精確 RGB 顏色（255, 0, 255）的洋紅色像素，而且會忽略這些稍微偏離的洋紅色像素，結果將導致洋紅色區域周圍出現粉紅色輪廓，而這會破壞我們的圖像。近鄰演算法不會進行這種模糊處理，它讓我們的洋紅色像素保持精確的（255, 0, 255）洋紅色。

## 遞迴地將圖像放置在圖像內

調整基本圖像的大小後，我們就可以將已調整好大小的圖像放置在基本圖像上了。但調整後圖像中的像素，應該僅放置在基本圖像中的洋紅色像素上。已調整圖像會這樣放置，讓已調整圖像的左上角位於洋紅色區域的左上角：

*Python*

```
# Replace the magenta pixels with the smaller, resized image:
for x in range(magentaLeft, magentaRight + 1):
    for y in range(magentaTop, magentaBottom + 1):
        if baseImage.getpixel((x, y)) == magentaColor:
            pix = resizedImage.getpixel((x - magentaLeft, y - magentaTop))
            baseImage.putpixel((x, y), pix)
```

兩個巢狀 for 迴圈迭代洋紅色區域中的每個像素。請記住，洋紅色區域不必是完美的矩形，因此我們檢查目前座標處的像素是否為洋紅色。如果是，我們從已調整大小圖像中的相應座標中取得像素顏色，並將其放置在基本圖像上。兩個巢狀 for 迴圈完成迴圈後，基本圖像中的洋紅色像素將會被已調整大小圖像中的像素取代。

但是，調整大小後的圖像本身可能具有洋紅色像素，如果是這樣，這些像素現在將成為基本圖像的一部分，如圖 14-2 的右上角圖像所示。我們需要將修改後的基本圖像傳遞給遞迴 makeDroste() 呼叫：

*Python*

```
# RECURSIVE CASE:
return makeDroste(baseImage, stopAfter - 1)
```

這一行是我們遞迴演算法中的遞迴呼叫，也是 makeDroste() 函數中的最後一行程式碼。此遞迴處理從已調整大小的圖像複製的新洋紅色區域。請注意，為 stopAfter 參數傳遞的值為 stopAfter - 1，請確保它更趨近基本情況 0。

最後，Droste Maker 程式首先將「`museum.png`」傳遞給 `makeDroste()` 以取得遞迴圖像的 Pillow `Image` 物件。我們將其儲存為名為 Museum-recursive.png 的新圖檔，並在新視窗中顯示遞迴圖像以供使用者查看：

Python
```python
recursiveImage = makeDroste('museum.png')
recursiveImage.save('museum-recursive.png')
recursiveImage.show()
```

你可以將這些檔案名稱變更為電腦上你想要在程式中使用的任何圖像。

`makeDroste()` 函數需要用遞迴實作嗎？簡單地說，不需要。請注意，問題中沒有涉及樹狀結構，且演算法不進行回溯，這表示遞迴可能是對此程式碼的過度設計方法。

# 結論

本章的專案是一個產生遞迴 Droste 特效圖像的程式，就像 Droste's Cacao 舊罐頭上的插圖一樣。程式的運作原理是使用 RGB 值為（255, 0, 255）的純洋紅色像素來標記圖像中應置換為較小版本的部分。由於這個較小的版本也將具有自己較小的洋紅色區域，因此將重複置換，直到洋紅色區域消失以產生遞迴圖像。

當圖像中不再有洋紅色像素來放置較小的遞迴圖像時，或者當 `stopAfter` 計數器達到 0 時，我們的遞迴演算法就會出現基本情況，否則，遞迴情況會將圖像傳遞給 `makeDroste()` 函數、繼續用較小的遞迴圖像取代洋紅色區域。

你可以修改自己的照片來加上洋紅色像素，然後透過 Droste Maker 執行它們。博物館的參觀者正在觀看自己身處其中的畫作、一隻貓在一個電腦螢幕前面同時該電腦螢幕內又有一隻貓和電腦螢幕、無臉的蒙娜麗莎圖像，這些都只是你可以使用此遞迴程式建立的超現實可能性範例。

# 延伸閱讀

維基百科上有關「Droste 特效」的文章中，除了 Droste's Cacao 以外，還提供了使用 Droste 特效的其他產品範例，參見 https://en.wikipedia.org/wiki/Droste_effect。荷蘭藝術家 M.C. Escher 的「Print Gallery」（版畫畫廊）是一個包含自身場景的著名範例，你可以在 https://en.wikipedia.org/wiki/Print_Gallery_(M._C._Escher) 上找到更多資訊。

Numberphile 的 YouTube 頻道上有一支標題為「The Neverending Story (and Droste Effect)」（永無止境的故事和 Droste 特效）的影片，Clifford Stoll 博士在影片中討論了遞迴和 Droste's Cacao 盒藝術（網址為 https://youtu.be/EeuLDnOupCI）。

我的書《*Automate the Boring Stuff withPython*》第二版（No Starch Press，2019）的第 19 章提供了 Pillow 函式庫的基本教學內容，網址為 https://automatetheboringstuff.com/2e/chapter19。

DrMaster

深度學習資訊新領域

http://www.drmaster.com.tw

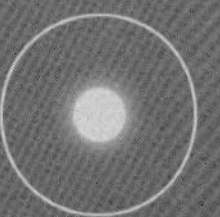

博碩文化

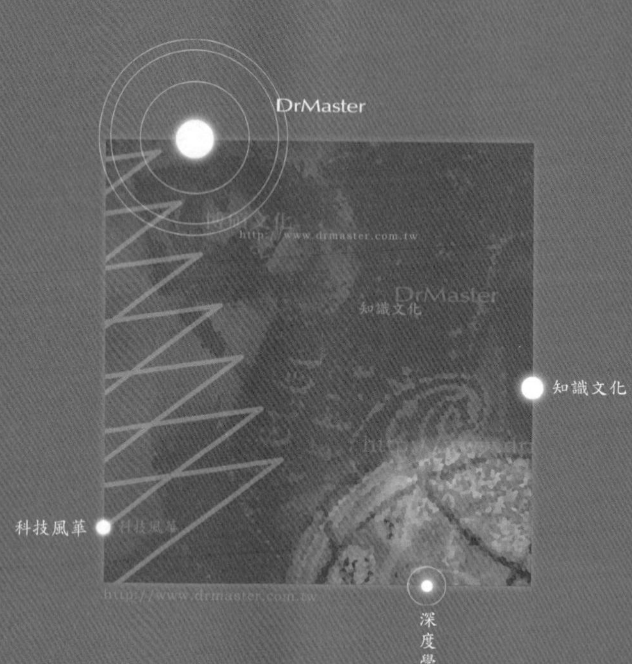
DrMaster
知識文化
科技風革
http://www.drmaster.com.tw
深度學習資訊新領域